终身学习

哈佛毕业后的六堂课

［美］黄征宇 著

中国大百科全书出版社

北京市版权登记号：图字 01-2018-2508

图书在版编目（CIP）数据

终身学习：哈佛毕业后的六堂课／（美）黄征宇著. 一北京：中国大百科全书出版社，2018.5

ISBN 978-7-5202-0272-5

Ⅰ.①终… Ⅱ.①黄… Ⅲ.①人生哲学—通俗读物 Ⅳ.①B821-49

中国版本图书馆CIP数据核字（2018）第070124号

作　　者	［美］黄征宇
社　　长	刘国辉
策　　划	刘　嘉
特约编辑	姜海涛
责任编辑	陈　光　刘　嘉
责任校对	梁嬿曦
责任印制	魏　婷
装帧设计	奇文雲海 Chival IDEA
出版发行	中国大百科全书出版社
地　　址	北京阜成门北大街17号
邮　　编	100037
网　　址	http://www.ecph.com.cn
印　　刷	北京君升印刷有限公司
开　　本	170毫米×230毫米　1/16
字　　数	240千字
印　　张	24
版　　次	2018年5月第1版
印　　次	2018年9月第7次印刷
定　　价	59.00元

本书如有印装质量问题，请与出版社联系调换　电话：010-88390713
书中所提及之方法与课程，均需专人指导，请勿擅自尝试与模仿。

谨将此书献给我亲爱的妈妈，
感谢她给予我的一切！

推荐人及推荐语

樊登 樊登读书会创始人

我们正身处数字化时代带来的剧变浪潮中,终身学习是应对这一艰巨挑战的不二法门。应该学习什么?到底怎么学习?如何学以致用?黄征宇以自身的经历现身说法,为我们塑造终身学习能力提供了一个全新的视角。

卫哲 嘉御基金创始人兼董事长、前阿里巴巴CEO

什么是自由?很多人关注财富自由,其实人身自由、健康自由,乃至精神自由才是最高境界,征宇兄的新书分享他对自由的领悟。人生有得有失,其实更多的是有失有得,大舍大得。

吴为山 第十三届全国政协常委、中国美术馆馆长、中国美术家协会副主席

所谓终身学习,就是通过一个内外部不断的支持过程来发挥潜能,激励并使自我有能力去获得终身所需要的全部知识、价值、技能与理解,并在任何任务、情况和环境中有信心、有创造性和愉快地应用它们。对比书中黄征宇以自身经历展开终身学习的方方面面,亲爱的读者,你学到了些什么?

沈建国　第十一届全国政协委员、第十届全国工商联副主席、中国下一代教育基金会副理事长

　　终身学习是新时代发展的必然需要，也是新时代提出的重大命题。每一个人都是需要注重不断开发自身的资源、潜力与价值，不要觉得等老了才大彻大悟。

胡润（Rupert Hoogewerf）　胡润百富榜创始人

　　虽然人们习惯将"富贵"合着用，但"富"往往指物质层面，而"贵"是超越财富的，代表一种修养、一种态度、一种精神。不管财富多少，我们都可以拥有精益求精、追求卓越的性格品质。黄征宇这本书就从6个方面告诉你，怎样努力才能具备这样的思维和品质。

维姆·霍夫（Wim Hof）　世界最强冰人、多项"抗寒"吉尼斯世界纪录保持者

　　幸福、力量和健康，它就像中国功夫一样，是一项人生的操练。你要让灵魂自由呼吸，要变得幸福、强大和健康。我相信每一位母亲都希望自己的孩子成为这样的人！这本书就是教你如何有信心做到这一切！

乔·纳瓦罗（Joe Navarro）　畅销书《FBI教你破解身体语言》作者、享誉全球的身体语言大师、前美国联邦调查局（FBI）反间谍情报小组专家

　　人类非语言沟通能力是与生俱来的。然而随着数字化发展越来越快，这一优势正越来越远离我们。我希望读者能从这本书中了解到，无论对于关系维护、职场管理、领导力培养还是危险应对，掌握非语言社交都是必须且重要的。

序

一

即使是过了这么多年,我依然清晰地记得那个晚上,与我一起创业的三位合伙人郑重地告知我——"黄征宇,我们三人仔细考虑了一下,觉得不能再跟你一起共事了。"

那是在2013年12月23日,距圣诞节只有两天,我们四人在公司附近的一间咖啡店会面时发生的事情。我点了杯咖啡刚坐下来,一位合伙人就告知了我这一决定,表情严肃,语气郑重,其他两位也是紧盯着我的双眼,点头称是。

听到这句话,我的第一反应是无比惊讶,因为我完全没有思想准备。要知道,这三位合伙人不仅是我的同学——两位是哈佛商学院的同学,一位是斯坦福大学的同学——也是我最要好的朋友。

先说这位斯坦福大学的同学,我们认识近20年了,是非常铁的哥们儿,我在他的婚礼上是主伴郎——美国式婚礼中新郎最好的朋友才会担任的角色。两位哈佛商学院的同学也与我非常要好。其中有一位因买房需借钱周转,周六早晨6点钟打电话给我,我当时还没睡醒,但是接到电话便毫不犹豫地爬起床,转了10万美元给他。另外一位曾跟我说过:"你在家里是独子,没有兄弟,你就把我当作你的兄弟。"所以我一直有这样的想法：等我结婚的时候，我的伴郎一定是他们！

究竟是理念不合还是其他原因导致我们分道扬镳，已经不重要了，但是从那一刻，我开始了我新的人生征程。

二

惊愕过后，我的脑海中瞬间闪现出这三年来公司从创办到发展到兴盛的一幕幕场景。但在我内心最深处，突然有了一种如释重负的感觉。

2010年，在结束白宫学者工作之后不久，我便正式踏上了回国创业之路。BCC是我们四个人在国内创建的第一家公司，主要从事跨国金融科技服务。公司一开始发展得非常顺利，并且很快获得了世界排名前十的硅谷顶尖投资人迈克·梅普尔斯（Mike Maples）的第一笔天使投资。不到两年，我们又获得了北极光创投基金1800万美元的B轮投资。短短三年后，公司的估值就接近一亿美元。对一个创业者来说，这无疑是一份漂亮的成绩单。

作为创始人兼董事长，那时的我一直有一个宏大的规划——把公司做成一个顶级的跨国金融数据公司。因此，我一手策划，在美国、印度和智利等国家陆续收购了当地企业。在这个过程中，几乎每件事情我都参与了联络和决策，也一直在倾尽全力地工作，不断推动我自己和团队快速前进。

随着公司快速扩张，我变得异常忙碌。每天都有忙不完的会议和应酬，经常回到家后兴奋的大脑久久不能平静，入睡时间也越拖越晚，但第二天又会很早醒来，开始处理海外公司的邮件……可以说，那时我的状态是：只要醒着就在工作，没有一刻能真正休息，日复一日。公司经历了快速扩张后，发展速度开始放缓。虽然仍有50%以上的成长率，但规模和盈利已不像以前那样可以每年成倍增长，这一形势又让我逐渐焦虑起来。

序

与此同时，我的生活也进入瓶颈期。健康方面，虽然我每年体检都能过关，平时也定期健身，但某些健康指标仍然在持续下降。另外，由于常年出差和应酬，饮食没有规律，睡眠不足，我自己都发现脾气开始变得暴躁起来。而在人际交往方面，创业期的埋头苦干让我疏忽了和朋友、亲人的联络——那时我唯一的目标就是尽快把公司做大，然后可以脱身出来好好休息，再去好好跟朋友们聚聚。但事实上，公司的事情是忙不完的，我反倒是越做越忙。

三

在工作最繁忙的日子里，我时常这样想："如果我休息一年，什么工作都不做，该怎么规划这一年？"于是这个问题也成了我的"散心丸"，我时常尝试着规划，如果拿出一年来给自己规划人生的 MBA 课程，我会选择上哪些课呢？

之前我从来没想过这个问题。小时候的生活是父母来规划，进了学校以后课程都由老师来规划，现在不能靠别人而只能靠自己时，又该如何规划呢？我在持续思考：除了事业，我还能做什么？我的人生目标是什么？我人生真正的意义又是什么？

因此，我只要一有时间，就不断寻找那些成功的案例——有的人身体特别健康，心情很开朗；有的人家庭非常和睦，子女也很出色；有的人事业非常成功，人际关系又很好。每个领域都不乏优秀的人存在，而我深信，成功必定留下痕迹。从他们的身上，我开始思考以下几点：

1. 他们的共同点是什么？
2. 有没有办法向他们学习，以不断提升自我，超越自己现在的极限？
3. 有没有办法在每个方面都能获得提升和增长，而不是非得放弃或牺牲某些方面？

于是，我时常在办公的短暂间歇或脑海中灵光一现的时候，在纸上罗列出想要提升之处、疑问之处，还有所能找到的相关领域里世界上顶级老师的信息等，将这些不断填入表格中，设计成行动规划表。而每当有新的具体想法闪现，我就会填入这张表，不断充实、修改。就这样过了一年左右，我突然发现，规划表已经填得差不多了，如果上面罗列的各项都能得到严格执行的话，这将是一个意义重大的人生转变。

可是，我自己也不知道到底什么时候能实现表格上的目标。因为当时我仍然觉得要先努力把事业做好，公司要发展得再快一些。我的三位合伙人朋友也曾劝告过我，不要老是走得这么快。但那时我觉得有这么好的市场机会摆在眼前，一定要加快步伐抓住商机，快速地把公司做大，然后卖掉也好，上市也好，这样我就能真正空出时间来做我的人生MBA，获取全方位的提升和成长。

四

三位合伙人在圣诞节前夕向我提出"不再共事"后，除了惊愕和陡然放松，我的情绪非常复杂，有说不出的五味杂陈的感觉，想哭，也想苦笑。

在此之前，我的人生之路可以说走得一帆风顺：10岁随父母移民美国；毕业于斯坦福大学，拿到了三个学位；进入英特尔工作了七年，成为当时最年轻的董事总经理，期间还在哈佛商学院进修了两年，拿到MBA；2010年我被推举进入白宫，成为奥巴马亲自授权的第一位出生于中国大陆的白宫学者；完成任期后便和朋友回国创业，将公司越做越大。到被"不再共事"这一年，我才36岁。

可以说，这是我个人生涯中遭遇到的最大挫折。当咖啡店会谈结束，我回到家，一夜无眠。直到看到太阳慢慢升起，我突然认识到，这未尝不是上天给我的一次好机会，一枚改变我人生的"原子弹"。

序

虽然曾经的友谊覆水难收,至今仍令人深怀遗憾,但失之东隅,收之桑榆,既然我一直怀揣着一个梦想,也列好了行动规划表,那为什么不趁此机会,立刻着手实现呢?挫折让我最终下定了决心,坚定地踏上了这条我自己规划好的、彻彻底底改变我一生的成长之路。

从开始规划到现在,我的人生 MBA 课程已经延续了五年,它给我带来的改变是翻天覆地的。可以说,我的整个人都因此而变得完全不同。

五

美国著名的比较神话学大师约瑟夫·坎贝尔(Joseph Campbell,1904—1987)在几十年的学术生涯中研究了许多国家的神话和文化,构建了独树一帜的神话学体系,启发并深刻影响了全世界的几代学人。他追溯了全世界几乎所有神话系统中与英雄历险相关的故事,发现它们都有一个共同点,他将其称为"英雄的征途"。这个征途大致分四个阶段:第一阶段,遇到问题,比如恶龙侵犯英雄所在的家园;第二阶段,寻找恶龙,英雄得单枪匹马踏上征途,独自进入一个未知的世界;第三阶段,经过种种考验,英雄终于击败恶龙;第四阶段,英雄成功归来,并且把这个经历告诉大家。

无论在原始部落还是现代国家,几乎所有流传下来的神话大致都是这样一个模板。为什么呢?这其实就是每个人内心的成长,也是我们每个人在现实中都必须走的"英雄征途"。

细想一下,我们现实中的"英雄征途"是什么?那就是我们遇到问题,寻找问题的缘由,然后独自去解决问题的过程。在这过程中,我们可能会遇到各种困难和挑战,但最终让问题得到解决。解决问题之后,我们还能和别人一起分享经验。

而整个人生征途也是由这么一个个小的征途所组成的,或者说是存在着很多个这样的循环。比如我们今天碰到这个问题，需要解决，所以我们走上了这个征途，但解决之后不代表新的问题不会再次发生，于是我们又要开始新的征途。

我知道，现在的人都普遍过得很焦虑，有人为找一份好工作而焦虑，有人为职位晋升而焦虑，有人为男女感情和家庭关系而焦虑，有人为创造属于自己的事业而焦虑，有人为养儿育女和赡养父母而焦虑，有人为人与人之间的相互比较而焦虑，有人为了健康、安全和生命而焦虑……大家可能无时无刻都生活在焦虑之中。

但在焦虑的同时，如果大家能够像约瑟夫·坎贝尔归纳的那样，把问题看成神话里的英雄所必须解决也终能解决的"恶龙"，把自己的人生当作一次次很有意义的征途，我们的人生故事就会完全不一样。

在这本书里，我想跟大家分享的就是我这五年里走遍全球，花费超过 50 万美元，向世界上顶级的老师学习并自我实践的"英雄征途"。我完全相信人生可以在学习和应用中不断进步和完满，在征途中不断收获，我很希望这样的分享能够帮助大家在各自的英雄征途中都能走得更加顺利，更加成功。

目录

第一章
管理好自己的健康，人生才能长赢

引文　扔掉你的"坏唱片" / 003

第 1 部分　能量摄入 / 007

第 1 节　什么是真正的健康 / 007
第 2 节　我们的饮食习惯为什么不容易改变 / 010
第 3 节　"吃"能量而非"吃"营养 / 015
第 4 节　一日五餐 / 019
第 5 节　如何长期坚持健康饮食 / 021

第 2 部分　终身运动 / 025

第 1 节　唯有耐力不会老去 / 025
第 2 节　更多的肌肉，更棒的身体 / 027
第 3 节　12 周让人焕然一新 / 031
第 4 节　跟阿诺德·施瓦辛格学健身 / 035
第 5 节　没有时间的人如何高效运动 / 038

第 3 部分　掌控睡眠 / 042

第 1 节　斯坦福能解决失眠这个"不治之症"吗 / 042
第 2 节　杂乱的信息是让大脑焦虑的病毒 / 045
第 3 节　从"早晨程序"开始 / 048
第 4 节　人的最佳睡眠时间是多长 / 051

第 4 部分　激发潜能 / 053

第 1 节　受惊让人生病，抗寒使人更强 / 053
第 2 节　跟"冰人"深潜冰水，我不怕冷了 / 055
第 3 节　思维方式和心态决定健康 / 061

第二章
你不管理情绪，就被情绪操纵

引文　令人恐惧的周末电话铃 / 067

第 1 部分　读懂表情 / 070

第 1 节　同一个世界，同样的面部表情 / 070
第 2 节　爬虫脑决定微表情 / 073
第 3 节　既然事已发生，那就接受并拥抱 / 075

第 2 部分　你理解的情商可能是很狭隘的 / 080

第 1 节　不仅仅是人际交往能力 / 080
第 2 节　情绪有问题，首先要说出来 / 082
第 3 节　给自己换一个故事 / 085

第 3 部分　FBI 神探教我破解肢体语言 / 089

第 1 节　白宫学者后的又一次严格筛选 / 089
第 2 节　出真知的 FBI 实战 / 090

第 4 部分　去到情绪的深处 / 096

第 1 节　如何改写情绪诱因 / 096
第 2 节　有的人困在"情绪循环"里 / 098
第 3 节　直面内心深处的人生脚本 / 100
第 4 节　写下情绪日记 / 109
第 5 节　情绪改善，人生幸福 / 111

第 5 部分　动起来，情绪好 / 114

第 1 节　走近托尼·罗宾斯 / 114
第 2 节　行动即情绪 / 116
第 3 节　找到心锚，调节情绪 / 117

第三章
改变思维，让思维决定情绪

引文　饱受精神创伤困扰的美国退伍军人 / 125

第 1 部分　NLP 如何影响我们的情绪 / 128

第 1 节　治疗师与退伍军人的疗愈对话 / 128
第 2 节　重画记忆图像 / 130
第 3 节　沟通要多感官进行 / 133

第 2 部分　做一个会讲故事的人 / 137

第 1 节　美国故事大王唐纳德·戴维斯 / 137
第 2 节　讲好自己和家族的故事 / 139
第 3 节　如何讲好一个故事 / 141
第 4 节　做大事的人都会讲故事 / 145

第 3 部分　随机应变，我不是我 / 149

第 1 节　跳出自己的盒子 / 149
第 2 节　敢于担当任何角色 / 150

第 4 部分　带有东方神秘色彩的内观禅修 / 153

第 1 节　免费的课程 / 153
第 2 节　第一天就差点放弃 / 155
第 3 节　观察而非改变 / 158
第 4 节　不起分别心，生发平等心 / 161
第 5 节　万物皆有来去 / 163

第四章
谁在影响我们，谁在定义关系

引文　华尔街的世纪骗局 / 169

第 1 部分　直达人心的影响力 / 172

第 1 节　购买都是理性的吗 / 172
第 2 节　影响力六原则 / 174
第 3 节　我的影响力实践 / 182

第 4 节　破解麦道夫 / 184

第 2 部分　充满冲突的社群实验 / 188

第 1 节　重要而复杂的社群 / 188
第 2 节　因我而引发的社群规则激辩 / 190
第 3 节　聪明人也难以达成共识 / 193
第 4 节　社群为何容易失败 / 197
第 5 节　领袖和制度造就社群 / 201

第 3 部分　让男人成长的"男性计划" / 203

第 1 节　帮助男人找到新的位置 / 203
第 2 节　回到印第安人的成人礼 / 206
第 3 节　共患难，成朋友 / 213
第 4 节　赤条条共舞，坦荡荡分享 / 216
第 5 节　汗屋仪式 / 219
第 6 节　真的男人敢直面真的人生 / 221

第 4 部分　与命运有约 / 224

第 1 节　再遇托尼·罗宾斯 / 224
第 2 节　人生幸福感来自六个需求的满足 / 226
第 3 节　唤醒你内心的巨人 / 228
第 4 节　把对方的需求当作自己的需求 / 232
第 5 节　下决心并付诸行动 / 236

第五章
未来正在颠覆，事业如何掌控

引文　来自 80 多年前《思考致富》的启发 / 241

第 1 部分　我们都应该拥有"大头脑" / 244

第 1 节　只谈经验的湾区 CEO 联盟 / 244
第 2 节　YPO 救了创业者一命 / 248
第 3 节　与最优秀的人坦诚相对 / 250
第 4 节　一人行快，众人行远 / 255

第 2 部分　用思维和心态掌控商业 / 262

第 1 节　横跨欧美的进阶学习 / 262
第 2 节　商业成功的七个要素 / 264
第 3 节　时刻迎接七种变化 / 269
第 4 节　到底对事不对人，还是由人及事 / 274
第 5 节　授人以鱼不如授人以渔 / 276

第 3 部分　拥有事业，更要拥有个人品牌 / 278

第 1 节　常春藤名校和百年媒体的新研究 / 278
第 2 节　建立个人品牌的最好时代 / 279
第 3 节　运用新媒体打造个人品牌的四个要素 / 281
第 4 节　特朗普如何成功打造个人品牌 / 285
第 5 节　瞬息万变，但品牌不变 / 288

第 4 部分　在不确定的未来如何获得事业成功 / 292

第 1 节　如果计算机有了自我意识 / 292

第 2 节　比藤校还难进的奇点大学 / 294
第 3 节　什么是未来的好专业 / 295
第 4 节　职业规划还需要吗 / 299

第六章
塑造创富思维比创造财富更重要

引文　那些"财务自由"的人怎么过 / 303

第 1 部分　财富管理——重要的是你的财富观 / 307

第 1 节　了解理财师 / 307
第 2 节　选择适合自己的理财师 / 310
第 3 节　德州扑克——打牌如做人 / 313
第 4 节　分清事业执行与事业拥有 / 319

第 2 部分　风险投资——寻找独角兽之路 / 323

第 1 节　投资人的黄埔军校——考夫曼基金会 / 323
第 2 节　风投本质是大满贯生意 / 326
第 3 节　独角兽的魅力 / 328
第 4 节　用风投思维拥抱时代变化 / 332

第 3 部分　证券投资——质疑和自信的矛盾统一体 / 334

第 1 节　本·特拉克的基金跃升记 / 334
第 2 节　用质疑去了解，用坚信来获利 / 337
第 3 节　投资就是一场战役 / 340

第 4 部分　未完待续的"英雄征途" / 346

第 1 节　冬季冰人课程 / 346
第 2 节　走向未来的第一步是离开舒适区 / 349

后记 / 355
致谢 / 359

- 如果您读了这本书且有所触动的话，请您将这本书分享给您身边最重要的三个人，从而帮助他们有机会改变自己的人生，更好地完成属于自己的英雄征途。
- 为了践行"终身学习"这一理念，我给爱好学习的你们准备了一份礼物，在此次出版的书里一共放置了 10 张特制的卡片。幸运的您如果拿到这张卡片，请第一时间关注我的微信公众号"黄征宇"（ID：Huang_Zheng_Yu），并与我取得联系，我将会邀请您及其他幸运者组成一个"大头脑"。
- 如果您没有拿到这张卡片，也没关系，依然可以关注我的微信公众号。因为在那里，我也会不定期发出邀请，与粉丝中的幸运者组建"大头脑"。让我们一起探讨，终身学习，共同应对这个快速变化的世界。

第一章

管理好自己的健康，人生才能长赢

引文
扔掉你的"坏唱片"

想成功就该牺牲健康吗?

作为一名去过 70 多个国家,在 5 个国家居住和工作过的"70 后",我能深刻地体会到,20 世纪末以来的科技飞速发展和 21 世纪人工智能时代的来临,使得整个人类社会正在发生着本质性的巨变。交通方式、行业模式和生活方式的快速变革,使人们创造出亘古未有的财富,给社会带来海量的物质幸福。人们的生活更加方便快捷,但与此同时也承担着来自信息时代的各种烦恼和压力。

在创业时,几乎每一天,我都会工作到晚上十一二点,甚至更晚,等到躺在床上已是凌晨时分了。这时候,我多少会抽点时间放松一下,看看新闻,上上网或者看一部电影,这样不知不觉就拖到一两点钟才睡。每天早上 9 点是固定的晨会时间,所以我最迟必须 8 点起床,这样算下来,睡眠时间常常不足 6 个小时。

在这期间,即使睡着了,我也常常会半夜醒来,满脑子都是如何处理公司面临的各种问题,充满了对业务的担心和焦虑。我已经记不清有多少次,凌晨 1 点入睡以后,5 点便惊醒过来,然后便睁着眼睛躺到 8 点。一晚上下来,不但身体的疲累没有褪去,人也更加焦躁。

早上起来,我拖着疲惫的身体,怀着不爽的心情,还没有完全睁开眼睛,打开手机一看,发现各种新问题扑面而来,有很多邮件和信息等待回复;无论国内还是海外公司都有一些新状况，比我前一天晚上所顾虑的东西又多了一些。

匆匆洗漱完毕，通常我没有足够的时间好好吃顿早饭，只能往嘴里随便塞点东西就出门。一进公司，便一个会议连着另一个会议。很快就到了中午，午餐通常是一个商务饭局，因为早上没吃饱，加上开了一上午的会，到了中午我通常会多吃。所以下午不可避免就会感到特别困，但会议还得接着开，问题还得处理。

那时候，我在健康方面做得比较好的一点应该就是坚持运动了。每天下午4点前后，在工作相对空闲的时候，我就会去附近的健身房。但运动的时候，我常常感觉浑身乏力，没办法专心投入，总觉得健身不是为了让身体保持最好的状态，而是为了完成任务，所以能偷懒就偷懒，常常看手机查邮件。

运动完回到办公室大概是5点钟，还有1个小时可以处理工作。晚饭的时候和中午一样，饥饿感很强，又吃了很多东西，还会喝点酒。如果晚餐之后还约了别的朋友小聚一下，基本要在11、12点才能到家。

即便9点多回到家，我还要处理很多工作上的事情，就像一开始说的那样。然后每一天就是这样循环往复——事情多，吃得乱，不专注，睡不好。渐渐地，我的状态越来越差。

对这种事情，美国人常常会提到一个词，叫"坏唱片"，意思是说，同样的话、同样的内容，总是到不了结尾就又从头开始了。我那时的状态就有点像坏了的唱片，每天都会带着焦虑、迷茫的情绪，顶着压力，机械化地工作、吃饭、睡觉。

与我们的先辈相比，我们对"外"了解得极多，对"内"了解反倒很少。信息时代的我们面临着许多"顾此失彼"：

- 看似在饮食上拥有了更多的选择，但这些质量和数量上都极大丰富的食品供应却让我们养成了没有目标、缺乏控制、不尽合理的饮食习惯，甚至沦为垃圾食品的牺牲品；

- 看似站在了地球食物链的顶端，但养尊处优、缺乏锻炼的生活方式却使得我们在运动机能上产生了"退化"的危机；
- 看似聪明机智，发明创造无所不能，掌握了各种高科技手段，但依然无法解决困扰了人类几千年的"不治之症"——"失眠"，我们也不完全清楚大脑思维和我们的身体之间究竟如何互动；
- 看似拥有很多设备、物品和措施来帮助自己抵御外界变化，但同时也画地为牢，人为地与大自然隔绝开来，而且为物所役，越来越依赖身体以外的东西，忘记并失去了原本属于自身的强大能力，尤其是强大的内心和自我免疫能力。

所以从某种意义上讲，信息时代反倒加速了人们对健康的透支。一方面，快节奏、竞争激烈的社会环境迫使我们不得不用更多的时间、精力来创造更多的业绩，获取更大的成功；另一方面，物质生活已经非常丰富，很多体力劳动也交给了工具或机器，我们反倒把节省下来的时间、精力更多地用在了消费、娱乐等方面，而忽略了对自身的挖掘和锻炼。

那么，我们真的了解自己的身体吗？我们真的明白该怎么打造自己的健康吗？如果把人看作一台机器，我们自己完全可以为这台机器提供最好的原料，不断运转升级，完成自我修补，避免出现故障。我一直认为，在信息时代革命的本钱首先是自己的健康。

我们往往把很多困扰和限制归咎于外界环境，但其实真相往往是相反的：

- 当我们不自觉地选择了不健康的饮食方式时，在很大程度上是因为我们没有意识到自己已经受到了这种不健康饮食方式的影响，而且也不太了解其影响我们的方式，所以才没有对自己多加控制，从而放纵了自己的选择；
- 当我们在社会生活中遭遇到各种压力，导致精神紧张、睡眠质量不佳时，没有意识到这其实是人体对外界的恐惧的一种本能反应，如果我们选择逃避恐惧或焦虑，而不去面对，这些症状是不会自己消失的；
- 当我们对自己说不喜欢或者不擅长某些运动时，其实是自己给自己做了思维限制，或者自己给自己找了一个借口，不愿意去成长和突破；
- 另外，很多人会把解决疾病和恐惧的责任交给医生或药物，忽视了大脑和身体的信息互通，甚至放弃了选择积极通过调节人体自身免疫系统来抵抗疾病的努力。

"身体是革命的本钱"，想获得成功却把本钱都输光了，这又有什么意义呢？所以，健康被我毫不犹豫地安排为我"英雄征途"的第一课。我请教了世界顶级专家，学习各种成功案例，汲取一切能获得的养分，从饮食、运动、睡眠和疾病预防等方面，不断打造属于自己的健康生活方式，试图重新塑造一个精神奕奕、能量源源不断的现代人。

第 1 部分
能量摄入

第 1 节　什么是真正的健康

在 2014 年之前，如果有人问我："你健康吗？"我应该会很肯定地回答："当然，我非常健康。"事实上，和多数同龄人相比，我的身体状况的确算得上非常不错。我的体重常年保持在合理范围之内，没有臃肿的"啤酒肚"，没有"三高"（高血脂、高血压、高血糖），也没有其他常见的都市病。我平时坚持运动，不仅每天都去健身房锻炼，每个周末还会练上两个小时的泰拳，通过这门格斗技艺锻炼自己的力量与敏捷度。

所以，当我某次和身边的朋友们谈起"健康"这个话题，说到自己最近一次的身体检查情况不如上一次时，很多人都笑着说我太"矫情"，甚至半开玩笑地说："你每天都这么忙了，居然还有时间做运动？真有——'毅力'！"也有人对我说："你才 30 多岁，只是胆固醇指数高一些，这怕什么呀？一旦人到中年，这些问题都变得稀松平常了！"

的确，他们中绝大多数人的身体状况还不如我。更让人担心的是，"啤酒肚""三高"和脂肪肝仿佛成了当前中国社会中年男子的标准配置，"啤酒肚"甚至还被冠以另一种自我安慰的称呼——"将军肚"。

虽然我算是同龄人中的少数派，甚至可能是"最健康"的那个，但我心里非常清楚，自己的身体在很多方面已经开始走下坡路，而且每况愈下。

体检数据可以说是最公正的。在最近几次例行体检时，医生在看完检查报告后都会提醒我："坏胆固醇"指数又比去年高了！虽然"好胆固醇"指数处于优秀水平，整体综合指数不错，但还是需要多加注意，进行必要的调整。

睡眠方面的检测数据虽然没有，但我也逐渐感到睡眠状态的下滑。睡眠不足、睡眠质量不佳对我白天的工作状态影响很大，经常导致我心情不佳。在高强度的工作压力下，我开始有些心力交瘁，渐渐感到精力不足。

于是某次在健身时，我向私人教练请教，问她有没有好的改善方法。她笑着告诉我说："以你这个年纪，能维持现在的状态已经非常不错了。一般来说，30岁以后的身体各项指标中，脂肪比例每年会有1%左右的增加，这是很正常的情况。如果你觉得累，那就给自己放几天假吧。"

体检数据变差、睡眠欠佳、精力不足……随着年龄的增长，人的健康指数必然会下滑吗？工作和健康真的不能兼顾吗？

在内心深处，我其实并不接受这个观点，更不愿得过且过，就此沉沦下去。由于工作的原因，我曾接触过不少世界顶级企业的CEO，他们中的绝大多数人都能在繁忙的工作之余管理好自己的身体。我的一位朋友沃伦·拉斯坦德（Warren Rustand）就是一个鲜活的例子。他年轻时曾是一名职业篮球运动员，后来成为白宫学者并服务过五位总统，同时他又是一位很成功的企业家。在几十年的职业生涯中，他先后担任过着17家公司的总裁，其中有5家成功上市。到目前为止，70多岁的他仍然担任了3家公司的管理层职位。他的个人履历如此丰富，事业如此成功，竟然每天还能抽出一个半小时来运动！

在美国时，我身边很多中年甚至年龄更大一些的人能完成全程马拉松（约42.2千米）长跑，成绩还相当不错；有些人可以坚持每年参加铁人三项赛、徒步越野或者攀岩等体育项目。这些人来自各行各业和各个国家，他们不是职业运动员，却依然可以不断地挑战自我，既在事业上获得好的成就，身体也很健康，运动上也取得好的成绩。

所以，不只是职业运动员可以管理好自己的身体，普通人中也有很多事业成功与身体健康兼顾的正面案例。这就给我很大的信心和动力。虽然自身的体检指标在走下坡路，但我心里很清楚，首先是不能向目前的状况低头、任其下滑，其次是必须采取措施遏制、扭转下滑趋势，然后再努力改善提升，而且一定要找到最好的老师或专家，借鉴好的方式方法，去实现我对自身健康的扭转和改善提升。

对我来说，什么是真正的健康？简单讲就是有充沛的能量，能保证我能做自己想做的事情。

这个定义看上去很简单，但在一开始，我实在有太多问题想搞懂了，例如：如何分辨好的食物，如何建立好的饮食习惯，从而获取最好的能量；什么样的运动是适合自己的，怎样才能融入自己的生活和工作中，从而更好地释放能量，让身体各项健康指标更好地升级；如何获得最好的睡眠，从而更充分地恢复精力；如何提前预防疾病的产生，不受病痛的困扰，从而可以不间断地做自己想做的事情。

虽然一辈子很长，但一天其实就是浓缩版的一生。从早上起床，到晚上睡觉，相当于经历了从出生到死亡的一个完整过程。尤其是当你对明天存在不确定性的时候，这种感觉就更加强烈了。因此，如果把每一天当成一辈子来过的话，我们显然希望自己拥有足够的精力，每天活得更加精彩。

于是，我制定了在健康方面想要达到的目标：

- 改善饮食，从好的食物、好的营养中获得好的能量；

- 有一个科学的健身运动规划，能够适应我忙碌的生活；
- 改善睡眠质量，获得精力充沛的良好感觉；
- 防患于未然，提高对疾病的预防能力。

第 2 节　我们的饮食习惯为什么不容易改变

"人如其食"（You are what you eat）的社会风潮一度在 20 世纪 60 年代的美国流行一时，这句谚语的言外之意就是，"你要吃得健康，身体才会健康"。我借用这句谚语，意在说明我们每天摄入的食物对我们的身体健康而言，影响是非常直接和重大的。

从人体能量流转的角度来看，我们其实是一边摄入能量，一边释放能量，所以我们可以把饮食问题首先看成是"如何摄入最好的能量"，之后再去思考"如何用最好的方式去输出能量"。

我有一位哈佛商学院的同学，他在某家跨国食品公司担任高管。这位同学告诉了我一个很多消费者并不知晓的行业秘密——大型食品公司每年在调制食品口感方面所投入的研发经费，动辄高达数十亿美元。他们在长期的市场调查和数据分析中，发现了许多食品市场的特征、规律和趋势，其中之一就是：人们特别偏爱甜、咸、油这三种口味。

不要小看这一发现，它可是许多人类学家研究的重要课题。我们先说第一方面。在人类的生存和进化过程中，由于早期人类生存环境恶劣，常常食不果腹或者有了上顿没下顿，人类不管生理还是心理都对高脂、高热量的食物存在着强烈的渴望，因而人类的味蕾在进化过程中对糖、盐、油脂类食物变得特别敏感。一旦有机会获得这些食物，早期人类就会大量摄入，把能量储存起来，以抵御随时可能因食物匮乏而带来的饥饿，久而久之在心理上也形成了一种满足感和愉悦感。

这样的进化历程和基因记忆，使得对高脂肪、高热量食物的渴望在人类的记忆中一代代留存了下来，即使在食品非常丰富的现代社会，也依然如此，不因社会环境的变化而消除。

所以大型食品公司根据这一实际情况，尤其注重设计和研发这三种口感的食品，也因此得利，销量和收入都非常可观。你也可以试一试，当你觉得某款零食特别好吃，甚至好吃得停不下来的时候，不妨仔细回味一下，它是否符合了甜、咸、油中的一种或两种以上的混合口感。

但事实上，在当今食品供应极为充足的社会条件下，人们并不需要每餐都吃那么多的高脂肪、高热量的食物。另外从营养学角度来看，这些经过深度加工的食品可以说没有任何价值，甚至会产生一定量的反营养物质。食品中添加的人造化学制剂、残留在蔬果上的杀虫剂、高温煎炸烹调时产生的高致癌性物质等，都属于反营养物质，会给我们的健康带来很大的伤害。

第二方面就是文化环境的影响。食物被赋予了各种社会角色，反过来对人们产生了各种心理影响。一些食物往往因被社会文化赋予了特定的心理意义而备受人们的追捧和热爱。

比如，在各种电视连续剧、电影中，我们经常可以看到这样的场景：女主角在失恋之后，常常一个人坐在沙发上，一边哭一边往嘴巴里塞着食物。这时候，食物就成为一种精神慰藉，其心理意义远大于解决饥饿的生理意义。又比如，一碗香气四溢、热乎乎的鸡汤，对漂泊他乡的游子或者思念父母的学子来说，其温暖的心灵抚慰作用也超过了鸡汤的实际营养价值功能，人们也由此创造出各种"心灵鸡汤"，带给我们的激励或抚慰作用远胜其实际价值。

我想起我曾经经历过的类似场景。在美国某次会议过程中，秘书给我们端来了一大盘巧克力曲奇饼，放在了会议桌上。随后我注意到，大家的讲话速度明显慢了下来，眼睛时不时会瞟向那盘曲奇。要知道，曲奇是一种典型的"妈妈美食",几乎每一位美国妈妈都会利用午后的时光,为孩子们烤上一盘曲奇饼作为休闲甜点。因此,此时出现的这盘巧克力曲奇仿佛散发着诱人的芳香,以其不可抗拒的诱惑力冲淡了会议室凝重的商谈气氛。

当时,在座的一位CEO站了起来,认真地对大家说道:"如果大家不介意的话,我想把这盘曲奇先放到我们看不到的地方。我相信大家跟我一样,嘴里在谈着事情,心里却老想着吃掉它。"说着,他就把盘子端起来,放到了身边的一把空椅子上。当时我还在寻思,这一举动好像有点掩耳盗铃啊,能有多大作用呢?曲奇还在,又不是凭空消失了。但随后我真的发现,当曲奇从与会者的视线中消失后,它的诱惑力也就很快消失了,大家的注意力又重新转移到会议的议题上来了。

这些例子,都从实际生活的角度论证了食物与心理、社会文化之间的密切联系。下面我就从我的亲历角度出发,谈谈我在这个问题上的认识,以及我是如何把这些认识转化为打造自身健康生活方式的基石的。

在美国,人们已经开始重视饮食对健康的影响。在美国政府的宣传推动下,全民的健康饮食意识得到了普遍提升。比如美国的执业营养师如同给人看病的医生一样,是非常普遍的存在。我在美国接触了两批营养师:一批是斯坦福大学医院的营养师;另一批是美国白宫的营养师。当时白宫为白宫学者提供了不错的医疗保险,因此我也去见过白宫指定的营养师。

在我接触过的7位美国顶级营养师中,发现他们中有好几位同时拥有营养师和心理医生的执业资格。与他们进行交流,我体会最深的反倒不是他们从专业角度给予的营养饮食方面的建议,而是他们所揭示的冰山一角——食物和人的心理、社会文化之间的关联。

我在白宫时曾咨询过一位同时拥有营养学和心理学博士学位的营养师。她明确表示:你要吃健康的东西太容易了,尤其现在互联网这么发达,你可以在网上找到非常专业的营养学知识。但为什么还是很少有人照着做?为什么很多人明明知道一些食物不健康，却仍然会沉迷其中？这种普遍行为的背后，折射的是心理学方面的问题。

上文我已经讲述过食品企业针对人们的心理偏好，侧重于设计研发甜、咸、油这三种口感的食品。同样，在食品的营销推广方面，食品企业也是采用攻克人们心理关卡的方式，利用广告、活动、赞助等多种形式，赋予食品更多的社会文化意蕴，而将食品深植人心。比如我以前非常爱喝加冰的可口可乐，总觉得它能给我一种"冰爽"的感觉，但后来眼界开阔、阅历增长了，才发现这其实是可口可乐那铺天盖地无处不在的广告所灌输的结果，说到底就是一种持续植入的概念而已。

食品通过捆绑社会文化意蕴来影响我们的心理，同样常见的还有我们的心理状态也能决定我们怎么选择食物。一位营养师在和我探讨关于肥胖的话题时，就指出相当一部分人肥胖的真正原因在于心理出现了问题。比如有些人一旦心情不好就喜欢吃过量的食物，化悲愤为食欲的结果自然就是越吃越胖，由此就会受到越来越多的嘲笑，于是心情更加不好，还要吃更多的东西，长此以往便形成恶性循环，更摆脱不了肥胖了。

问题又来了。清醒而深刻地意识到食物和人的心理、社会文化之间的关联问题后，我又产生了以下疑问：要想饮食健康，是不是就得杜绝一切不好的饮食习惯？如果一直吃那些清淡无味、令人清心寡欲的"营养餐"，吃厌了怎么办？偶尔想吃垃圾食品时，该怎么办？

这些疑问对我们大多数人来说，都是非常实际的。因为随心所欲地吃喝对我们而言，很多时候是一种享受，一种人生乐趣，甚至是一种自由的象征。如果出于健康和营养的需要而过度控制自己，会不会失去了人生的乐趣？会不会让吃喝本身变成了一种纠结和心理负担，甚至成了一种折磨？

好在营养学家们对此早有建议：在追求健康饮食的过程中，你并不需要每一餐都严格按照标准来做。因为即使是世界上最顶尖的运动员，也并不是严格控制自己每顿饭的。一般来说，他们每周会给自己规划一到两顿的"放纵餐"，允许吃任何自己想吃的食物，比如冰激凌、炸薯条、汉堡等。

营养学家们同样也注意到了投射在食物上的社会文化积淀和心理学因素。他们认为，如果将那些伴随着美好回忆、附加了心灵慰藉、象征着某种深刻情绪或体验等的食物完全从你的生命中剔除，那么也就意味着在一定程度上将你与一段或美好或深刻的过往就此剥离。从心理学角度来看，这并不能给人以积极正面的影响。所以，反倒不如设定固定的健康饮食次数，比如一周三次或一月三天，然后慢慢延长食用周期，这样就可在身体健康和心理体验上获得较好的平衡。

正是有了对食物和人的心理之间的关联性的深刻认识，也接受了营养学家们的理性建议，所以我在具体实践中发现，在一开始时设定"放纵餐"的做法确实是非常明智的，也非常实用和有效。

我可以在一周的大多数时间里都吃得很健康，但至少有一到两次可以放纵一下，满足一下自己的口腹之欲。

其实"放纵餐"只是一个帮助自己慢慢建立良好饮食习惯的小手段而已，要注意不要使它成为我们掩耳盗铃的蹩脚借口。我发现当我逐渐养成了健康的饮食习惯之后，我就爱上了健康食物所带来的那种感觉。健康食物会给你的身体带来持续充沛的精力和心理上的"纯净感觉"，这和垃圾食品带给你的是完全不一样的。一旦习惯养成，你就不会再迷恋之前那些"荤天荤地"的大餐或针对满足口欲而设计的食品，所谓"放纵餐"自然也就成了一个可以丢弃的工具，这也就是古人所说的"得鱼忘筌，得意忘言"吧。

我想我们每个人都应该积极反思，是什么在控制着我们现在的饮食方式？

第3节 "吃"能量而非"吃"营养

除了说明食物和人的心理、社会文化的关联性之外,营养师给我的另一大帮助就是把我原本对饮食的错误认知一一打破,使我重新建立了正确的认知。

在与这些专家的交流中,我悲哀地发现,自己在过去很长时间内对健康饮食的正确认知近于零,很多事情都只是想当然,随心所欲。与他们印证后,我就发现,很大一部分原因出自我对饮食的错误观念。

由于长期坚持锻炼,我的体重一直都能控制在合理范围之内,体脂率也还不错。所以我在饮食方面的宗旨是:吃自己喜欢吃的食物,只要不过量就可以了;另外也会尽量挑贵一点的食材,因为我觉得贵的食物应该不会差到哪里。还有,身为中国人,我非常喜欢吃中餐,而且也一直觉得中餐里的大部分菜式都很健康。为什么我会有这样的观念呢?因为我见到的西方人尤其是美国人,其肥胖率要大大超过中国人。

但营养师们可不这样认为。他们告诉我,中国人体型相对较瘦,往往集中体现为四肢比较纤细。这是因为中国人的饮食结构中,主食是米面粥饭等碳水化合物含量高的食品,但对蛋白质的摄入普遍都不高。要知道,蛋白质是肌肉生长最主要的来源,摄入不足就会直接影响四肢肌肉的形成。

近几十年来,中国经济飞速发展,各种社会产品极为丰富,国人的餐桌更加丰盛,尤其是那些碳水化合物含量高的食品。这就导致国人在脂肪和糖类方面的摄入成倍地增加,患上脂肪肝、糖尿病、高血压这类"富贵病"的人也越来越多。当然,这一方面是因为很多人缺乏锻炼,但更重要的原因还在于热量摄入过多却没有被释放,从而变成脂肪堆积在体内。

所以,从饮食角度来看,当前国人肥胖的最主要原因在于营养摄入太单一,而且偏向于高热量食物。相对而言,让身体每天都能吸收到合理比例的营养素,这才是最健康的饮食方式。

人体所必需的营养素主要有六大类，分别是碳水化合物（主要是糖类和纤维素）、蛋白质、脂类、维生素、水和无机盐（矿物质），还包含其他一些必需的营养素和许多非必需的营养素。

1992年，美国农业部公布了一份"食物指南"，以比较直观的图形方式指导人们如何从食物中均衡地摄取营养。在经过多年的衍变之后，这份指南就成了人所共知的"营养金字塔"。

营养金字塔一般分为四层，每一层都会涵盖一些营养成分以及每日摄入的最佳比例。这在美国可谓家喻户晓。可是大家还是该怎么吃就怎么吃，它好像也没起什么指导作用。

这张图的问题所在是：不管你吃什么，其实都存在于营养金字塔里，因为它几乎把所有日常食物都列进去了。比如其中有面包，但面包也分好的面包和不好的面包；再比如鸡肉、马铃薯，但炸鸡也算鸡肉，薯条也算马铃薯。这就是我从小学就开始学它，但它却对我没有任何帮助的原因。

事实上，任何食物进入人体消化系统以后，都只会分解成营养物质、非营养物质甚至是反营养物质，为我们提供相应的能量。好的食物能带来好的营养，而好的营养带来的是好的能量。

由此我认识到，我最需要了解和掌握的，应该是一个"能量金字塔"——对我来讲，这得是一个简便易行的筛选标准。从能量的角度，筛选出好的脂肪和不好的脂肪，或者好的碳水化合物和不好的碳水化合物等，以此来鉴定我吃的食物是否过关。然后再把所选的食物放到我"自己的金字塔"里面，之后就不用大海捞针，或者见啥吃啥了。由此，也就逐渐形成了一份我的健康食谱。

我见到的营养师都表示：一份健康食谱应该遵循"七三原则"，也就是70%的蔬菜搭配30%的蛋白质、碳水化合物和好脂肪。

蔬菜的摄入量最好达到70%，尤其是富含多种矿物质、微量元素和充足水分的绿色蔬菜。人体内水分占60%–70%，所以我们也需要每天给自己补充不少于2000毫升的水。补充的方式除了直接喝水之外，也可以通过摄入大量含有水分的食物而获得，蔬菜无疑是最佳的选择。更重要的是，蔬菜几乎不含任何热量，这也就意味着你可以放心地吃很多而不用担心发胖；蔬菜中含有较多钾、钙、镁等矿物质，在人体内的最终代谢产物呈碱性，所以就能及时与分解肉、蛋产生的酸进行中和，对维持人体内的酸碱平衡非常有益。

蛋白质的来源大致有两类，一类为动物（如肉、禽、蛋、鱼等），一类为植物（如豆类等）。谈到动物性蛋白，肉类是必不可少的，对此营养师们的统一观点是：白肉（鸡肉、鱼肉等）比红肉（猪肉、牛肉等）好。为什么呢？第一，白肉比红肉精，那也就意味着白肉的含脂量比红肉低，也少了很多不好的脂肪；第二，白肉在致癌的可能性上会比红肉低一些。

我们中国人在饮食上讲究品种丰富，鸡鸭鱼肉样样都要有，尤其是一大家子外出就餐或平时商务应酬宴请的时候，每种肉都要点上一些。但到底是应该同时摄入多种不同的蛋白质，还是每次只摄入一种蛋白质呢？关于这个问题，我曾专门请教过好几位营养师，他们的答案是：一顿饭只摄入一到两种蛋白质是最好的，一下子摄入太多品种的蛋白质并不利于身体的吸收。比较一下不难发现，西餐相比中餐来说更为合理和健康，因为西方人往往一餐就吃一到两种肉，比如一块牛肉或者一块鱼肉，再搭配一些蔬菜，这样的摄入方式显然对健康更为有利。

碳水化合物的主要来源是各种主食。营养师们的统一观点是：在饮食中搭配谷类和粗粮，对人的耐力和持久力会产生较大的正面作用。这和我过去的认知是很不一样的，也让我了解到为什么之前精力会下降那么快的原因——现在我们吃的米面制品越来越精细，这样的细粮虽然比粗粮更易吸收，却属于高糖食物，由此产生的"高糖效应"往往只能带来短暂的热能高潮，持续一段时间后便会消失殆尽，需要重新补充。而粗粮里含有更多膳食纤维和其他营养物质，会被人体更缓慢地吸收，同时能量的释放也更缓慢，让人体获得持久的精力。

我还要特别说一下面包。现在越来越多的人习惯于将面包作为早餐中的主食。但常见的精制面包都含有大量的糖和淀粉，并且为了呈现松软的口感而加入了不少添加剂。这类食物被人体吸收后会快速释放能量，但能量也随之快速下降，所以最好的方式是改吃粗粮面包，让身体慢慢地吸收营养，并把能量平缓地释放出来，以此获得持久的精力。

糖分的摄取对越来越多的现代人来讲，呈现出上升乃至过度摄取的趋势。有数据表明，美国成年人在糖分的摄取上，平均值已经超过了美国食品药品监督管理局（Food and Drug Administration，简称 FDA）建议摄取量的 10 倍。主要原因之一就是食品中大量添加糖分，如各类饮料、甜点、零食等。另外，精制过的大米和面包都含有大量的淀粉，被人体摄入后转化为糖，而长期摄入大量的糖分对身体来说也是非常危险的。所以，尽量控制摄入含大量糖分和淀粉的食品，改为从水果中获得合理的糖分，是一个不错的饮食选择。

再说说脂肪。在大多数人眼里，脂肪就是胖和不健康的代名词，常常会被敬而远之。但事实上，必要的脂肪对人的健康是有益的，重点在于你到底选择哪种脂肪以及摄入量是否合理。我则根据自己的"能量金字塔"，把食物中的脂肪分为"好的脂肪"和"坏的脂肪"。好的脂肪（比如不饱和脂肪酸）具有调节血脂、清理血栓、增强免疫力、提高视力和补脑健脑等作用，很多植物性脂肪如大多数的坚果、牛油果等，就属于好的、优质的脂肪；而坏的脂肪（比如反式脂肪酸）则会让血胆固醇指数升高，那些油炸或深度加工的食品多数情况下都含有坏的脂肪。

在烹饪方式上我们应该遵循"尽量不破坏食物中的营养素"这一重要原则。我们中国人常常讲究食物烹饪要"色香味俱全"，但从营养学角度来看，食物被摄入体内后，身体其实并不能分辨出它们是红烧的还是清蒸的，所以味道如何对身体而言并不重要。在"尽量不破坏食物中的营养素"的原则下，蔬菜生吃或轻度烹饪是最好的；肉类则应清蒸、水煮或者电烤，尽量避免油炸。因为过度摄入油脂很容易导致身体发胖，而且绝大多数油脂在高温下会释放出致癌物质，对健康有百害而无一利。

此外，我还从顶尖专业健身人士那里获得了很多饮食方面的建议。对他们来说，身体是最重要的，所以他们每天对食物都十分小心，而且吃的都非常简单。顶尖运动员也是如此，他们用公式严格地计算出自己的身体需要多少蛋白质、碳水化合物等，甚至很多食物在吃之前还要上秤，因为他们算好了每天需要吸收多少好的能量。

我发现，这些专业人士在饮食方面的心得和经验完全可以为我所用。当然，我不用做得这么精确，我只要有正确的能量认知、饮食心态和科学的饮食规划，然后将这些融入生活和工作中就可以了。所以，我把"营养金字塔"升级为属于自己的"能量金字塔"后，根据上述专家的建议，不用花费太多时间就规划制定好了自己的饮食方式，并且按照自己的喜好，把不同的食物适当地放到里面。

第4节 一日五餐

一天究竟应该吃几顿饭？这个问题之前我从来没有考虑过。和绝大多数人一样，我认为一日三餐是最标准和最健康的，但是经过与营养学家讨论后，我才发现事实并非如此。

回溯人类的饮食历史就会发现，一日三餐制的真正形成源于近代工业化社会的发展。而在此之前，人类在一天吃几顿这个问题上也是逐渐演化和改变的。

原始社会时期，由于生存环境恶劣，人类并没有条件形成固定的饮食时间，往往是打到猎物或发现野生浆果便大吃一顿,毕竟那时候也没什么好的保鲜措施;而到了食物匮乏时,人类就不得不勒紧腰带,饿着肚皮过日子。所以那个时候人类的饮食很没有规律,根本就没有什么固定的饮食时间。在某种程度上,婴儿的进食就反映了这一原始进程:没有时间概念,饿了就哭,吃完就睡,如此循环往复。

随着社会的发展,尤其进入农业社会时代,食物品种逐渐丰富起来,人类也就逐渐形成固定的饮食习惯了。可是在很长一段历史时期里,绝大多数国家遵循的是"两餐制"。比如中国在商朝时期就已经普及"两餐制":第一餐在日出之后,大约是现在的早上7-9点,称为"大食";第二餐在日落之前,大约是现在的下午3-5点,称为"小食"。这一饮食习惯一直延续到清朝。根据历史资料记载,乾隆皇帝每天也就吃两顿正餐。西方国家的情况也与此类似,古希腊的普通人都习惯两餐制;欧洲中世纪时期的老百姓一般只吃两餐,上午10-11点左右吃一顿"breakfast"(早餐),下午4-5点再吃一顿"supper"(晚餐)。

到了工业革命前后,随着生产力的快速提高以及物质的丰富,人类开始形成了"一日三餐"的饮食习惯。尤其在工业社会快速发展时期,为了应对工作的需要,人们不得不改变过去"日出而作,日落而息"的生活习惯,代之以"早、中、晚"的作息方式,从而使三餐的时间固定下来。

我们进入信息时代后,工作和生活节奏日益加快,与旧有的三餐制的冲突也日益明显。对于上班族来说,为了赶上班的时间,早餐一般都吃得很简单,甚至不吃;中午休息时间短,一般只有一个小时,匆匆吃饱以后又得上班;下午总觉得脑子昏昏沉沉,想打瞌睡;到了晚上,由于晚餐和午餐间隔时间很长,饥饿感比较强,常常又会吃得很饱。很明显,这样的饮食制度对健康来说是不合理的。

那么,到底该怎样规划自己每天的饮食呢?营养师和专业健身人士都建议,少吃多餐是最健康的饮食方式。

从生理学角度来看,一次性吃得过饱,容易给身体增加负担,尤其是那种有大鱼大肉的饭局。举个简单的例子，现代人吃完午餐后常常会觉得疲累，就是因为在过量摄入食物后，人体自然会分配更多的血液进入肠胃参与消化，从而引起脑供血不足，身体最直接的反应就是精神疲劳和四肢乏力。有的人则习惯于感到很饿的时候才去吃饭，这样容易造成工作时注意力不集中，对生活和工作会产生负面影响，而且这样做也会导致饮食过量，不是一件好事。

所以，要想吃得不过量，也不饿到自己，持续不断地保持清醒和精力充沛，最好的办法就是少吃多餐，一天可以分5-6次进食。这样一来，身体每隔两三个小时就会有能量吸收进来，更重要的是，不会因为两餐之间的间隔太长而一次性吃得太多。尤其是晚餐过后，人的运动量大幅减少，过量饮食之后如果没有太多的消耗，就很容易堆积脂肪，导致发胖。

而我自己，开始采取一天吃五餐的饮食方式。我希望可以有更充沛的精力投入工作和其他想做的事情中。正如前文所述，饮食主要是考虑两方面，一个是如何更好地摄取能量，一个是如何更好地输出能量。

第5节　如何长期坚持健康饮食

我在开始调整饮食之初，几乎每天都在家吃饭。这是因为，一来我正处于调整期，时间相对自由；二来我也的确想知道，如果严格按照健康食谱来做，到底会有怎样的效果。经过差不多一个月之后，我发现在家吃饭与在外吃饭的差异非常大。但总是闷在家里吃饭也不是长久之计，接下来我不得不考虑的问题是，我不可能永远有在家吃饭的机会，时而会出差或者应酬，那么一旦到了那个时候，我该如何继续坚持下去呢？

问题一：如何解决工作日的吃饭问题？

或者说：少食多餐，一天吃五顿，能在工作日实现吗？

我是这样规划的：刨除睡眠时间，每天实际可支配的时间在 16 个小时左右。这样算来，要做到一天五顿，平均 3 小时就需要进食一次。但实际上，我并不需要把时间掐得很精准。如果早上 8 点吃早餐，那么在 11 点左右可以吃点水果或小食，这样就会避免午餐时因太饿而饮食过量。到下午三四点，上一顿的食物已经消化得差不多了，此时可以再补充一些胡萝卜、水果或者坚果。如果每天晚上 11 点前上床睡觉的话，那么晚餐时间可提前至晚上 6—7 点，这样就可以有差不多 4 个小时的时间来完成食物的消化。

这样看来，虽然一天吃五顿，但其实正餐仍然是三顿，只是在两餐之间吃一些水果、坚果或者自制的小食，让自己可以持续补充能量，保持充沛的精力。

- 早餐 08:00
- 补餐 10:30—11:00
- 午餐 12:30
- 补餐 15:00—15:30
- 晚餐 18:30

问题二：应酬或出差时该怎么调整？

如果当天有应酬，我会提前先吃饱。这样到了正餐时间，我也就不会吃多了，这是一个行之有效的方法，我一直都在沿用。

中国有句俗话叫"吃得饱是福"，这放在过去来说是一件很好的事情，因为那时的人对脂肪、蛋白质和糖分的摄入是普遍不足的。但时移世易，我们现在身处"大食品时代"，大部分人面临的不是营养缺乏，而是营养过剩的问题。所以我们的饮食观念也应该随着社会的发展而有所改变，不能只想着做加法，也应该适当地考虑如何做减法。

应酬或出差时，该如何挑选一家健康餐厅呢？我觉得应从其食材和烹饪方式入手。以亚洲菜系来说，日本料理是相对比较健康的，其次我会选择中餐；在西餐方面，比如意大利菜，我会尽量避开意面或通心粉，因为这些食物的淀粉含量通常很高。而在烹饪方式方面，我一般会较多选择清蒸、清炒或炖煮的菜。

我会在脑海里制定一份"健康餐厅指南"和"健康食品菜单"。预订餐厅时我会优先选择更健康的类型，点菜的时候我会尽量在这份菜单里选择。当然，其他人也会再点一些菜。这样一来，商务应酬时能满足不同人的口味和需求，饮食健康和商务交流是可以兼顾的。

问题三：如何真正、长期地坚持良好的饮食习惯？

第一步，做好记录，面对现实。斯坦福的营养学家曾经向我建议，想要真正坚持好的饮食习惯，记录是最容易也是最有效的方式。所以我就开始每天记录，自己一天吃几顿，每顿大概吃些什么。坚持了一段时间以后，就发现这个办法真的很有用。因为你必须真实面对每天吃了什么东西，而且还不止一次面对，也就意味你不能再自我欺骗了。

我们很多时候会因为吃了一包薯片而安慰自己说，没关系我就吃了一包，但当你提笔记录的时候就会发现，其实本周已经吃了五包了，这种感觉马上就不一样了。如果没有记录，你永远觉得自己本周只吃了一包。

所以，当我坚持记录了两个月后，最明显的变化就是逐渐改变了一些坏习惯。当然，有很多习惯是我在十年、二十年甚至三十年的时间里养成的，不可能一下子全部改变，所以我只能把记录看成是第一步。

第二步，做好充足的准备。当你想吃什么的时候，如果自己已经做好了准备，就不需要看周围有什么食物。比如我现在经常会随身带一盒坚果，在饿的时候或者想吃垃圾食品的时候，就会拿出来补充一下。

第三步，尽量远离诱惑。"眼不见为净"这个道理对培养良好饮食习惯来说是很有意义的。比如看电视时，如果你手边正好有一包薯片，那么很容易就会随手拿起来吃上几片；进场看电影的时候，如果你看到了爆米花也闻到了浓香，很可能会买一桶带进去，边看边吃；如果你身旁正好有人在吃零食，那就尽量不要面对他坐着。很多时候，食物对我们视觉、嗅觉或听觉上的冲击是非常强烈的，但我们可以做到转移视线或走为上计，那就在最大程度上避免诱惑。

第四步，如果需要喝酒，尽量选择红酒。懂红酒的人都知道，红酒是需要慢慢品尝，慢慢享受的。如果遇到必须饮酒的场合，我会尽量建议大家一起喝红酒，因为红酒背后的酒文化，比如酒庄的历史、红酒的年份等能成为一个很好的社交话题。交流的时间多了，自然可以减少不停干杯的情况发生。

第 2 部分
终身运动

第 1 节　唯有耐力不会老去

我一直很喜欢运动。刚到美国时爱上了打篮球，高中时又加入了学校田径队，还莫名其妙地选择了大多数亚裔学生都不会触碰的"偏门运动"——铅球，后来居然练得不错，甚至曾代表学校入围城市田径锦标赛。

高中毕业以后，我考入了斯坦福大学。这所具有超高体育水准的大学曾经连续十多年获得代表全美高校最高体育荣誉的奖项——纳克达杯。在体育氛围这么好的大学里，我的运动时间也成倍增加，每天在篮球场上的时间超过了两个小时。

除此以外，我在运动方面的另两项爱好是东方武术和西方格斗。高中时期我学了太极拳，大学快毕业的时候开始练习合气道，后来又陆续学了拳击、泰拳和以色列格斗等。

回国创业后，除了每天坚持去健身房之外，我还请了一名私人运动教练，每周固定训练2—3次。但就算坚持这样的运动频率，我的体脂率仍然在上升，精力和耐力在不断下降。当时健身教练对我说："这主要是因为你的年纪大了，能大致维持在这个水平就已经不错了。"

从生理学角度来说，人的爆发力的确从 20 岁左右就开始逐步下降了。所以我们看到那些需要强劲爆发力的运动项目如短跑、跳高等，运动员的平均年龄一般都比较小。但与此相反，人的耐力却可以有很大的延展空间，并不会因为年龄的增长而下降太多，直到 50 多岁才会缓慢下滑。

马拉松长跑就是一项典型的有氧型耐力运动项目。近几年来马拉松热遍及全球，成了一项不折不扣的"全民运动项目"。在美国，常常能在一些业余比赛中看到不少 70 甚至 80 岁老年人的身影，有些人的成绩甚至一年比一年进步，这也很好地说明了耐力是可以通过专业的训练而逐渐增强的。而在中国，以 2017 年 9 月 17 日的北京马拉松赛事为例，根据北马组委会公布的官方数据显示，一共有 29700 人通过了起点，最终完赛人数为 28365 人。其中 55-59 岁有 744 人，60-64 岁有 418 人，65-69 岁有 152 人，70 岁以上有 58 人。如果从平均成绩看，55-59 岁年龄段的成绩从 2015 年到 2017 年都是表现最好的，2017 年为 4 小时 23 分 45 秒。

爆发力和耐力都属于人体机能，我们拥有这样的机能特点，在很大程度上也是人类进化选择的结果。在原始社会时期，早期人类赤手空拳或最多掌握一些简陋的武器，该怎样捕获那些大型猎物呢？不少人类学家认为是依靠耐力奔跑。

我们首先可以发现一个很明显的事实：无论是爆发力还是加速度，人类在草原上都无法与绝大多数动物匹敌，因而耐力就起到了关键性作用。现在的确有少数依然处于原始发展阶段的非洲部落还在沿用这种耐力狩猎方式，当地人称为"死亡之跑"。在食物相对匮乏的季节，猎人们会盯准一头猎物，采用长时间低速奔跑的方式追逐猎物，迫使猎物无法停下脚步，直到最后筋疲力尽而被捕获。

物竞天择，适者生存。人类可以在"死亡之跑"的过程中，运用自身耐力战胜那些速度和爆发力都远远超过我们的动物。上万年后，我们依然拥有祖先在进化过程中所获得的这一独特优势。

在现代社会中，人需要用到爆发力的时候其实很少，绝大多数情况下使用到的是自己的耐力。例如在工作中，我们需要一整天都保持持续不断的精力，去高效地处理各种事务。在这种情况下，耐力就显得尤为重要了。

所以，当你处在已经意识到岁月流金、年华老去而又无力追索的人生阶段时，各种类似"年纪大了，某些表现自然就会下降"的安慰、托词甚至是借口都会让你产生失望、疑惑的感觉。与此相反，当我认识到耐力并不会因为年龄的关系而降低，且会在有效的训练下获得更多的提升后，我感到非常开心。因为只要我愿意，我可以一直通过很有效的锻炼，不断提升自己的耐力，保持充沛的能量输出，这无疑是极为振奋人心的。

第2节　更多的肌肉，更棒的身体

弗兰克·隆戈（Frank Longo）教授是斯坦福大学医学院神经科主任，也是美国医学界神经系统领域的权威人士。2016年，他以在阿尔茨海默症研究上的杰出贡献而登上了《时代》杂志的封面。

我去斯坦福大学向隆戈教授请教如何长期保持脑力充沛和预防阿尔茨海默症时，他表示，现在这方面的方法可谓众说纷纭，比如要长期服用深海鱼油、经常玩脑力游戏或保持充足的睡眠等。但到目前为止，上述方法没有任何一种能在临床方面有确定的研究结果。但是，隆戈教授说：唯一在医学界被确定能预防阿尔茨海默症的方法就是运动。研究表明，坚持规律运动的人患上阿尔茨海默症的概率，仅仅是缺乏锻炼的人的十分之一。

我在美国接触过许多位大企业CEO，他们中的绝大多数都会坚持运动。对他们来说，运动与工作同等重要。我在白宫工作时，前通用电气公司（General Electric Company，简称GE）的董事长兼首席执行官杰夫·伊梅尔特（Jeffrey Immelt）曾在与我们互动时谈到，他固定在每天早上5点起床，第一件事情就是先做运动，边运动边看新闻，然后再投入到一天的工作中。在硅谷，那些科技界的大佬们绝大部分也都有着规律的作息时间和运动习惯，通常9点半左右便上床休息，第二天清晨5点起床后开始运动。

这些顶尖的精英们为什么如此热衷运动？肯定是出于对身体健康的考虑，因为长期坚持运动能使心脏承受力、新陈代谢、肌肉等方面都得到很好的提升，能够提高他们的耐力。另外从科学角度看，运动会激发人体分泌一种叫胺多酚的物质，它在一定程度上可以给人体补充更多的精力，使人在运动之后感觉并不像想象的那样疲累，反而是更有精力。这也就是大多数人在做完运动以后会感觉精神爽利的原因所在。

当然，现在很多人运动的主要目的在于减肥。当今社会流行"以瘦为美"，甚至有"瘦的人要比胖的人健康"这样的观点出现。但从医学角度来看，健康在一定程度上和胖瘦并没有直接关联。从健康角度看待胖瘦，主要是看人体的脂肪比例是否合理。因为胖子的脂肪比例都会高一些，这就代表了他的血管阻塞可能性相对较高，罹患心脏病的风险也就大一些。很多人仅仅只是关注自身的胖瘦，却往往会忽略肌肉对人体的重要作用。

第一，在同样的运动量下，肌肉发达的人消耗热量的总数比肌肉不发达的人多3—4倍。因此，如果摄入同样热量的食物，前者的消耗要比后者快很多。

第二，肌肉对保护骨骼起到了非常关键的作用。科学家研究发现，专业运动员患软骨挫伤的职业病的比例较高，但为什么他们还可以继续从事体育竞赛呢？这就是因为他们的肌肉特别发达，能如同铠甲一样牢牢地护住骨骼。所以当骨骼随着年龄增长而越发脆弱的时候，肌肉的重要性就越发体现出来。

所以，当我通过各种方式深入了解之后，对身体与运动之间的关系有了一个全新的认知。我欣喜地发现，可以通过运动，不断地提升自身的耐力、降低脂肪比例、增加净肌肉量。我也要大声呼吁，每个人都可以在这三方面不断取得进步。

不管在美国还是中国，现在很多人都热衷健身，想去健身也很方便，通常在一些不错的社区和办公楼内及周边都有健身的场地或设施。但很多人不那么讲究，随意性比较大，健身效果不那么好，甚至还担心受伤，而我看到很多精英都会有所学习，或者请教专业的教练，让自己认清楚误区，起到事半功倍的效果。

那么，通常健身者最容易犯什么错误呢？健身专业人士表示，通常有三个方面。

第一，用力不当。

往往一些刚开始健身的新手和没有系统学习的健身者，都会以为健身就是靠力量。这个错误我也有过，当感觉自己有力拔山兮的气势，肌肉充血也显而易见，但在体型优化和体能提升方面的效果都不佳。我最初的健身教练很注重形式，在动作和姿势方面有不错的指导，但没有真正教会我去认识肌群和相应的发力方式，所以我没有掌握如何更好练习该练的部位。

于是我开始主动研究肌肉的构造。我惊讶地发现，人全身大约有639块肌肉，几乎占体重的一半。除了我们通常知道的二头肌、三头肌、胸大肌、背阔肌和腹肌，人体还有肌群，例如胸部肌群、背部肌群和核心肌群，等等。它们在相邻的部位共同配合完成一系列动作。

在不了解这些细节以前，我很难用对肌肉和发对力，就像做拉背练习的时候，我们会更多靠手臂在用力，但对背部肌群的刺激却很少。然而，真正正确和合适的方法是你得把力量用到正确的部位，才能通过对抗的方式，让你的肌肉分裂再重组，从而构建出更棒的肌肉组织。

了解肌肉构造的另一个好处，是我能更了解肌肉的酸痛。在无氧练习的第二天或第三天，我们会明显感觉到练习的部位肿胀、酸痛或乏力。我通常是第三天的时候会感到酸痛。这样的酸痛能告诉我是否准确地刺激了这些部位的肌肉生长，可以更好地指导我下一次的练习。

第二，只凭眼见。

在美国，哪怕是健身者中的"老司机"也会走入误区，就是不了解肌群的作用，片面追求某一块肌肉的大小。很多健身者看的都是胸肌和二头肌，因为去健身房总会练上身，而且某一些肌肉在练完后，生长可以立竿见影。长年累月，忽视了下盘的重要性，很多问题就出来了。

首先，如果要站得稳，腿部和臀部都很重要，我也认识到我这方面是相对比较弱的。很多老年人为什么会摔跤，就是因为腿脚无力，而在年轻的时候，没有注重腿部的练习。确实在现代社会，普通人使用双手的机会远比用腿多。中国功夫里就会练马步，让下盘的基础扎实了，才能进一步学习上乘的武艺。

其次，从本质上讲，没有一块肌肉是多余的，在练每一个部位的时候，都要考虑到对整体的支持。例如，背部肌群和核心肌群很重要，因为核心肌群能影响所有的部位，让很多动作有更好的平衡度，强健的背肌又能为很多动作提供必要的发力支撑。在健身房里，练腿的那一天是最辛苦的，挑战特别大，很多人练深蹲的时候都会想哭。对我来说，刚开始的时候我就感觉到身体摇摇晃晃的，非常不稳。可见，这是被很多人忽略的练习。

所以，我现在健身是为了让每个部位都很好地为身体提供支撑，每个部位都发挥它的贡献，不管这个部位是显而易见的，还是难以察觉的。

第三，缺乏成长。

很多人认为，健身只要能坚持，自然会有提高，每天练100个俯卧撑、200个仰卧起坐，长久下来身体就会很好。其实，这些认识是不完全的，健身后的身体确实会好，但到了某一个节点，平台期就出现了。所谓平台期或瓶颈期，是指你的身体已经完全适应了之前的方式和强度，哪怕再重复练习，提高也是很慢的，甚至会倒退。

我自己也遇到过瓶颈期。在瓶颈期，我觉得酸痛感觉减少了，进步也停顿了。

人的身体很聪明，对于反复性的操练，它会渐渐找到最省力的方式来对抗压力，换而言之，就是偷懒。所以，你必须不停地尝试去挑战你的身体，让它不知道你的身体下一个挑战是什么。

在新的挑战下，我的身体又找回了酸痛的感觉，这种重新获得成长的感觉是很好的。突破瓶颈期后，我明显感觉我的力量变强了，体格的变化也在持续，然后我可以用更大的重量和更多样化的方式，去冲击我想要的结果。

今天，我发现健身的好处越来越多，可以燃烧多余的热量，对塑造体形也很好，而最关键的是强健的肌肉能保护我们身体的每个部位。这一路上，我经过了许多不同的挑战和困难，从一开始了解肌肉的作用，到明白怎样针对局部进行练习，然后突破平台期，找到继续提升的方法和感觉，最后达到更好的平衡。现在，我虽然对自己的体脂比和肌肉塑成颇为满意，但还有很多的不足，这些不完美足够我在未来一一去突破，这也是我想会一辈子坚持健身的理由。

第3节　12周让人焕然一新

当我充分了解了人的身体、找到了努力方向后，接下来要做的第一件事情就是找一位最优秀的健身老师。

在美国，健身人群大致分为两类。一类属于比赛健美型，主要是专业或半专业的健美运动员，他们需要通过长期高强度的锻炼，再加上药物的辅助，提高肌肉的生长速度，所以他们的身材一般非常强壮健硕，其身形是大多数人所不能比拟的。

另一类则属于自然健美型，即通过一定的锻炼和饮食搭配达到健身的目的，主要针对一些健身爱好者。他们对肌肉的锻炼有两种方式。一种是练流线形体，以女性为主，训练次数多但重量小；另一种是练肌肉块，以男性为主，训练次数少但重量大，我个人就选用了这种方式。

在此之前，我在美国最大的健身爱好者平台（bodybuilding.com）上加入了一个健身爱好者群。群里的成员大都是和我一样的职业人士，大家的目标都很一致，那就是并不以专业健美为目的，而是想突破自己，在塑形和耐力上能有所提升。

当我在群里询问是否有合适的健身老师可以推荐时，大家给出的几乎都是同一个名字——克里斯·格辛（Kris Gethin）。

克里斯·格辛曾是一家著名健美杂志的编辑，同时也是一位健身教练。在健身方面，他注重自然健身，将饮食和锻炼紧紧结合在一起。更重要的是，他曾用很长时间研究如何将健身真正融于生活，打造一个健康而自然的生活方式和习惯。他很真实，方法也很实在，比如曾给大家讲过如何在受伤或有应酬时解决健身问题。由于他讲述的并不是在单纯的健身房环境下的健身，所以比较适合职业人士，这也是我一直想学习和借鉴的。

最终，我选择了他著名的"12周增肌减脂训练课程"。在12周的集中训练期间，平均每天我都要拿出两个半小时健身，饮食方面则严格遵循教练制定的食谱，只是在一周的最后一天吃一顿"放纵餐"。让我记忆深刻的是，在第一周课程结束后，我特别想吃馄饨，于是就在周末的"放纵餐"来临时，特地赶去中国餐厅吃了满满一大碗的馄饨。吃完后，顿时觉得这才叫真正体会到了一碗简单美食所带来的口腹快感，一周以来严格控制饮食的枯燥感便烟消云散了，也使我有了更大的动力可以继续下去。

多年来，我一直坚持几乎每天一次的健身频率，也请了私人教练进行专业指导，但是在2014年之前我无论是在耐力还是在体脂率上都没有获得任何的提升或优化，这成了我难以逾越的瓶颈。而克里斯·格辛的12周课程让我获益最多的，就是如何掌握运动的节奏和突破自身的训练瓶颈。

很多人都知道，身体的锻炼大致可以分为胸、腹、背、肩、腿这五大部分。

健身教练一般会建议按五天一个循环的方式进行规律训练，也就是一天只针对一个部位，第二天再换一个部位来做，让原先那部分休息，如此循环，可以让五个部位都得到锻炼。

我之前就像很多人那样，健身时常常只重复做同样的运动如举重、俯卧撑或仰卧起坐等，间隙休息的时间也会比较久。但克里斯·格辛反对这种做法。他在课程中强调的第一件事情就是对待运动的态度。他认为应该把运动当成一份工作，要全身投入并且倾尽全力地去完成。很多人认为我来运动就已经够了，而他则会说："不，你来了，任务才刚刚开始。你必须在整个过程中将全部能量都释放出来，没有痛苦就没有收获。"每一个姿势都要做到标准是很辛苦的，但也是收获最大的，感觉肌肉酸痛才是真正有效的时刻，越是这个时候越不能放弃，而是要更加努力。

克里斯·格辛曾举过拳王阿里的例子。当时有人问阿里："作为大家公认的最伟大的拳击手，你平常的训练强度一定很大，请问你做多少个俯卧撑才会开始有肌肉酸痛感？"阿里笑笑回答："我是感觉酸痛后才开始计数的。"

这番话对我启发很大，让我认识到运动也是对意志的一种磨炼，只有不断地推动自己，才可以突破极限。克里斯·格辛也曾告诉过我，其实他在每次运动时也常心中暗想：如果这组动作我没有按标准完成，那我的一个亲人就会离我而去，我非常不希望看到这样的事情发生，所以无论如何都要坚持做下来。这听上去很搞笑，但确实能很好地推动意志的锤炼。

克里斯·格辛在突破瓶颈方面也有着独特的经验。他指出，人的身体非常聪明，很容易在惯性训练后慢慢进入停滞期。当你锻炼身体不常运动的部分时，一开始肯定会产生酸痛感，但时间久了也就适应了。唯一的突破方法就是不断挑战身体的极限，不要让身体完全适应固定的节奏。

我仔细琢磨，发现情况的确如此。我之前总是在同样的强度下训练一个动作，比如做俯卧撑，刚开始完成一组动作后会感觉肌肉酸痛，但长期用同样的方式做了之后，身体的酸痛感就逐渐减少了。所以克里斯·格辛就告诉我们，你需要不断地给身体以"惊喜"，让它感到"不知所措"，唯有如此，你才能不断地找回酸痛感。

他打破瓶颈的具体方法有两个，一个是 DTP（Dramatic Transformation Principle，即"爆炸性增长原则"），一个是 Super Set（即"超级组"）。

DTP 指的是对同一个动作，采用不同的重量和次数去组合训练。训练过程很痛苦，先是同样的动作分别做 50、40、30、20、10 次，随着重复次数的减少，给你的训练重量就会相应提高；之后在次数上又以 10、20、30、40、50 次这样递增，而且随着重复次数的增加，给你的训练重量会慢慢降低。这样在相邻的两组训练里，重量和次数都不一样，完全打破了身体的适应度，从而不断地突破极限。

Super Set 指的是把不同动作合在一起轮番做。比如有两个动作（A 和 B），教练要求各做 5 组，每组做 10 次。那么 Super Set 的做法会是先做 1 组 10 次 A 动作，然后做 1 组 10 次 B 动作。与以前我学到的健身计划不同，Super Set 提倡的是一天练习至少两个部位。当然，每组动作之间会有休息时间，但差不多只有 45 秒钟，在完成所有 5 组动作之后，才可以有几分钟的休息。

在这样的锻炼过程中，肌肉酸痛是必然出现的，这也代表着你的肌肉正在被拉伸和撕裂。在此之后，尤其在晚间休息的时候，肌肉会被重新组织，由此建立起更强壮的体系。强健的肌肉就是这样被慢慢锻炼出来的。

在 12 周的训练里，克里斯·格辛会制订出每一天非常详细的计划。在每个动作都熟练的情况下，我一天的训练从大概需要两小时缩减到 45 分钟左右便可以完成。

经过 12 周的训练课程后，我自身发生了怎样的改变呢？在此之前，我的脂肪比例是 18.6%，12 周之后我的脂肪比例下降到了 8.8%！要知道，专业运动员的脂肪比例一般维持在 5%–10% 左右，因而我以 12 周的锻炼能达到这样的脂肪比例，已经是非常不错的成绩了。所以这也给了我很大的激励，之后我又连续参加了 5 次这样的课程。

第 4 节　跟阿诺德·施瓦辛格学健身

众所周知，阿诺德·施瓦辛格（Arnold Schwarzenegger）是一位好莱坞巨星、前加州州长，同时也是健美界的标杆人物。他曾说过一句最著名的话："对我来说，健美是唯一的工作。"阿诺德·施瓦辛格 19 岁就在欧洲健美锦标赛上获得了"欧洲先生"称号，20 岁获得"环球先生"称号，之后七次登上"奥林匹亚先生"的宝座。到 1980 年退出职业健美比赛之时，他已成为历史上赢得比赛冠军头衔最多的人。他于 1968 年来到美国，1970 年进入影视圈，成为动作片明星，又在 2003—2011 年任加州州长。40 多年来，阿诺德坚持每天健身，也开创了很多现代科学健身的方法。而且在他那个年代，使用药物的情况还是比较少见的，他比较提倡通过自然的方式来打造自己的身体。

我在克里斯·格辛那里连续参加了 6 次 12 周课程后，不久便找到了阿诺德·施瓦辛格开设的课程，报了一个 6 周训练课程。这样做，主要是觉得已经逐渐适应了克里斯·格辛的训练模式，也对自己身体所能接受的挑战有了更大的信心，非常想体验一下专业健美者究竟是如何训练的。

在开始训练时，虽然我已经做好了充分的准备，但仍然觉得非常具有挑战性。教练布置了一天的训练任务，我常常需要分三天才能全部完成。想象一下，阿诺德·施瓦辛格可是几十年如一日承受如此高的训练强度，我觉得真是不容易。

另外，由于是针对职业健美人士的训练课程，饮食上的要求已经不会再提了，因为到了这个阶段，每个人都应该完全了解并严格遵循相应的饮食规则了。

整个课程中，会不时播放阿诺德·施瓦辛格关于健美的演讲内容。我清楚地记得，他提到了两个重点：

第一，在训练过程中要不停地给自己拍照。这看上去有点像自恋，但我在后来的实践中感觉是非常有帮助的。这其实与产品测试是一样的道理：一件合格的产品在出厂前肯定会经过严格测试，健身也是一样，只有认真地审视自己的身体，才知道到底哪部分练得不错，哪部分还需要加强锻炼。尤其是在专业健美领域，每一个身体细节的展现都可能决定着你的名次。另外，锻炼体形的主要目的就在于给自己充分的信心，拍照无疑是一个很有效的提升手段。

第二，与克里斯·格辛一样，阿诺德·施瓦辛格也反复强调了一点：不断挑战自己的身体，让它"不知所措"。打个比方，如果每天做100个俯卧撑，一开始你会觉得很辛苦，但当你练习到一定程度，身体慢慢适应后便不再觉得吃力，这时的练习效果相对也会越来越差，所以就要不断给身体突破的空间，要"惊醒"你的身体。

在这方面，阿诺德·施瓦辛格的具体做法和克里斯·格辛很相似，但训练难度却大大提升。比如第1组做30个轻型器械运动，然后连做6组，每组的重量和次数各不相同，重量不断增加，次数不断减少。这样的训练方式会让身体一直面临着不同的挑战，会使身体在不断的刺激中有很快的提升。

我亲身实践了6周训练计划之后，感觉到非常明显的进步，也认识到专业级健美人士他们的最大特点在于思想上的坚定不移。

在这个训练课程上，我结识了一位朋友。第一次见到他的时候，我感到非常惊讶，因为他已经60多岁了，但体能和耐力都比我出色，而他的身材也练得非常棒，全身几乎看不到任何多余的脂肪和赘肉。在彼此熟悉以后，他给我分享了很多自己的故事和训练心得。

他也是一位投资人，每天的工作很繁忙，一周只能来练3次，每次不超过30分钟。尽管如此，他仍会坚持每一次训练都做到用尽全力，真正突破自己的极限。

这就和克里斯·格辛的方法很相似，那就是把健身当成一项必须完成的任务来执行，当成一次突破极限的机会，所以他的 30 分钟训练能发挥出最大的效果。

他还分享了自己的饮食搭配。他一天吃五顿。早饭很简单，炒鸡蛋加大量蔬菜；正餐一般选择煎肉，主要是煎鱼肉、煎牛肉，还要加大量的蔬菜，主食则搭配一定比例的粗粮。一般人看来，像他练得这么好，应该可以随心所欲地吃东西，但事实并非如此，真正练得好的人在饮食上会更加小心谨慎。

我曾经疑惑，如何才能有动力将运动一辈子持续下去。前 NBA 篮球明星科比·布莱恩特（Kobe Bryant）在退役一年后发出的一张"发福照"就在社交网站上疯传。不仅是科比·布莱恩特，被誉为篮球之神的迈克尔·乔丹（Michael Jordon）也难免中年发福。这种情况在很多退役运动员身上都有体现。

对于职业运动员来说，高消耗量的运动一般会辅以高热量饮食，一旦退下来不再坚持锻炼，饮食却没有随之调整，发胖也就是必然的事情。至于我们大多数人，坚持运动健身一段时间后再放弃的例子可谓比比皆是。很多人年轻时在校园里面还很活跃的，能一直坚持运动，但一旦工作后，在业务繁忙的同时也就渐渐放弃了运动。

坚持健身到底难不难？我觉得，如果把它当成人生必需的一部分，那就不难。如果把自己比喻成一部结构精密的机器，或者像价值连城的跑车，我想你不会让机器生锈蒙尘，也不会让跑车丢在车库里一动不动。

而当你真正从健身和运动中领略到了它的好处——充沛的精力、完美的身形、健康的身体和头脑、永不放弃的意志，你就会深刻认识到，这种生活绝不是要牺牲些什么，而是一种追求和幸福，也是一种人生享受。

第 5 节　没有时间的人如何高效运动

首先，每个人都应该至少选择一种适合自己的运动方式，当然在条件允许的情况下，我们肯定是首选自己喜欢的运动，如游泳、羽毛球或篮球等。但在实际生活中，我们不可能每天都有时间去游泳馆或球场。其次，坚持运动是一件非常难的事情。我常常会听到周围的人抱怨说平时太忙了，根本抽不出时间运动。老实说我也一样，所以我一直想找到一种合适的方法，让自己能在很忙碌的生活中，尤其在经常出差的状况下坚持有规律的健身。所以，如果只有半个小时可以运动，那么你该如何在有限的时间内，找到最好的方式，做到健身效率最大化？

问题一：怎样选择合适的运动？

我们在运动的选择上，大致可分成两种。

第一，很多人对特定的某项运动非常热爱，如游泳、羽毛球、网球、篮球等。像这类虽然非常热爱但需要特定场地才能完成的运动项目，我每周会参加1–2次。

第二，健身类项目，包括有氧运动、身体拉伸、器械锻炼等。我平时主要选择的是身体拉伸、有氧运动和肌肉锻炼这三种。我们在运动过程中最不希望出现的情况就是受伤，拉伸可以帮助身体在运动前后放松，从而在最大程度上避免抽筋、扭伤或肌肉僵硬等情况的出现。有氧运动是燃烧热量和锻炼耐力的最好方式。而肌肉锻炼对保护骨骼尤为重要。

问题二：怎样挤出运动的时间？

我见过很多成功的 CEO，他们坚持每天很早起床开始运动，这样既不用担心占用其他的时间，而且在新的一天开始时就先把对自己身体健康非常重要的事情做完，可以使自己一天都保持精力充沛。比如我的导师，英特尔前二号人物肖恩·马洛尼（Sean Maloney）在硅谷总部工作时，就常常在凌晨5点左右去附近的湖里划船，更多生活在硅谷的 CEO 们则是选择跑步健身。另外，有些人会把固定的运动时间安排在晚上，但对一些睡眠不好的人来说，这会使大脑处于兴奋状态，并不利于入睡。

此外，还有一种方式可以挤出时间，那就是几件事情一起做，将运动植入工作或生活中。比如，我会一边健身，一边听电话会议，或者在短暂的休息之余，来一组有氧运动等。虽然这样做的效果没有全神贯注的效果来得好，但仍然不失为一个节省时间的好办法。

当然，如果遇到实在抽不出时间的情况，还有一种更高效的运动方式，那就是在短时间内做高强度运动。

我有位 CEO 朋友就是高强度训练的爱好者。他每周运动 3 天，每天只花费 15 分钟。他做的这项运动名叫 sprint（全速跑），也就是在极短时间内用最快的速度跑步。每一组短跑的时间是 30 秒，休息 15 秒，再跑 30 秒，如此循环 15 分钟。我曾跟着他做过一次，虽然只有短短 15 分钟的时间，体力消耗却非常大。

所以，我们至少有三种方式来挤出运动的时间，你可以选择提早起床，也可以把运动植入生活中一心两用，或者每天花 15 分钟的时间来个高强度训练。我尝试了这三种方法之后，觉得第一种和第二种方式最适合自己，所以也就一直沿用至今。

问题三：在实在不具备运动条件的情况下，该如何健身？

我一直在寻找合适的运动方法，希望让自己无论在忙碌的工作中，还是在频繁的出差状况下，都能坚持有规律的健身。直到后来听了"牢狱健身法"的课，才找到了不少很值得参考的方法，一直沿用至今。

150 多年前，瑞典医生古斯塔夫·詹德（Gustav Zander，1835–1920）发明了最早的健身器械。一开始，这些看上去像刑具一般的器械主要被用于物理治疗，直到 20 世纪中期才开始被广泛运用于健身领域。

在此之前，人们是怎么健身的呢？答案是体操。要知道，千百年来人们习惯于依靠自身的体重来锻炼身体，而并非器械。俯卧撑、引体向上等都是经典的自重锻炼动作。

对现代人来说，没有了健身房，没有了健身器械，好像就不会锻炼了，而在牢狱里所做的方法似乎又将我们拉回了传统，并且不必再忍受时间或环境的桎梏，这对无法抽出固定时间去健身房的人来说，尤为合适。

我现在会在行李箱里放一副扑克牌，如果没时间去健身房，那就采用"牢狱健身法"。

就像之前所说的，对应身体五个不同的部位，我以五天作为一个循环来进行有规律的锻炼；而在没有器械辅助的情况下，可以通过俯卧撑、仰卧起坐、拉单杠、下蹲、立卧撑等方式达到同样的锻炼效果。

具体的方法并不复杂，你可以先洗一下牌，然后翻开其中一张，看到什么数字就做几次（J、Q、K 都算 10 次）。比如今天做俯卧撑，那就按照翻牌显示的数字来决定一组完成几个动作。我把整副牌全部翻一遍大概需要 20–30 分钟，总计产生 340 次的动作，强度也不算小。这个方法的好处是，你不用到处找健身房，只要带一副牌，在房间里随时可以锻炼，而且随机抽取的数字也使得锻炼不致太乏味。

比如第一天做俯卧撑，锻炼的是胸部；第二天做深蹲，锻炼大腿和臀部；第三天做仰卧起坐，锻炼腹部；第四天做引体向上，锻炼肩部和后背；第五天做立卧撑，锻炼全身。这里面的四个锻炼动作基本上不用任何辅助工具就可以完成，只有引体向上需要一些辅助，我的方法就是在门上放一块毛巾，依靠门来支撑身体完成动作。所以，如果出差一周的时间，差不多便可以完成 1.5 个循环，既不用花费太多时间，也能保证每天的运动量。

现在，我已经养成了最高效率运动的习惯。经过这一年的学习，我逐渐找到了适合自己的运动方式。

除此之外，我也认识到，最初当我说坚持的时候，总有些维持现状的意思在里面——这也是我后来真正意识到的，我不应该只满足于维持现状，而要把目标定在不断进步。之前我的健身教练告诉我，你只能维持，而且就算维持，你还是会下滑。我现在把目标定得更高的时候，我反而更有机会做到了。

第 3 部分
掌控睡眠

第 1 节　斯坦福能解决失眠这个"不治之症"吗

据世界卫生组织最近一次统计显示，全世界大约有 30% 的人存在睡眠问题，我曾经就是其中一员。在很长的一段时间里，我深受睡眠问题的困扰，主要症状是入睡困难，半夜常常醒来又难以再次入睡，以及睡眠质量不佳。

如同与朋友们交流其他健康问题一样，我也曾与大家交流过睡眠方面的困扰，这才发现原来大部分人在睡眠上或多或少都有一些问题。有人说，这是因为年纪大了，身体机能下降，睡眠质量自然就变差了；也有人说，这是工作压力大造成的，精神紧绷的人睡眠往往都不好。

无论出于何种原因，我都要找到办法，彻底解决睡眠给我带来的困扰。我非常清楚地认识到，如果不改善睡眠状况，我就不可能从根本上改善自己的健康。

我查阅了很多相关文献资料，发现越来越多的科学家已经认识到，失眠会对整个社会乃至国家经济造成一定的影响，是一个非常值得探讨的健康问题。文献资料里面介绍的内容大多比较笼统，提出的改善建议也不痛不痒，但它们都提到一点——如果发现有睡眠问题，最好先通过相应的医疗检查来找出其中的病因，再进行针对性的治疗。我还了解到，有的美国顶尖大学设有睡眠中心，专门研究失眠问题。

顺着这条脉络，我先是咨询了我的家庭医生，他向我推荐了斯坦福大学睡眠医学中心，该中心也是美国顶尖的睡眠中心之一。所以我决定求助于斯坦福大学。

经过一番预约之后，我被告知需要做一次全身检查和睡眠监测。整个过程会超过 24 小时，大致分两个部分：白天接受一系列的身体检查，另外还有三位睡眠医生分别询问我很多关于日常睡眠的问题，比如每天几点上床，几点入睡等。晚上则要在医学中心住上一晚，在睡眠状态下接受一轮监测，获得相关数据。

之前我从来没有过类似的经历，所以很是好奇。白天的检查过后，到了晚上我入睡前，医生用凝胶在我身体各个部位粘上了各类微型传感器，主要用于收集我在睡眠过程中身体各部分的相关数据。另外，医生还在我的嘴里塞了一个类似牙套的东西，用来监测呼吸。这种满身粘挂着仪器的感觉让我非常不舒服，但没办法，我只能干瞪着眼睛，盯着天花板，不知道过了多久就睡着了。我印象深刻的是，睡到半夜时，我感觉好像有一条条蛇缠在身上，于是一下子惊醒了，最后才发现自己原来是在睡眠中心做测试。

事后我了解到，睡眠可以分为几个阶段：睡意来临（第一阶段）、浅度睡眠（第二阶段）、深度睡眠（第三阶段）、慢波睡眠（第四阶段）、快波睡眠（第五阶段）。慢波睡眠时身体一般表现为各种感觉功能减退，骨骼肌反射活动和肌肉紧张减退，自主神经功能普遍下降，但胃液分泌和发汗功能增强，生长激素分泌明显增多。慢波睡眠有利于促进生长和恢复体力。快波睡眠，其脑电图特征是呈现去同步化的快波。各种感觉和躯体运动功能进一步减退。脑内蛋白质合成增加，新的突触联系建立，这有利于幼儿神经系统的成熟，促进学习记忆活动和精力的恢复。睡眠监测的主要目的在于观察记录我睡眠的各个阶段分别有多少时间，更重要的是监测睡眠过程中是否有其他功能性问题如呼吸障碍等。

不久，睡眠监测结果出来了，医生并没有发现我在睡眠方面有任何病理问题。

换言之，我没有与睡眠有关的疾病，但我的确有睡眠问题。这样的结果其实也在我的意料之中，所以当时我也向医生请教了一些如何改善睡眠的问题，却没有得到什么很好的建议。

睡眠中心的专家告诉我，现在睡眠医学能起到明显治疗效果的是一些功能性方面的睡眠障碍，如可以动手术或使用睡眠呼吸机来治疗睡眠呼吸暂停综合征。至于心理或其他原因造成的睡眠障碍，除了服用安眠药物，其实并没有什么好的治疗方案。但专家也并不建议用安眠药，因为容易让人产生依赖性，长期服用也对健康不利。所以，他们的建议听起来非常"熟悉"：睡前看一会儿书，让头脑放松下来，这样更有利于睡眠。你可以选择游记散文一类的书，那样可以使心情放松、舒缓，不需要激发脑细胞太多的思考。

斯坦福睡眠专家的话让我感觉有些吃惊。要知道，睡眠障碍早已成为席卷全球的"流行病"，全世界范围内大约每三个人中就有一个有睡眠方面的问题。美国是最早发展睡眠医学的国家之一，自20世纪90年代就成立了国家睡眠中心。斯坦福大学睡眠医学中心的专家大都既是医生又是教授，可以说是行业中的精英，但他们却对大多数睡眠障碍束手无策。简而言之，在睡眠问题上，就算是美国最先进的睡眠研究中心，也没办法很好地回答这个问题，更别说给出很有针对性的治疗建议（指除动手术和吃药以外的方式），这多少令我感到失望。

最后，专家还告诉我，近些年来很多硅谷的创业家和企业家也面临着与我一样的问题，而且他们也不一定存在什么病理问题。不过斯坦福大学还有一个研究中心叫"斯坦福健康生活实验室"（Stanford Wellness Center，简称WellnessMD），正在从另外一个角度尝试破解睡眠问题。与大多数医学机构不同的是，WellnessMD主要针对人的身心健康提升领域进行研究，这可能对我来说更有针对性。

第 2 节 杂乱的信息是让大脑焦虑的病毒

在斯坦福健康生活实验室,我见到了弗雷德·勒思金(Fred Luskin)教授,向他请教改善睡眠的方法。教授却并没有直接回答我的问题,而是和我谈起了高科技飞速发展下的社会问题。

弗雷德·勒思金教授说,我们必须直接面对的一点是,很多人已经不知不觉成了高科技的奴隶。一项调查显示,美国的年轻人一天拿出手机的次数大约是 200 次。这是个很惊人的数字。想想看,我们每天和身边的亲人或朋友交流,一天中与他们的谈话能超过 200 句吗?但是,很多人每天睁开眼睛的第一件事就是看手机,睡觉前的最后一件事还是看手机,做事情的时候也会时不时看下手机。很多人并不知道,手机屏幕其实是在不停快速闪烁着的,只是闪烁速度快到我们感觉不到而已。这些闪烁会导致人脑过度兴奋,注意力下降,进而影响睡眠。

弗雷德·勒思金教授还说,一项研究显示,在 2000 名参与者当中,能够把注意力持续集中在一项任务上不走神的平均时间只有 8 秒钟,比金鱼保持注意力的时间还要少 1 秒钟,这是一个非常令人震惊的研究结果。

所以,弗雷德·勒思金教授的第一个建议是:必须清晰地划定出人类和高科技产品之间的界限来。比如每天减少看手机的次数和时间,将这段时间空出来做一些其他事情,如运动健身、看书画画或与亲人朋友面对面沟通交流等。在这段时间里,除了看手机或者上网,你做任何事情都是可以的。

弗雷德·勒思金教授的第二个建议是:不要患上"信息焦虑症",要学会筛选出对自己最重要的信息。

在硅谷,很多成功人士都会说一个词"FOMO",即"fear of missing out"(害怕错过)。越成功的人往往越在意"FOMO",他们觉得每天世界上都会发生很多事情,如果不能随时随地了解的话,总害怕错过了什么。

这一点对我来说更是如此。之前在白宫工作时，很多人几乎每隔一两分钟就要看一下有什么新闻更新，因为对白宫行政人员来说，信息就是影响力，甚至权力！如果你知道一些其他人不知道的消息，那你的特殊影响力马上就会凸显出来，因为你可以根据这些独家信息，做出自己的分析和判断。所以我在那时养成的习惯就是非常喜欢看新闻，每小时最少要看 5—10 次，当时我也非常自豪，觉得对世界上发生的任何事情都能了如指掌。

对此，弗雷德·勒思金教授提出了几个很好的问题：你看了那么多的新闻，其中有多少对你真正产生了影响？有多少对你有切身的意义？我们现在每天被大量的碎片化信息包围着。即使我们拼命去处理信息，貌似获得那么多信息的辅助，我们做事真的比以前更仔细和正确吗？事实并非如此。这些信息在绝大多数情况下，对我们平时的决定没有任何帮助。

所以，弗雷德·勒思金教授认为新闻并不需要看很多。你每天可以花很少的时间去了解一下当天发生的大事，但并不需要整天关注和了解世界上发生了什么事情。因为绝大多数信息跟你的生活一点关系都没有，也影响不了你的任何决定。

比如，恐怖分子在土耳其、德国、法国搞那么多恐怖活动，但这些事对一个中国公民的影响有多大？几乎为零！可是在大量阅读了相关信息之后，很多中国人的负面情绪和焦虑感却会大大上升，或者花了很多时间去跟别人讨论，却不一定为自己创造什么价值。教授的建议并不是说要屏蔽这些新闻，并不是两耳不闻窗外事，而是要让自己避免被过多干扰，没必要把大量时间花在处理这些信息上。

弗雷德·勒思金教授的第三个建议是：人类最珍贵的就是大脑。所以必须在大脑外设立一道防火墙（他的原话是 stand guard at the gate of your mind），同时还得不断为大脑补充养分。

如果没有防火墙，很多杂乱的信息就会如病毒般侵入你的大脑。好比一处庭院，如果没有定期维护，便会有很多杂草疯狂生长，所以你一定要时常警惕，经常除草。但光是除草还不足以打造出漂亮的庭院，你还得给大脑补充更多养分。所以教授还建议说，每天最好花至少半个小时来看一本对自己很有意义的书，科学、艺术、历史等任何你感兴趣的内容都可以。

大脑很珍贵，也很娇嫩，又是产生焦虑的源头，而我们的焦虑绝大多数又都来自外界的信息，所以一方面我们需要为大脑设置防火墙，另一方面需要丰富和充实自己的头脑，让它越来越富有智慧。

最后，弗雷德·勒思金教授把话题转到睡眠上来。他说，现代人的失眠在很多情况下源于自身的焦虑感，所以睡前很重要的事情就是要让自己的心和大脑能安静下来。为此，他给出了两个具体建议：第一，尝试静坐和冥想；第二，做"早晨程序"。

巧合的是，就在此前不久，我针对思维领域进行探索而刚刚开始练习冥想。但"早晨程序"我却从来没听过。

临走前，弗雷德·勒思金教授问我，你还记不记得起床后感觉精神饱满、充满活力、迫不及待想迎接新的一天的那种感觉？我说，当然记得。

弗雷德·勒思金教授说，其实每个人都有这样的美妙体验。然后追问我，每天起床后就拥有这种感觉的日子有多少。我仔细一想，心里有些吃惊，因为数量真的很低，大概连20%都不到。他笑着说，有时候心态可以决定你拥有怎样的一天，而"早晨程序"就是可以建立正面心态的一个方法。

他的这番话让我想起之前在英特尔公司工作时的经历。曾经有一段时间，我的顶头上司是一位不做任何决定的人。遇到问题，他经常会说："我需要再考虑一下。"他不能决定，那我作为下属也就不能作决定，所以那段时间很多事情不能往前推进，我的心态也变得很糟糕。在那段日子里，我每天早晨就特别不想起床。我非常了解这种心态影响睡眠的情况，而且印象也特别深刻。

后来，我在英特尔公司做迅驰（Centrino）项目的产品经理。因为第一次负责这么大的项目，我的精神压力特别大，但当时的上司很支持我，经常跟我说："如果你遇到问题，不要怕，我会支持你的。"所以那时我虽然压力大，需要处理的问题也很多，但每天都觉得很有动力，精神振奋，感觉每天的工作都非常好玩。由于心态特别好，所以我每天一睁开眼就充满活力，干劲十足。

这两种状态的对比非常鲜明，在我心中留下了不可磨灭的印记。现在想来，心态有时候真的可以决定你的睡眠，决定每天早上怎么面对这一天，以及决定面对你的人生。所以"早晨程序"越发引起了我的兴趣。

第 3 节　从"早晨程序"开始

"早晨能决定你一天的状态"，这句话出自哈尔·埃尔罗德（Hal Elrod）的《魔法早晨》一书。在这本书中，作者介绍了如何利用早晨 1 小时获得全新一天美好状态的方式，也就是如何做好"早晨程序"。

我在网上查了很多相关资料，也读了《魔法早晨》这本书。作者哈尔·埃尔罗德曾经有一段特别的经历，他年轻时曾遭遇过严重的车祸，受伤昏迷了好几天。他醒来后做了一个决定：珍惜以后的每一天，让自己每天都活得充实。当然，单单承诺是不够的，他需要寻找具体的突破方法，因为很显然，人并不是每天都能有很好的状态。

哈尔·埃尔罗德通过钻研，总结出一套"早晨程序"的好方法，包括运动、阅读、感恩、冥想和定目标等，这一系列流程加起来就是一套程序。在《魔法早晨》中，他还指出：也许你觉得每天早晨花 1 小时很奢侈，但当你做了之后就会发现，这 1 小时是可以让你在之后的 15 个小时获得最高效率的最好方法。

老实说，刚开始看这本书的时候，我心里还是有疑惑的，每天早上都腾出一个小时，这怎么可能做到？要知道，我早上的时间都是经过精确计算的，8 点起床，

15分钟洗漱，然后赶到公司开9点的例会，别说一个小时，我连5分钟都抽不出来啊。

可是，既然教授建议尝试，而且有很多人推荐阅读这本书，我也觉得既然要解决我的睡眠问题，或许"早晨程序"就是一个突破口。

当我和我的CEO朋友聊起"早晨程序"时，这才发现原来很多成功人士都在做这个"早晨程序"。比如我之前提到的朋友沃伦·拉斯坦德，他每天早晨起床后第一件事就是做1小时的"早晨程序"，包括感恩、制定目标、吐纳和运动。

励志演讲家、畅销书作家及亿万富翁托尼·罗宾斯（Tony Robbins）在演讲中，也提到他每天早上会做一个"priming"（直译是雷管、起爆药，意指"引爆一天状态的事情"）。他说自己的做法是：起床后先跳进家里的冷水池泡一会儿，然后感恩，做运动，再做吐纳，最后花时间想自己今天要达成的三个目标。

而最令我感到吃惊的是，我很敬佩的一位投资家约翰·邓普顿（John Templeton）居然也是"早晨程序"的拥趸。邓普顿比"投资之神"巴菲特还要早一个时代，他当时比巴菲特更有名，被称为"全球投资之父"。他的经历非常具有传奇色彩。他在1937年美国大萧条时期借了1万元进行股票投资。在大家都抛售股票的时候，他找到所有低于1块钱的股票，都买进了100股。后来美国经济复苏以后，他也赚了人生第一个100万元。第二次世界大战后，当大家普遍唱衰德日经济的时候，他又把他赚到的所有的钱全部投到日本，最后获得了很好的回报。可以说，他是一个真正的国际化投资者。我在看他的传记时，突然发现原来他也做"早晨程序"，里面同样包括定目标、感恩和运动锻炼。

在这一点上，原来这么多顶尖精英的想法和轨迹居然是一样的。

沃伦·拉斯坦德某次对我讲的一番话也给我留下了深刻记忆。他说，我们每天睡觉的时候就像是短暂的死亡，而每天醒来睁开眼睛又仿佛是一次新生命的开始。这样看来，其实我们每一天都是从生到死，死而复生，循环往复。当你每天闭上眼睛的时候，也不知道第二天眼睛能否再睁开，所以你不妨把睁开双眼的这天就当作是你的一生。既然如此，你为何不用最好的状态去过你的这一生（今天）呢？

所以，当我发现原来这么多人都在做"早晨程序"，虽然内容和步骤不尽相同，但总的来说都大同小异的时候，也让我更加下定决心，一定要开始实践并坚持下来。

最开始的时候，我给自己制定的"早晨程序"是这样的：早上起来先看10分钟的励志类书籍，接着做15分钟冥想，然后做5分钟的有氧伸展运动，再花5分钟看一些学习讲座的视频。最后我会花一些时间做一次反思，大声说出自己想要达到的目标和需要改进的缺陷。我估算了一下，整个过程大约花费1个小时。当然在比较忙的时候，我制定了一个缩短版，半小时左右。

按照这个方法做了差不多一个星期之后，我就很明显地感到了改变；坚持了1个月后，我发现可以完全改变我以前的状态，那种感觉越来越好。我感到非常惊喜，就像寻宝队突然挖到了宝藏一样。

到目前为止，我已经做了四年的"早晨程序"。同时，我又给自己在每天睡前加了一个15分钟的"晚间程序"。经过长期坚持、测试和调整后，我现在已能比较娴熟地运用这个方法了。每天都会提早1个小时起床，开始冥想，让身心平静下来；然后看一些励志书籍或哲理名言，让自己可以有一个正面的心态；接下来，我会花一些时间，想三件我觉得很感恩的事情和自己想要达到的目标，然后开始运动。到了晚上睡觉之前，我也会先做15分钟的冥想。之前脑子里的很多想法和念头，通过冥想之后就开始慢慢被剔除，这种感觉非常棒，我已经不再像以前那样翻来覆去睡不着，而是很快就能进入睡眠状态。

我获得的最大感受就是：原来自己每天的身心状态完全可以由自己来控制和改变。

当然还有个问题，那就是万一半夜醒了睡不着怎么办？我的好友，曾被评为硅谷最佳风投基金创始人的戈登·里特（Gordon Ritter）告诉了我他的方法。半夜醒来以后，人的大脑特别容易不停地想事情，这时他就会默默地告诉自己：现在是睡眠阶段，在这个时候想任何事情都不会有什么效果，那还不如睡觉。我试过后，发现效果确实不错。我认为其实这也算是一种自我催眠，可以说是冥想的另外一种方式。

现在，当我出差或者倒时差的时候，做一套完整的"早晨程序"就可以很好地调整自己的状态。而在此之前，我每次睡眠不足后，起码需要经过半天才能真正调整心态和专注力。两者前后差异非常大，不亲身经历过的人是不会有那么刻骨铭心的感受的。

第 4 节　人的最佳睡眠时间是多长

人的最佳睡眠时间是多长？有没有可能只睡 5 个小时也同样可以获得充沛的精力？这两个问题来自全球最大私募基金公司黑石集团的创始人之一斯蒂芬·施瓦茨（Stephen Schwartz）。

在一次会议上，他对我们说，他每天只需要睡 5 个小时便可以保持一整天的充沛精力，这是他的竞争优势。我对此感到非常好奇和不可思议。因为我自己曾尝试过只睡 5 个小时，却远远达不到这样的效果。那么他又是如何做到的呢？是否真的有方法，既可以节省睡眠时间又能获得充沛的精力呢？

虽然很多人都知道，人的最佳睡眠时间是 8 个小时。但事实上，这并不能一概而论，因为个体之间存在着差异，每个人需要的睡眠时间其实并不相同。所谓的 8 个小时只是一个平均值而已。有些人需要 9 小时，有些人需要 10 小时，有些人可能只需要 7 小时或 5 小时。科学家发现，世界上大概有 1%–2% 的人，每天只需要睡3个小时或更少,而在极少数个案中,有些人并不需要睡眠也活得很好。

所以,并不是每个人都需要8小时睡眠。那每个人的最佳睡眠时间究竟是多长呢?我发现这是可以测试出来的。

具体的执行方法并不复杂。你可以先设一个8小时的闹钟,在1—2周内观测自己在8小时睡眠后能达到怎样的状态;之后将闹钟调至7.5小时,再观察1—2周,如果仍可以有同样充足的状态,则可以按0.5小时的梯度依次递减,直至达到自己的临界点。通过这样的方法,每个人都可以找到自己的高效睡眠时间长度是多久。

我当时就尝试把睡眠时间从8小时逐渐减至6小时,最后发现,自己最好的高效睡眠点在7—8个小时。每天7小时的睡眠可以让我维持90%以上的精力,而8小时睡眠,效率就会达到100%。我觉得前者的精神状态已经很不错了,所以我现在基本保证自己每天都能有至少7小时的睡眠时间。

通过一系列学习、请教、测试、实践和调整后,我感觉自己掌握了一串"高效睡眠密码"。我已经知道自己"最高性价比"的睡眠时间是7个小时。睡前的"晚间程序"可以帮助我提高睡眠质量,醒来后的"早晨程序"可以带给自己更好的状态,如果不能连续睡眠也可以直接冥想。这一系列行之有效的方法让我的睡眠、心态和精神状态有了很大的提升,此后我就不再为睡眠问题焦虑了。

第 4 部分
激发潜能

第 1 节　受惊让人生病，抗寒使人更强

保持身体健康也意味着不生病。那怎样才能有效地预防疾病？我一直很关心这方面的内容，也常常和几位学医科的斯坦福大学校友聊这个话题。他们告诉我，现在越来越多的医生都开始认识到，治病的含义已不仅仅是等身体有了病理反应以后才去想如何医治，更重要的是如何提前预防疾病的产生，也就是中国人常说的"治未病"。

我从小就非常怕冷，小时候生活在上海，因为处在受海洋影响显著的大陆边缘区，故乡在冬天沁入骨髓的寒冷让我记忆深刻。后来我们全家移民美国，住在加州，这让我非常开心，因为加州四季如春，冬天很温暖。

也因为怕冷，我在选择大学的时候甚至将天气一项纳入了筛选条件中。记得那时我同时收到了加州理工大学、斯坦福大学和耶鲁大学的正式录取通知书。当时我还记得，耶鲁大学欢迎会上放了一段介绍耶鲁大学的录像：那是大概四月份的时候，学生们都冲到校园外去滑雪，而"雪道"就在校园旁边的马路上，一大帮学生很开心地叫着，在雪地里打滚。看到这里，我的第一想法就是：都已经四月份了，这里居然还能滑雪，那得多冷啊！所以我当时就决定放弃耶鲁。虽然现

在回想这个想法有些幼稚，但我对于寒冷的恐惧，由此可见一斑。

2003年，在英特尔工作了三年以后，我考入了哈佛商学院。刚到波士顿的时候，我立刻就傻眼了，因为一下飞机，扑面而来的寒意就让我有点招架不住。同样的季节，西岸的加州已经非常暖和了，清晨最冷的时候顶多穿一件薄外套，白天只需要穿T恤、拖鞋和短裤。我没想到东岸的波士顿居然冷得出奇！而我箱子里最厚的衣服就只有一件薄外套。没办法，我只能赶紧去学校商店，买了几件最厚的衣服。

于是在入读哈佛商学院的第一个学期里，我里里外外穿的都是哈佛大学的校服，不知道的人还以为我特别爱炫耀，或者对哈佛特别有认同感。现在回想起来还是蛮搞笑的，这也让我对波士顿的寒冷印象深刻。那里每年有将近6个月是冬天，从10月底到4月中都有机会看到天空中飘着雪花，有时候4月初的哈佛校园里还都覆盖着一层薄薄的积雪。所以，我常常会和同学开玩笑说："我很喜欢冬天，但只喜欢电视里下着雪的冬天。"

我不常生病，每年即使生病也就是感冒，而感冒多半是因为受凉引起的，所以我对冷特别害怕。反过来想，如果我一年少感冒两次，高效率时间就会增加两到三周，就能做更多的事情。所以我就想到，那是不是我应该对"冷"有更深的了解，有更好的预防或适应。

"冷"其实是很好的疾病预防手段。要知道，人体大多数疾病的产生都源于体内的炎症反应，而冷对炎症的压制和消除有着很好的效果。举个最简单的例子，运动员如果有扭伤，医生总会建议先敷冰块。

在美国著名作家蒂姆·费里斯（Tim Ferris）的播客里，他讲到了自己花费了很多的时间去探访世界各地的奇人，其中一位便是大名鼎鼎的荷兰"冰人"——维姆·霍夫（Wim Hof）。

维姆·霍夫是何许人也？他是全世界公认的最强"冰人"，拥有独特的抗寒能力，至今仍保持着超过 20 项的吉尼斯世界纪录，例如在冰水中停留时间最长的世界纪录，时间是 1 小时 52 分 42 秒。他还只穿着短裤，用 5 小时 25 分钟在芬兰北极圈跑了一个完整的马拉松。

为什么维姆·霍夫能一再挑战人类的抗寒极限，是不是天赋使然呢？我在网上查阅了很多有关他的报道，后来发现维姆·霍夫有两个特点：第一，他说他的耐寒能力并不是与生俱来的，而是靠自创的一系列吐纳方式修炼而成，他还表示这套方法任何人都能学会，也非常愿意传授给别人。第二，他非常希望科学家可以研究他自创的这套修行方式，所以他愿意让科学家来对他进行一系列的检查和研究。

了解了这些以后，我对维姆·霍夫就更感兴趣了，但心里也非常矛盾。一方面我很想学习维姆·霍夫独特的抗寒方式，克服自己对寒冷的恐惧；另一方面，我又有些害怕，因为很可能要面对比平时更厉害的寒冷，而且如果失败了就更得不偿失。这样的想法相信很多人都会有，因为我们对"冷"的认识都是大同小异的。

第 2 节　跟"冰人"深潜冰水，我不怕冷了

维姆·霍夫开设的课程有两个时间段，一个是每年夏天（7 月）在西班牙；另一个则是秋冬季节（12 月）在东欧，每期课程历时 5 天。我仔细想了想，最终还是决定尝试一下，看看能否颠覆我对"冷"的看法。但是，我想到如果选择秋冬，毫无疑问挑战会更为严峻。既然我这么怕冷，又是第一次尝试，还是先选择夏季课程吧。

在参加课程之前，我还专门为此做了一些功课，包括上完了维姆·霍夫的网络课程。其中有一段话令我印象深刻，他提到，人在某些刺激条件（例如紧张、恐惧等）之下会快速分泌肾上腺素。这就有点像人体自然产生的兴奋剂，可以让

人在短时间里发挥出超常的力量，但缺点是在兴奋过后，人很容易感到疲累。而维姆·霍夫说，通过他的方式，人可以用自己的意念去控制肾上腺素的分泌，这样你就不是在很短时间内具有"超能力"，而是可以持续拥有能量。

他提到的这点让我非常感兴趣，但也感觉有些天方夜谭。

所以，在去西班牙之前，我专门和几位医生朋友讨论过这件事。他们的观点是，"冷"作为一种医学疗法，临床效果肯定是有的。但维姆·霍夫的个人经历以及他提出的用意念控制肾上腺素的观点，目前从医学角度看是无法解释的。当然，他们非常鼓励我去体验一下，然后再回来和他们进行交流。

于是带着一些疑惑、矛盾和憧憬，我踏上了"冰人之旅"。

维姆·霍夫的夏季课程设在西班牙巴塞罗那附近的奥德沙国家公园（Ordesa and Monte Perdido National Park）。他的第一任妻子是西班牙人，后来中年去世。妻子在世时，夫妻俩总喜欢来这里度假，所以维姆·霍夫对这个国家公园非常熟悉，也很有感情。

参加此次课程的学员一共有20位，来自全球各地。大家的职业也是五花八门，例如有一位从沙特来的"瘾君子"治疗医师，他的工作是负责治疗各类"上瘾患者"，比如烟瘾、酒瘾甚至毒瘾，等等。一般来说，戒瘾的传统做法是使用不同的药物进行治疗，但往往最终并不能彻底解决问题，所以这位治疗师想来体验一下维姆·霍夫的特殊修行方式，看看能否对他的工作有所帮助。

还有一位学员参加的原因也非常有意思。她是一位来自日本的深海潜水员，也和我一样非常怕冷，但她工作时必须进入深海，那里是非常寒冷的，所以她想来学习抵抗寒冷的方法。

令我意外的是，学员里居然将近一半的人是女性。我记得其中一位相对年轻的女孩正在申请参加马戏团，她想通过这次经历来更好地锻炼自己。还有一位女性是全职妈妈，家里有两个孩子。在她过40岁生日时，丈夫问她要什么样的生日礼物，她说非常想体验维姆·霍夫的课程，于是，她的丈夫就为她送上了这份特殊的生日礼物。

很快，课程就正式开始了。第一天主要练习吐纳。我们都知道，大脑是需要氧气最多的人体器官之一。但我们平时的呼吸都比较浅，因而分配到大脑的氧气也就相对较少。而维姆·霍夫的吐纳方法可以让大脑获得更多的氧气，从而能让人的注意力更为集中。他的理论是：只要足够专注，人类就可以控制自己的身体系统。

维姆·霍夫的具体指导做法是：头微微扬起，先尽力吸气，感觉氧气被送入大脑后，开始缓缓呼气，但不是完全呼出，然后再继续深吸气加半呼气，如此循环25次以后，再做5次完全的深呼吸，完成第一组吐纳。

第二组吐纳方式有些不一样：先深吸气，感觉氧气进入大脑；然后屏住呼吸，感受大脑里的氧气缓缓推送到身体的每一个部位，尤其是四肢；之后再缓缓呼出，如此循环。

我们练习吐纳的地方在国家公园里一个非常大的湖的边上，风景很美。当两组吐纳完成之后，我感觉大脑里的氧气比过去要充沛很多，也更能集中注意力。

在完成了吐纳练习之后，维姆·霍夫站了起来，招呼我们说一起下湖吧！然后他第一个跳入了湖水中，接着，不少人也纷纷跟着冲入水中，我当时也跳了进去。这片湖的水源来自附近的山泉，所以虽然是夏季，但湖水依然冰冷。我一进去脑子就懵了，当时有种想逃离的冲动。

这时就听到维姆·霍夫在水里对我们说："你们可以试着在水里再做一组吐纳。"于是我绷紧身体，静下心来，开始缓慢地吸气和吐气。我慢慢感觉到自己的身体和大脑的反应有点脱节：身体还是感觉非常冷，但大脑就逐渐专注于氧气带来的特别感觉。

第二天一早，我们仍然是先练习吐纳，但这时候旁边已经安放了一个充气的塑料水池，里面装了一半的水，然后有人不断往里面添加一袋袋的冰块。当吐纳完成之后，维姆·霍夫站在冰水池边看着我们说："谁想和我一起进来试试？"看着水池里浮着满满的冰块，我心里有些退缩，谁知抬头一瞧，看见维姆·霍夫一直在盯着我看。我一咬牙，心想算了，就豁出去吧，于是我和其他四名男生站了出来，和他一起走进了冰水里。

刚一坐进去，我的身体就开始不自觉地发抖，四周都是冰，我感觉自己都快被冻僵了！身体仿佛在对我抗议：你怎么这么傻，赶紧出来吧！这时候就听到维姆·霍夫在我身边说："继续吐纳，你的注意力可以放在双手，就像我之前说的那样，你可以用吐纳的方式呼吸，让大脑里面的氧气推送到你的四肢，尤其是你的双手。"

我看他泡在冰水里很平静地和我们说着这番话，又看到其他几位学员一动不动地坐在那里，我当时就想，如果现在放弃很丢脸，怎么也得咬牙坚持下去，于是就继续吐纳。逐渐的，我感觉身体的冰冷感觉好像逐渐降低了，不知不觉5分钟就过去了。当我从水池里出来的时候，发现自己浑身通红，就像烤熟的虾一样。我知道，这是血管急骤收缩导致血液循环加速引起的，就像之前说到的肾上腺素加速分泌，但是我并没有感觉很疲累，只是觉得非常冷，身体也在不受控制地发抖。

维姆·霍夫走过来看了看我说："你试着继续吐纳，看看身体是不是能安静下来。"于是我尝试继续吐纳，然后发现身体突然就平缓下来了，抑制不住的发抖也消失了。这样的体验对我来说有些震撼，我第一次发现冷并没有那么可怕了，身体居然可以通过自我调节来激发内在潜力，让自己适应这个温度。

从冰水中出来一段时间之后，我能很明显地感受到自己的心跳比平时放缓，身体能完全地沉静下来，大脑也比过去感觉更加清醒，获得这样的突破令我感到非常开心。因为就在两天以前，我仍坚信自己这辈子都讨厌冰冷，尽量远离冰冷，但现在却愿意尝试并接受，原来人体自身潜力可以拓展的空间真的很大。

到了下午，维姆·霍夫安排大家一起去爬山。我们来到了国家公园中的一处山谷，这里三面环山，山谷底部有一汪泉水。维姆·霍夫告诉我们需要从高处向下走到泉水处，这当中并没有现成的道路。他说："我知道这点路程难不倒大家，但是我有个特殊的要求，就是我们必须赤脚行走。脚部的感觉是最敏感的，但平时都被裹得严严实实的，没有机会和大自然直接接触，所以我们这次就尝试着不穿鞋子，用脚去感应周围的自然环境吧。"说完，他第一个脱下鞋子开始往山下走。

我当时真是有点哭笑不得。要知道为了这个课程，我还专门订购了一双功能强大的登山鞋，没想到居然得弃鞋下山。没办法，我只能和大家一样，默默脱下鞋袜塞进背包里，开始赤脚行进。

到山谷底部的路并不漫长，但我们足足走了四五个小时，实际上那也是我在五天课程里感受最痛苦的几个小时。通往山谷的路上几乎全部都是石头和杂草，所以我每走一步，脚下就会传来一阵阵的刺痛，有时候短短几米就要走上十来分钟，有时候脚太疼了，只能停下来歇一会儿。一路上，我们也不断用吐纳的方式来帮助自己调整状态，最后一行人终于顺利抵达了终点。

等到晚上聚餐的时候，大家谈起了一天的心得。维姆·霍夫告诉我们，人就像是一台结构紧密的机器，在正常情况下，它会对各种外界刺激产生不同的反应。这次赤脚下山就是为了让脚部直接和大自然接触，让身体对周围环境做出最精确的感应，这些感应会很快速地传递到我们的大脑里。而吐纳起到的作用则是帮助身体在一定程度上和大脑隔离，让身体自己作调整。

很多时候我们可以无视身体的反应，或者把这种反应给压制下来，比如感觉有些累就喝杯咖啡，胃不舒服了就来片胃药。但在绝大多数疾病面前，药的作用是次要的、辅助的，最终还得靠人体自身免疫系统来调节。很多人并不相信他们的身体其实有能力做更具挑战性的运动，也不相信可以不通过药物，而是靠调节自身的免疫系统来预防疾病。其实是我们的大脑不让身体有这个机会。所以，如果我们能让大脑保持最大程度的平静，我们的身体将会被激发出更大的潜能。

到了第三天，大家在早上仍是先做一套完整的吐纳练习，之后再次尝试冰水训练，只是这次留在冰水中的时间从 5 分钟延长到 10 分钟。

有了前一天的经验，这次再下水时，我已经没有了害怕和逃离的念头。当身体全部浸入冰水之后，我一边继续吐纳，尽量不去想有多么的寒冷，一边开始尝试观察身体的反应。没过多久，我惊奇地发现，居然有一股暖意在体内流动，并且逐渐往身体各处扩散开去，当我沉浸其中想继续探寻的时候，10 分钟的时间到了。

这次从冰水中出来以后，虽然还是觉得有些冷，但身体没有再发抖。我和身边其他学员分享刚才的经验，居然发现很多人都和我一样，也感觉到有一股暖意流动全身。我从来没有认识到，原来身体竟如此奇妙，在寒冷彻骨的冰水中居然可以激发出如此大的能量。

下午我们又出发去国家公园的另一处地方爬山，当然，这次也是光着脚攀登。这处山谷底部也有很大一片水域。由于常年不见阳光，这里的水比之前遇到的都更寒冷。维姆·霍夫领着我们爬到山谷某处，然后带头纵身一跃，跳入水中。

我往下瞄了一眼，目测这个距离大概有 10 米左右，足足有 3 层楼那么高。虽说没有恐高症，但要从这么高的地方跳下去，我心里还是有些犹豫的。这时候维姆·霍夫已经爬了上来，我问他跳的时候有什么技巧，他笑着说："有！脚往前一迈就下去了，非常简单！"我看了看周围，大家都在纷纷往下跳，于是我也就加紧往前走了两步，然后纵身跳了下去。

原以为跳出的一刹那会很挑战自己的神经，没想到恐惧感仿佛消失了。当跳入冰冷的湖水中，我的第一反应也并不是恐惧，而是平静。这时候我仍然继续做着吐纳，感觉大量氧气进入大脑以后缓慢向四肢"流淌"，这使我可以更平静地体会在冰水中的感觉。我当时想，也许是前两天的训练让我逐渐适应了冰冷的环境。这个时候，身体当然还是会觉得非常寒冷，但大脑第一反应已经改变了，不再是退缩，而是鼓励我去体验。

到了晚上交流的时候，很多学员都很惊讶于这几天的转变，我也一样。从非常惧怕寒冷，到可以主动跳入冰水中停留10多分钟，每个人都只用了短短三天的时间。

转眼，第四天的课程开始了。这一次，冰水训练由10分钟延长至15分钟。整个过程里，我再也没有了恐惧，因为这时我已经非常自信，自己的身体完全可以承受这15分钟，我只是非常好奇，想把前一天对身体的探寻再继续下去。

如果说第一天我是用吐纳方式让自己尽量转移注意，第二天是感觉到自己的身体里有一股热流，到第三天、第四天，我已经可以耐心地观察身体的反应，看热流是如何产生的，在观察的过程中，我也不禁感叹人的身体真的很伟大。很快，15分钟过去了，从冰水中出来以后，我还是能感受到身体的冷，但已经完全适应。

第3节　思维方式和心态决定健康

短短五天的课程很快就结束了，一开始我以为肯定会有人承受不了而中途退出，但事实上，并没有任何一位学员出现这种情况。这可是挺让人敬佩的，要知道学员当中大部分都是普通人，甚至还有家庭主妇，但大家非但没有退缩，意志力还一天比一天高。

从西班牙回来之后，我便开始每天洗冷水澡。我已经不再害怕寒冷，冷水令我的头脑更加清醒，降低我的心率，也提高了我的专注力。而关于冷、身体和思维这三者的关系，维姆·霍夫在课程中说的一段话让我记忆非常深刻。

他说，我们常常会对某些事物产生恐惧，当你开始恐惧的时候，你的大脑就给身体标上了底线。比如当你怕冷的时候，大脑就会给身体发出限制的指令，而在一定程度上，你的免疫系统也会因此受到影响，很可能身体也会开始"响应"，例如发抖和打喷嚏，而这些只是你内心的恐惧。实际上，你身体的能力超乎你的想象，所以，想要引爆它真正的潜力就必须克服恐惧。

他的这番话并不深奥，但结合几天课程的切实经历后，让人深有体会。恐惧往往是人们锁住自身潜力最有效的方式，我们总认为自己已经到达了承受的极限，殊不知这个"极限"是恐惧带给你的，而并非你的真实极限，只有克服恐惧，才能让自己发挥更大的能量。

我从维姆·霍夫那里学到的并不仅仅是吐纳的方式，更不只局限在增强对寒冷的抵抗能力，还学到了对困难如何坦然接受，再到观察和突破。而更重要的是，我找到了对内心恐惧的最好征服方式，这可能对我的一生来说都受益无穷。

维姆·霍夫给我的感觉，有点像欧洲中世纪的修道士，又有点像中国古代一位奇人——济公和尚。济公喜欢在民间传道解困，他讲的道理不深奥，但很实用。维姆·霍夫也给人这样的感觉，他常说，人完全可以自己克服恐惧，当你做到了这一点，其实可以用同样的方法克服其他任何困难。所以他自己虽然被称为"冰人"，保持了多项抗寒纪录，但同样可以在纳米比亚50多摄氏度的高温下，完成一个标准的沙漠马拉松。

维姆·霍夫还提到，人本来就可以依靠改变内在来进行自我调节，但在不知不觉中，我们变得越来越依靠外界的物质来调节，而不是靠自己。在这点上，让我联想到健康也是如此。我们都想拥有健康，但其实不应该局限于改善我们的饮食和运动，很大程度上，健康和我们自身的思维有着密切联系。

最简单的例子就是睡眠，为什么很多人会出现睡眠障碍？因为我们有精神压力，想了太多的事情，产生了各种情绪。而这些因素往往会让大脑给身体发出负面的指令，限制我们自己，甚至缩小自己潜能的范围。所以我们必须认识到：心态和健康是有关联的，即"思维是健康的核心和关键"。

我深刻意识到，我们往往把很多健康方面的问题推给社会，其实是不对的。

例如，我们并没有意识到思维受到影响而选择了不健康的饮食方式，出于对压力的恐惧而焦虑或选择逃避而导致睡眠质量不佳，出于懒惰或恐惧或其他原因而不愿意突破自我因此懒得运动，生病时过于依赖医生或药物而忽视了自我疗愈的主动性……要知道，心态和思维对身体的影响和改变是巨大的。我针对自身情况，对饮食、运动、睡眠和疾病预防等方面进行的研究和亲身实践告诉我——我们自己决定着自己的健康，我们自己能够让自己不断地、高效地释放能量，活好完满的每一天。

第二章

你不管理情绪，
就被情绪操纵

引文
令人恐惧的周末电话铃

在美国，绝大多数中产或以上的人每月都会有一笔固定的开销，那就是看心理医生的费用。他们几乎每个月都会准时向自己的心理医生报到，倾诉内心的焦虑和不安。因心理问题而衍生出的药品滥用问题，也成为当今美国的一个灾难性现象。

斯坦福大学健康生活实验室的弗雷德·勒思金教授曾对我讲过，我们现在所处的时代，可以说是人类历史上生活环境最好的年代：一方面，战争、天灾和疾病造成的死亡总人数是有史以来最少的；另一方面，科技快速发展为人类生活带来的便捷性和舒适性也是任何历史时期所不能比拟的。

既然物质和生活条件如此发达，但为什么我们还是每月都要看心理医生，为什么还是不快乐呢？我们追求的到底是什么？我们的人生目标到底是什么？是拥有更多的财富或名誉，还是拥有美满的家庭，做自己喜欢做的事？归根到底，这一切的幸福都源自内心获得的满足感、快乐感和成就感。对绝大多数人来说，幸福就是：能让自己尽可能地时刻拥有"好"的情绪。

尽管现代社会无论物质条件还是生存条件都比以前好得太多，但毫无疑问，上一代或上上代的人比我们更容易满足，更容易拥有"好"的情绪。我们明明有更多的选择，可以做更多的事情，也可以获得更多的自由，但情绪却没有变得更好，这是一直都令我困惑的问题。

而另一方面，我发现，人在很多时候都不能控制自己的情绪。比如，我们会不由自主地生气，或者不自觉地陷入焦虑之中，这种状态也许持续时间很短，也可能很长；就算自己意识到了，控制住自己了，那也仅仅是维持一段时间，接下来又会有其他事情使你陷入情绪的漩涡中。这样周而复始的循环往复，情绪怎么会好呢？如果不能脱离情绪对你的操纵，那人生的意义又在哪里呢？

在第一次创业的那段时间，我总是不太喜欢过周末。这并不是因为我对工作狂热投入，不喜欢休息，而是在很多时候，周末发生的事情给我带来了坏心情。

不知大家有没有发觉，中国式辞职往往会有两个特色：第一，很突然；第二，总是挑周末的时间，对此我深有感触。

记得有好几次，公司的高层管理人员往往选择周末找我提出辞呈，而且是毫无征兆地突然来电。这让我非常不习惯，因为在美国，人们更倾向于面对面地谈这个话题，而中国人可能碍于面子，一般是能不见面就不见面。

这给我造成了不小的困扰。在很长一段时间里，每到周末我心里就不由地有些小恐惧。尤其是一看到公司同事打来的电话时，这种恐惧感就会骤然袭来，心总是先往下一沉，接着会想：这多半不是什么好事，如果是好事为什么要周末打给我呢？他如果辞职的话，我的工作、公司的计划，都要受到影响了。

所谓三人成虎，这类事情发生次数一多，我就发现大多数情况的确如我所料，基本都是坏消息。于是久而久之，我便开始害怕在周末接到公司电话，再后来，我甚至开始害怕周末响起的电话铃声。紧张的精神状态直接导致我不能在周末真正放松心情，总是处于紧绷或忧虑的状态中，好多个周末都是这样被毁了。

那时候，我并不清楚这些事情背后的原因，不过在创业的过程中，我能够深刻地体会到自己的情绪越来越不好。而情绪最常见的表达方式就是表情和肢体语言，所以我就想了解，表情和肢体语言到底是从哪里来的，它们如何呈现我的情绪。

当了解了情绪之后，我很想知道情绪背后的科学原因是什么。接下来，情绪到底应该怎么管理？人们说的情商又是什么？情绪背后其实隐藏了很多故事，这些故事是怎么形成的呢？我该怎么去培养情商？……直到我后来展开对情绪的深入学习，才真正了解到这些问题只是冰山一角。

第 1 部分
读懂表情

第 1 节 同一个世界,同样的面部表情

2014 年我离开创业的公司后不久,就按照原定的规划,马不停蹄地学习了很多方面的知识。我参加的其中一门课程就是保罗·艾克曼(Paul Ekman)的微表情课。选择这门课的原因,是因为当时我与绝大多数人一样,认为内心情绪最容易通过面部表情表现出来,要管理自己的情绪,最直接的角度是从研究表情入手。

保罗·艾克曼相信对很多人来说都不陌生,他是著名心理学家、微表情研究领域的鼻祖、情绪研究领域的权威,曾被《时代》杂志评为 20 世纪最有影响力的 100 人之一。他最著名的两本畅销书《说谎》和《情绪的解析》帮助读者打开了探究微表情的科普之门。以他为原型拍摄的美剧《别对我说谎》(*Lie to me*,2009–2011 年播出,共三季 48 集)更是家喻户晓。

在这部红极一时的美剧中,主人公莱特曼博士是一位人类行为学家,善于通过观察人的面部表情和肢体动作,来推断其是否说谎,可谓"人形测谎仪"。这部美剧的技术顾问正是保罗·艾克曼,剧中的许多情节或是根据他的事迹改编的,或是经过他审核通过的。剧集播出后,微表情和肢体语言学说得到了极大地普及,在中国也引起了极大反响,出现一批名为《别对我说谎》的书。下文要提到的乔·纳

瓦罗，他的一本书引进中国后也被冠以《别对我说谎：FBI教你破解语言密码》出版。

保罗·艾克曼和他的公司Paul Ekman Group（简称PEG）目前都在旧金山。当然，现年80多岁的艾克曼教授因为年事已高，已很少出现在公众场合了，实际负责公司运营的是他的女儿伊芙·艾克曼（Eve Ekman）。

每个人都可以在PEG的官网上找到关于微表情的课程介绍，使用其提供的模拟演练系统。如果要比较系统地学习这些知识，就必须先在线上完成基本的理论课程以及模拟训练。通过考核后，就可以报名参加PEG的线下课程。

于是，在最初的一个多月里，我每天都在线学习和模拟训练约两个小时。不仅学到了许多基础知识，我还对人类表情有了新的认识。

之前有不少专家认为，人的面部表情具有一定的文化差异性。在不同文化的熏陶下，同一种情绪在不同人脸上的表情会不一样。比如在开心的时候，西方人笑得往往比较放得开，而东方人的表现会相对含蓄，甚至不笑。

人们对这一点产生了很多争议，而保罗·艾克曼所做的，就是提出问题，然后进行实证。为此，他几次深入位于大洋洲的巴布亚新几内亚，观察那些与世隔绝的部族在情绪的面部表达上是否和我们相同。他最后得出的结论是：人类无论属于什么国家、哪种文化，至少在五种基本情绪的面部表达上具有跨文化的一致性。

- 愉快时，眼角部位的"笑纹"会皱起来。
- 哀伤时，眼角会下垂，嘴角也会微微向下。
- 生气时，嘴巴大多会紧紧抿住，眼睛会瞪大。
- 惊讶与害怕（这两种表情非常相似）时，眼睛都会变圆，嘴巴微张。
- 嫌恶与蔑视（这两种表情也很像）时，鼻子会皱起，嘴角会向上挑。

保罗·艾克曼的重要发现还不止这些。很多人在成长过程中，都会被教导要隐藏自己的情感，或者加以控制，比如笑不露齿，等等。在长期学习如何控制情绪后，很多人已经可以做到避免体现出原本自然出现的表情，可是保罗·艾克曼发现，原生表情是无法隐藏的，人类能做到的只是以最快的速度去替换成改变后的表情。这种替换的速度最快可以达到 0.1 秒。那 0.1 秒的原生表情就被称为微表情。

在此理论基础上，他开发出面部行为编码系统，将面部的肌肉运动对应不同表情，并作为数据录入，为很多领域的研究提供了权威素材。

我们在线上使用的模拟系统也正是以此为模板的。模拟系统的演练方式很有趣，在限定时间内，屏幕上会快速闪过不同表情的人脸，让你判断他的真实情绪是什么。刚开始练的时候，我简直是"目不暇接"，我的反应根本赶不上人脸闪过的速度。

正像之前所提到的，在实际生活中，人的微表情转换是非常快的。在很多时候，人还会刻意用其他表情来掩盖真实表情。比如，有的人明明心里讨厌你，但还能微笑着和你说话。这可能是社会生存所必需的，相信每个人都或多或少拥有这种技能。

所以学会辨别微表情就需要花很长时间，而且不断地去练习，直到这些微表情在你面前无所遁形。当然，如果你选错了，系统会针对性地进行解释，同时把表情闪现的速度逐步放缓，让你看得更清楚。

这套模拟系统把人脸丰富多样的表情都集中起来，让人进行高强度的练习。与此相比，我们平时也会接触到一些微表情，但没那么有针对性和系统性。更重要的一点是，线上课程帮助我建立了知识基础，教我怎么能以科学的视角学习到情绪产生的情况，把一件看似非常主观的事情用客观的角度进行剖析。

第 2 节　爬虫脑决定微表情

人类那丰富多样的表情是如何产生的？这自然有其生物学基础。人类的大脑按动物在进化史上出现的先后顺序分为"爬行动物脑"（reptilian brain）和"智人脑"（neocortex）。这两个"脑"运行起来是相对独立的，但又通过神经纤维彼此相连和相互影响，也分别对应不同的人体反应。

"爬行动物脑"负责人类的基本生存功能如呼吸、心跳、新陈代谢等，以及最基本的、生下来就具备的反应和行为。它连通一个重要的部位"杏仁体"（amygdaloid），直接关联着神经系统，掌控着我们的情绪，使我们做出最快速的判断和反应。所谓"不假思索"或"情不自禁"均来源于此。"智人脑"是大脑进化的最高等级，掌控我们的逻辑思维和认知功能，包括语言、艺术、学习、记忆、创造力和学习力等。

这一进化非常重要。人类不会像鸟类那样飞翔，也没有猎豹那样的奔跑速度，为什么最终能成为食物链的顶端生物？就是因为人能创造和使用工具，能运用语言和团队协作——这些都要归功于"智人脑"。

之前很多研究者都认为"智人脑"作为人脑里的最高级结构，掌控着"爬行动物脑"。但保罗·麦克莱恩提出了修正，认为"爬行动物脑"在很多时候能够干扰甚至阻止"智人脑"所负责的高级认知功能的实现。而且更为致命的是，"智人脑"自身也存在着两个缺陷，第一是反应速度慢，第二是能量消耗大。

我们知道，和"不假思索"相比，思考往往需要更多的时间，但很多情况其实并不容许你有时间去考虑。试想一下，在非洲草原上，一头狮子狂奔而来，如果你还在反复思索，恐怕早就成了狮子口中的美食了。所以在这个时候，杏仁体便会发挥作用，抢先一步把我们在"爬行动物脑"中的反应输送到神经系统，让身体做出适当的行为。

而另一方面，"智人脑"的启动和运行往往需要消耗大量的能量。所以，虽然人类拥有地球上最高级的大脑，但在很多时候，人类会尽量秉承"环保节能"原则，能省就省。

人类大脑有一套"启发模式"，对大脑"节能"特别有效——通过之前的记忆和经验，总结出一些决定日常行为的思路和习惯。这样，人类不用真正启动大脑，或者尽量少用大脑，也能解决日常很多问题。例如我们在思考选择哪个餐厅吃饭时，总会想到"人多的总没错"；或者我们选择送礼物给客户时，经常会选"拿得出手"的……以前我不太注意，通过学习后才明白，每当这些时候我们的大脑都是在用"节能模式"运行的。

那么在情绪管理上，人类是如何"节能"的呢？

简单来说，就是通过某种"启发模式"，让大脑不经过"智人脑"而产生直接的反应。这种情绪方面的启发暗示就被称为"情绪诱因"。其英文名词叫trigger，直译为"枪的扳机"，由此大家可以更直观地感受到"一触即发"的意蕴。

举个例子，被蛇咬过后，有些人在以后的生活中不仅是看到蛇，而且是看到其他像蛇形的事物都有可能引发内心的恐惧，这就是所谓"一朝被蛇咬，十年怕井绳"。更可笑的还有"杯弓蛇影"，古人把酒杯中映出的挂在墙壁上的弓的影子也当成了蛇，疑神疑鬼之下得了重病……但是我们也注意到，有着同样经历的另一些人却没有这样的心理阴影。这是为什么呢？

这是因为，前者在经历蛇咬后，给自己设定了一个"情绪诱因"：任何看起来像蛇的东西都要害怕。当这个"情绪诱因"被植入大脑之后，便会形成一套自动程序，产生具体行为。每当看到类似蛇的事物时，大脑就会把信息通过杏仁体而不是"智人脑"，直接传到我们的神经系统，做出最快速的情绪反应。至于后者，因为并没有给自己设定这样的"情绪诱因"，自然也就不会产生"怕井绳"的情绪了。

"情绪诱因"被深植之后，大脑对此的反应速度可以和本能反应一样快。这就是为什么人类不管怎样后天练习，都无法完全控制原生表情（微表情）的真正原因。你可以用最快的速度去掩盖它、替换它，但它仍会存在，只是停留的时间有长有短而已，这是人脑独特的结构及其运行机制所决定的。

了解这些奥秘后，我就明白：如果人要彻底消除脸部的某些微表情，第一步就是先要认识背后的情绪，然后就是找到方法去改变"情绪诱因"。因为改变了"情绪诱因"，就改变了情绪，也就改变了微表情。

第 3 节　既然事已发生，那就接受并拥抱

完成了线上课程和系统模拟训练后，我参加了 PEG 在旧金山举办的为期三天的高级课程。

第一天刚去的时候，我发现来上"微表情"课的主要有两类人，一类是销售从业人员，另一类是法律从业人员。这挺好理解的，销售人员需要从大量的潜在客户中筛选出有意向的精准客户，而法律工作者也需要跟各种人打交道，甄别真相。学习微表情对这两类人的工作都有很大的帮助。而像我这样两个行业都不是，只是纯粹因为兴趣爱好来上"高级班"的人就显得非常特殊。

当时坐在我前面的一位学员是律师。某次课间休息时，我问他为什么要学微表情。他告诉我说，在工作中，他发现越来越多的当事人都在"感情用事"！他们常常花费大量的时间和金钱，打一些看上去毫无必要的官司。作为律师，他没法理解和解释这种现象，而这样的案子往往会使人身心俱疲。所以他想来了解一下，情绪到底是如何产生的，或许以后可以运用这方面的学识，来帮助当事人更理智地处理纠纷。

我对这点有很深的体会。因为在当时，我正在加州一家法院担任志愿调解员，

就曾遇到过一桩令人哭笑不得的案子。

那是一桩房东和房客之间的纠纷案。有个房客租了房东的一间房，每个月租金是 1000 美元。租期结束后，房东因为一些原因扣了房客一些押金，引起了房客的不满。当时，他已经从美国搬回了加拿大，但就为了讨回这几百美金的押金，他专门从加拿大飞回加州打这个官司。

对此，一般人很难理解吧？但用他的话来说，这是一件原则性的事情，必须死磕到底！而房东的态度也是如此，奉陪到底！

我很清楚地记得房东和房客都是印度裔，看起来也都是三四十岁的样子，都戴着眼镜。房东高高瘦瘦的，皮肤黝黑；房客则矮矮胖胖，穿着格子衬衫和牛仔裤，看上去像一位典型的 IT 男。

在调解过程中，我发现一个细节，虽然房东脸上总是带着微笑，但每次房客情绪激动，嗓门放大，朝着他怒目圆睁的时候，房东总是会不经意地抬起一边的嘴角。这是很典型的蔑视的微表情。房东可能没有意识到这一点，但房客却可能对此非常敏感，于是每当这个时候，房客便更加怒不可遏，用词也更为激烈。

我觉得，房东可能对自己的微表情是毫无察觉的。面对这样的情绪化状态，我们只有先把他们分开，分别谈判。此时房东显得相对理性一些，所以我们先和房东进行了交流。在交谈过程中，我发现房东脸上蔑视的表情消失了，回复到平常的微笑中，只是眼角有些下垂，透露出一丝忧愁。他对我表示，并不觉得自己做错了什么。对方每次找到他的时候总是表现出莫名的生气，这让他也很无奈，被迫要到法院来解决这件对他而言毫无意义的事。

事实上，这个案子涉及的金钱利益是非常小的，当事人的情绪才是关键点。所以我们后来尽可能地安抚了双方的情绪，也告诉他们，这件事没有谁对谁错，重要的是找到一个好的办法，离开法院，重新开始新的生活，而不是继续纠缠于不愉快的旧事。还好，这个案子最终调解成功，没有走上司法程序。

所以，我非常理解这位律师所说的话。很多当事人打官司的初衷可能就是因为委屈、不甘心或愤恨，一定要出这口气，也就是说不过是一时的意气之争而已。这位律师已经慢慢意识到，很多官司没必要打，但是当事人坚持要打，其实说到底就是因为情绪问题。而当事人是不会直白地表露出来的，这就需要从其微表情中认出背后的情绪，然后再试图找到"情绪诱因"，从源头上解决问题。

如果说，网上课程属于传授基础理论知识，以科学的角度将情绪产生的来龙去脉给讲清楚，那么高级课程就开始深入挖掘内在自我了。

在这过程中，有两点令我记忆深刻。第一，学员需要花大量的时间去观察自己的表情，对自己有一个更系统的认知；第二，心态对情绪的影响是非常重要的。

事实上，绝大多数人经常看到的是别人的表情，对自己的表情并不是很了解。当我在模拟系统中高强度地观察了别人的表情并做出判断之后，再回过头来观察自己的表情，尤其是结合了当时的情绪和心态，往往能更清晰地捕捉到自己在微表情上的"纤毫毕现"。这给我带来的感觉非常奇妙——我还是原来的我，但又好像不是我认知中的我。在重新审视和挖掘中，我了解了更加真实的我。

课程的第二天，保罗·艾克曼的女儿伊芙·艾克曼（Eve Ekman）前来讲课，主题是"如何培养好的心态"。

表情是情绪体现最直接的方式，而情绪来自"情绪诱因"，"情绪诱因"归根到底跟一个人的心态有关系。如果你的心态是负面的，你的情绪就往往是沮丧、恐惧或失控的，所以只要真正拥有好的心态，你就不会产生那些负面的微表情。

所以，伊芙·艾克曼花了很多时间和我们谈论这个话题。事实上，虽然我们知道调整心态很关键，也应该想办法去改写"情绪诱因"，但如何真正地成功改写却是个难题。伊芙·艾克曼说，她的父亲曾为这一课题的研究投入了大量时间，后来发现很多佛教徒的心态特别好，所以他现在转而对佛教的打坐冥想进行更深入的科学研究。一位世界著名的科学家在高龄时还致力学习古老的智慧，在钦佩之余，我还感觉到幸运，因为我在自我编制的课程中已安排了心态和冥想学习。

一系列的微表情课程让我收获颇丰，也打开了一扇我以前从来不知道的大门。当然，要想真正掌握这项技巧，还需要长时间的不断演练。一般来说，真正达到娴熟的程度需要上百个小时，好在我们可以经常在生活中找机会去练习。比如，我常常会将家里的电视调到静音模式，通过观察剧中人物的表情来猜测剧情。

古代中国人推崇"喜怒不形于色"，像东晋名士谢安那样"矫情镇物"最好，所以表情不一定会以整体的方式表现出来，面部表情一般不会像西方人那样强烈、丰富。但是，微表情还是瞒不了的，一些面部小动作如撇一下嘴、扬一下眉等，都可能是内心情绪的外部体现。

其实，这对很多人来说都不算太难。因为我们每个人多少都经过社会的淬炼，在不知不觉中累积了很多"察言观色"的技巧。虽然没专门学过，但仍然能判断出对方是生气还是开心。换句话说，我们每个人每一天都在不知不觉中训练和实践着，每个人的大脑里都有属于自己的微表情系统库。

而微表情带给我的是系统性的学习，让我明白了情绪和微表情在科学方面的解释，以及可以按照严谨的科学方式去观察和运用这些技能。

而另一方面，它也在最大程度上完善和修正了我自己的微表情系统库。比如，我以前从没注意到人们在鄙视别人的时候，嘴角会不自觉地上翘，但学之后再去观察，就会发现这个特征非常明显。我的"资料库"就能不断地进行补充和完善。

当然，这也可以让我对微表情的捕捉和判读更为精准。我可以运用这种技巧，判断出对方是生气还是开心。虽然我当时可能还无法了解这些情绪背后的成因，但微表情已经可以帮助我在一定程度上设立一个基点，通过这个点去感受他人在内心和表述两者间的差异，并有机会去探索其差异背后的真正原因。

从此，我就打开了情绪认知的大门，意识到人往往会在自己编写的"情绪诱因"程序中无法自拔。回顾自我经历，我就发现周末的电话铃声已经成为我的"情绪诱因"。在这段程序中，我告诉自己的故事是——电话铃一响，就一定是公司同事告诉我有人辞职的坏消息；而重要岗位上的员工突然提出辞职，势必会给公司带来严重的影响；这一严重影响势必会成为我的负担或烦心事。这段程序被储存在大脑以后，也就成了我的一块"心病"。

比如，我们很多人在下班后或者节假日突然接到电话，尤其是在半夜时，第一反应就是："天哪！又出啥事了？"或者是："我最怕半夜的电话铃声了，这个时候来电话，准没好事。"

要根治心病，就得改写这段程序。

所以，我后来就把这段程序改写为：既然事情已经发生，那就接受并拥抱，这是创业过程中不可避免的一个过程、一个事件，也是公司在发展过程中输入新鲜血液、得以继续成长的一个很好的机会。

重新定义之后，我发现当初的那段"情绪诱因"慢慢消失了。现在如果周末再接到这类电话，我甚至会主动问："我有什么地方可以帮你的吗？"

这就是微表情课程给我带来的最直接的帮助和改变。要知道，我们绝大多数人总是会有些莫名其妙的恐惧，却往往会被我们视为自己本身存在的一个特别点，会告诉自己说"我可能本来就是这样的"，而不是作为情绪上的毛病重视起来，或者说是往往知道问题存在，但不知道怎么去改变。通过学习微表情课程，我能从全新角度观察到自己的表情反应，而且能想办法弄清楚其中的来龙去脉，发现那些负面的"情绪诱因"，所以也就有机会重新改写并优化这个程序。

我的下一步就是要好好地而且系统地学习如何改变心态。

第 2 部分
你理解的情商可能是很狭隘的

第 1 节　不仅仅是人际交往能力

我一直觉得情商这个概念很有趣。人们往往都会把情商和处理人际关系画上等号，觉得情商高的人就是人际交往能力强的人。

但情商真正的含义是什么呢？20 世纪 90 年代初，美国心理学家、耶鲁大学校长彼得·沙洛维（Peter Salovey）将其定义为情绪智力。也就是说，情商的核心意义是围绕着情绪本身而展开的。

哈佛大学心理学博士、著名心理学家丹尼尔·戈尔曼（Daniel Goleman）在其畅销书《情商》中，认为情商比智商更重要，并且赋予情商六种实际的意义：

第一，能对自己产生的情绪有一定的认知，尤其是当它正在发生的时候。

对于情绪，正像保罗·艾克曼所说，当它发生时，因为是直接通过杏仁体传达到你的神经系统的，所以人是无法控制的。

既然无法控制，那么在情绪产生的那一刻，你是否能以最快的速度察觉自己正处在情绪中呢？只有察觉它，才有可能改变它，也才有可能很快度过"情绪诱因期"的状态——一个被情绪左右而不可自控的时间段。

第二，如何管理自己的情绪。

当你知道自己处于某种情绪期时，你会让自己在其中停留多久？我们常常看到，在巨大的悲痛面前，有些人只会伤心几小时或几天，有些人却会伤心很长时间，甚至逐渐走向抑郁。所以情商的第二个意义就是如何管理自己的情绪，尽量缩短极端情绪持续的时间。

任何极端情绪都要尽量缩短吗？对！这里不单单指负面情绪。因为无论哪种极端情绪，维持太长时间都是不好的。人在绝大多数情况下都需要处于"安之若素"，俗称"不悲不喜"，因为这种平淡的感觉对身体来说是最好的。

第三，如何让自己有足够的动力去专注地做一件事情。

动力跟情绪有着密不可分的关系。人在足够专注和全情投入的时候，其实是有情绪参与其中的，如非常喜欢、跃跃欲试和富有激情等。相反，如果你心不在焉，行动机械，照章办事，那也就意味着这件事对你来说无聊乏味，你不喜欢，也缺乏热度。

所以要想真正做好一件事，就需要充分调动正面情绪，让自己进入一个专注的状态中。

第四，如何观察和识别他人的情绪。

前三点都是跟自己的情绪有关系，而这一点指的是能够通过细微的情绪信号，敏感地感受到他人的欲望与想法。这是与他人正常交往、实现顺利沟通的基础所在。

第五，如何管理和协调他人的情绪。

正如之前所说，很多人一谈到情商就觉得是谈怎么和别人相处，怎么管理别人的情绪。但事实上，这只是情商的一部分。当然，管理好别人情绪的前提是你需要管理好自己的情绪。

第六，也是最重要的，那就是如何处理群体关系。

群体和个人的差别是很大的。社会学家通过研究发现，人常常会在群体中失去自我。也就是说，当你身处群体中的时候，常常会做出一些在作为个体时不会去做的事情。以英国的足球流氓现象为例，一群人为了庆祝或抱怨球赛结果而进行打砸抢活动，让治安管理者非常头疼。试想一下，如果只有你一个人，还会这么做吗？很多人可能就退缩了。

第 2 节　情绪有问题，首先要说出来

微表情课程让我学习到了人类大脑是如何构成的，弄清楚了人类情绪的来龙去脉，发现了不同情绪和脸部表情之间的关系。课程还帮助我认识到好的心态对于人的正面意义，但对如何管理和协调自己的情绪，以及怎么保持好的心态，却没有展开详谈，所以我觉得还是很有必要继续探索，向丹尼尔·戈尔曼这样的情商大师学习。

2014 年 9 月，我报名参加了丹尼尔·戈尔曼最负盛名的情商课程。课程共两天，地点在纽约州北部的莱茵贝克市。我当时正好在纽约华尔街学习，所以就从纽约出发，乘大巴抵达位于莱茵贝克市的欧米茄中心。

近年来，美国人逐渐开始重视"新时代科学"——把科学和古老的智慧结合起来所产生的新学科。欧米茄中心正是这样一个研究和学习的平台。

秋天的莱茵贝克特别美丽，能看到大片金灿灿的农田，如茵的绿草，加上湛蓝的天空，看上去有点像世外桃源。从拥挤的都市来到这里，我的心情一下子放松了。

我至今还清晰地记得，第一天上完课后，我走在积满树叶的路上，突然看见一只肥大的土拨鼠从对面走来。对，没错，真的是慢慢地走！也许当地人对小动物非常友善，那只土拨鼠看上去并不害怕人类，甚至还懒洋洋地擦着我的脚边走过，好像是宣示它在此地的主权，而我只不过是过客而已。

"土拨鼠节"是美国的传统节日,很多美国人会把土拨鼠当成"春天"的象征。我对于土拨鼠的深刻印象则来自一部名为《土拨鼠日》的电影。

这部电影讲的是性格刻薄的男主角因为意外陷入了时光隧道中,每天只能重复同样的生活,而能跳出循环的唯一方式是让女主角可以在一天之内爱上他。为此,男主角不得不改变自己原有的性格和处世方式,最终变成了一个好人,而他和女主角的爱情也修成了正果。

这部电影让我至今记忆深刻。如果从情绪的角度来看,其实我们很多人都活在"同样的一天"里,每当深陷情绪旋涡的时候,我们每次只能给出同样的方案。而就如电影描述的那样,我终于有机会可以选择另一种处世的方式。所以,当第一天上完情商课,走在路上看到这只肥大的土拨鼠时,这部电影就猛然从我的脑海中映现出来了。

刚到欧米茄中心我就吃了一惊。因为来上课的学员除了我之外全都是白人,而且 80% 都是已婚的中老年女性。我心想:我又成为少数派了。

不过仔细想想,出现这种状况也是合情合理的。在日常生活中,提高情商其实对这部分人群是最有帮助的。女性在家庭关系中扮演着至关重要的角色,一个家庭的和谐稳定离不开女性的投入和付出,由此就不难明白为何这些在家庭中起决定作用的女性特别看重情商了。

当时,这些女性学员齐刷刷地盯着我看,估计她们也感到很惊讶,怎么会有一个单身男青年来上情商课呢?不过现在回想起来也是蛮有意思的。

学员中有很多人跟我一样,是特地从很远的地方赶来的,因为大家都知道,能听到情商领域大师级人物丹尼尔·戈尔曼亲自讲课的机会是非常珍贵的。当然,来上课的人基本上都已经看过了他关于情商的各类著作,所以这两天的课程主要侧重于"如何实践"。

在这方面,丹尼尔·戈尔曼给出了六点建议。

1. 训练捕捉情绪的能力，也就是"情绪察觉"

2. 说出你的问题

3. 重新设立目标

4. 预估结果

5. 筛选方案

6. 执行方案

当情绪产生时，你是否可以清楚地认识到自己正处于其中？这就考验一个人捕捉自己情绪的能力了。这一点看似简单，但在没有经过任何训练的前提下，要做到其实很难。

每个人的"情绪诱因"不尽相同，对人的影响也有大有小，持续的时间有长有短，情况非常复杂。更重要的是，人在生气、发泄的时候往往是不自知的。比如当你听到旁边有人因为情绪激动而声音越来越大，这时如果你建议他放低声量，他可能还会说："我声音怎么大了？"情绪一旦上来了，就容易听不进任何人的话，只有等情绪缓和了，才有可能意识到自己所做的一切。所以，"情绪察觉"非常重要，如果做不到这一点，就无法向后面五点迈进。

通过反复训练，我们可以更敏感地认知到自己的情绪状态了。一旦察觉自己有情绪，可以尝试着深呼吸，心里默默数数，通过调整节奏感，让自己的情绪稍微缓和一下，大脑才可以开始思考。

让我们的大脑思考什么呢？然后怎样才能连接上丹尼尔·戈尔曼所说的第二到第六点呢？

丹尼尔·戈尔曼的建议是，说出你现在碰到的问题和当下的情绪。只有大胆地把这些说出来，你才真正知道发生了什么。这听上去很简单，却是知易行难。对我们来说，当情绪到来时，心里总是觉得憋闷，不舒服，却不知道为什么会这样，甚至不愿意承认有这样的情绪。把情绪说出来其实是一个很好的缓解途径，同时也可以将问题明确化。

比如，你现在的情绪很糟糕，甚至想把自己的电脑给砸了！当你知道自己处于这样的情绪状态时，完全可以做一下下面的推演，就像你在自问自答一样。

问：今天到底发生了什么？现在情绪怎么样了？

答：股票大跌，我损失了很多钱。我感觉非常郁闷，非常不开心。

问：这件事情为什么会发生？要避免或减少类似事件发生，需要设立什么目标？

答：应该是我操作不当造成的。今后我需要提高投资技巧，以弥补这次投资失误所带来的损失。

问：具体怎么做才能提高？

答：方案一，看更多的相关书籍；方案二，报名参加培训课程；方案三，请教炒股高手；方案四，找更多的内幕消息。

经过一轮这样的思考和一连串的提问之后，我们惊喜地发现，自己可以想到不少解决方案。接下来的第五步，我们可以对几个方案进行比较，比如找内幕消息可能会面临较大的监管风险和道德风险，那就淘汰掉，最终第六步筛选出一到两个最优方案去执行。

众所周知，我们不可能没有情绪，有情绪也并不可怕，可怕的是继续陷在情绪当中，这样对解决问题没有任何帮助。通过训练，我开始对自身情绪有了敏锐的洞察力，然后能用优质的自问自答帮助自己找到一些可行的解决办法。毫无疑问，启动这个"解题程序"的好办法就是及时把自己的情绪说出来。

第3节　给自己换一个故事

上课期间，很多女性学员会将自己的故事分享出来，以寻求最佳的解决方案。

比如有一位学员说，每当和丈夫吵架时，就总觉得对方不理解她，而越这么想她就会越生气，也会一直按照这个逻辑和角度推演下去——丈夫不懂得照顾人，一点都不体贴，等等。

丹尼尔·戈尔曼给她的建议是——先平复一下心情，等冷静以后再想：这个故事不好，不妨换一个故事。试试不同的故事，比如：我丈夫最近比较忙，工作压力比较大，并不是他不体贴、不细心，而是因太忙而忽视了我的感受。或者：这家伙品行还是不错的，只是男人都大大咧咧，他不知道我有这个需求，而我也没有向他表达我的需求。

当你换了一个故事说给自己听后，就会发现自己渐渐心平气和了。接下来，如果要解决这个问题，可以列出所有你能想到的解决方式。

解决方式列出来之后，你会发现有很多种：你可以跟他吵架，也可以心平气和地跟他说；或者是换成文字方式说，例如写封信给他，把问题表达清楚；或者安排晚餐，在吃饭的时候跟他沟通。等你把所有方式都列出来后，再从中筛选一个最好的方案去执行。

其实这类问题属于家庭常见矛盾，但我们很多人经常采用的解决方式是：有问题—生气—吵架—冷战—其中有人退一步—回归暂时平静。要知道，这样的循环往往只是暂时搁置矛盾，而不是解决问题。丹尼尔·戈尔曼的建议是给自己换一个故事，其实质是换一个角度来想问题，然后列出几个正面的解决方式。

两天的课程非常丰富，也非常有趣。我想，丹尼尔·戈尔曼应该完全了解他的主要受众群体为已婚的家庭女性，所以把他的太太也一起带来，两人在课堂上分享了不少家庭趣事。当戈尔曼教授讲到如何把自己的拿手绝活——情商运用到实际生活中，去解决一个个的家庭问题时，大家常常听得会心一笑。

丹尼尔·戈尔曼不遗余力地推广他对情商的认识和理解，其中有两个观点让我印象深刻。

首先，他觉得随着社会的发展，人们对情商的认知有很大的改变。以前，很多人或许连"情商"这个词都很少听到，所以那时候，他必须花大力气去做普及工作。现在，人们不仅知道"情商"，也普遍了解到情商的重要性，但还没有真正认识到如何行之有效地去培养情商。所以他现在所做的，就是教授大家各种培养情商的方式。

其次，他认为情商应该从很小的时候就开始培养，这样可以很大程度上避免孩子产生负面问题。比如孩子们有争执或遭遇失败时，像"大胆地把情绪说出来""给自己换一个故事"等方法都是非常实用的；而老师如果受过情商培训，也可以言传身教，让孩子从小就培养这方面的能力。

丹尼尔·戈尔曼和他的情商课使我收获很大。

首先他让我认识到，所谓情商和我以前理解的"情商＝人际交往能力"不完全一样。人际关系只是情商中的一部分，他提升了我对情商真正全面的认知。

其次，保罗·艾克曼和丹尼尔·戈尔曼虽然研究的领域各不相同，但我觉得在很多地方还是殊途同归的。比如，保罗·艾克曼揭示了情绪的来龙去脉——情绪产生时可直接出自"爬行动物脑"，而不经过"智人脑"；丹尼尔·戈尔曼则通过给自己设置一系列流程，让大脑逐渐把控制权从"爬行动物脑"重新交还给"智人脑"。而我们知道，经过思考后的选择往往是最佳的，这就是所谓的"情商"。

在丹尼尔·戈尔曼提到的情商的六个板块里，我觉得"情绪认知"无疑是最重要的——我们总是生着"没来由"的气，吵着"莫名其妙"的架，事后想想，自己也并不想如此。

我记得有一次出差入住北京某个酒店，办理入住登记时前台服务员告诉我，我预定的房间被取消了。当时已是凌晨1点，疲惫加上怒火，让我的情绪一下子飙升上来，当场就和前台服务员争执了起来。虽然几分钟以后我就平复了下来，还觉得挺不好意思的。但毫无疑问，在那段短暂的时间里，我失去了对自己的控制权。

所以丹尼尔·戈尔曼给我最重要的一点启示就是：必须意识到情绪的存在，只有过了第一关，你才可以有很多的选择。

当然，那次的"事迹"也被我记录在情绪日记之中。前不久，我恰好又遇到了类似的情况。当时是下午5点左右，我去酒店办理入住登记，但前台服务员却对我说房间还没准备好。放在以前，我肯定又会生气，但这时候我马上意识到，情绪来了！意识到这一点时，我短暂地停顿了一下，调整了一下自己的情绪。随后我认真地跟前台服务员协商解决的方式，最终顺利解决了问题。

我相信，类似的事件很多人都经历过，有些人会当场宣泄，有些人会积极解决问题。但仔细想想，让你决定采用哪种方式的前提是什么？还是情绪。

亲身接触到情绪领域的这些顶尖权威后，我还发现了一个秘密，就是他们都在孜孜不倦地研究着古老的智慧。为什么？因为如果用今天的眼光来看，古代的圣人就是那个时代的"科学家"，他们采取自我修行来寻找解决问题的道路，而且是寻找每个人都可以走的道路。

现在的科学家认识到，当今的科技水平虽然可以让我们清楚地了解人体结构，也能推断出情绪产生的来龙去脉，却未必会有最好的办法来解决我们的情绪问题。但这些问题并不是现代社会所独有的，"前事不忘，后事之师"，所以就不妨回头看看古代的圣人或智者是如何解决问题的。我们去学习和理解他们的解决方式，并尝试用现代科学来加以诠释，这就是古代智慧和现代科学的紧密结合。把古今两种智慧融合在一起，我们会更有机会提高自己对情绪管理的能力，打开更多未知的世界。

第 3 部分
FBI 神探教我破解肢体语言

第 1 节　白宫学者后的又一次严格筛选

在完成了微表情课程以后，我意识到在微反应领域，微表情和肢体语言是密不可分的，既然学了微表情，那接下来就得对肢体语言有所了解。既然要学，就得找这个领域的权威——乔·纳瓦罗（Joe Navarro）。

乔·纳瓦罗是著名的肢体语言大师、前美国联邦调查局（FBI）探员，曾长期担任反间谍情报小组的审讯专家，被称为 FBI 的"神探"。我读了大量和肢体语言相关的书籍，其中就包括乔·纳瓦罗最著名的畅销书《别对我说谎：FBI 教你破解语言密码》（英文版名称：*What Every Body is Saying*）。

我在网上寻找一切关于乔·纳瓦罗的信息和联系方式，然后发现，乔·纳瓦罗从 FBI 退休之后专门设置了函授课程教授学员，所以我就在网上报了名。

乔·纳瓦罗对函授学员的筛选非常严格。我记得仅仅是针对身份方面的资料，他就反复核对了几周左右。这让我感到有些吃惊，我曾经在奥巴马授权下做过白宫学者，这也就意味着我之前已经接受过 FBI 最苛刻的背景调查；但很显然，乔·纳瓦罗又重新把我调查了一遍。我猜想，这大概是他不想让那些有犯罪倾向的人学到更多吧。因为如果犯罪分子也学会了如何读取人的肢体语言，那就更难对付了。

除此之外，他还特意写了封电子邮件，问我为什么要学习这门课程。他在信里写到，他的工作非常繁忙，而教这门课程是需要一对一辅导的，这会占用他很多时间，所以他只能收很少的学生。"因此，你需要告诉我，为什么要学习这门课程，以及你愿不愿意投入比较多的时间和精力来学习。"

我当时回复他说：我给了自己一年的时间来学习如何进步；在报名之前，我学习了保罗·艾克曼的微表情课程，然后我读了您的书，很受触动！我认识到，脸部的表情只是身体表情的一部分，如果要真正认识情绪是如何通过身体来表达的，就需要学习如何看懂肢体语言，而您在这方面是绝对的权威，所以我非常想跟您学习。

过了几天，我收到了他的回复：我决定教你。

这是我人生中第一次通过函授的方式进行学习，整个课程花费了差不多一年半左右的时间。我和乔·纳瓦罗每次都是通过电子邮件来联络。他会先给我布置一些作业，同时列出一些问题；我在学完之后，针对这些问题给出答案；然后他会再接着问问题，或者跟我分享一些具体的案例，就这样不断地循环往复。

当我学了一段时间以后，才真正意识到，的确如他之前所说，每个学员都需要花费比较多的精力，因为这样的学习方式可以算是真正意义上的一对一教学了。

我后来也曾问过他这个问题："为什么你要采用这样的教学方式？"他回答说，只有这样学员才能学到更多，因为肢体语言的学习并不是简单地听老师上几堂课、看几本书就能掌握的，必须要频繁互动才能激发学员的思考和实践。

第 2 节　出真知的 FBI 实战

乔·纳瓦罗出生于古巴，8 岁时移民美国。他曾在采访中提到，一开始由于语言不通，他就特别留意别人的肢体语言，帮助自己更容易搞懂对方的意图，从此逐渐开始喜欢上了解读肢体语言的秘密。

肢体语言是人类在几百万年进化的过程中逐渐发展形成的。在远古，人类并不是最强大的物种，经常会遇到各种各样的危险。尤其当人类完全直立行走以后，像胸部、腹部这样有心脏、肾脏等重要器官的部分就更缺乏保护了。我们不能像其他爬行的哺乳动物那样可以紧贴在地面上，也没有进化出鳞甲作为保护。为了保障自身的生命安全，人类就会充分利用四肢，对身体和头部做出保护动作。

肢体语言的状态主要分为两种，一种是开放式的，另一种是封闭式的。简而言之，当人类表达一些积极的情感的时候，就会使用开放式的肢体语言；相反，在表达消极情感的时候，就会使用封闭式的肢体语言。

具体如何表现呢？举个例子，当见到陌生人靠近之后，有的人便会不自觉地往后退，有的人则下意识地把双手交叉抱于胸前。相反，如果迎面走来的是自己的好朋友，我们可能就会张开双臂，给对方一个拥抱。因为这时候我们知道对方是没有危险的，我们的肢体自然而然地就处于开放状态。

我们的近亲——灵长类动物也有着类似的行为。在猴群中，作为老大的雄性猴王通常都会显得趾高气扬。在走路的时候，它常常会把胸挺得很直，肩膀向后展开，这样就显得更加高大。而其他雄性猴子和雌性猴子，则会收着胸，弓着背，尽可能把身体缩小，显示出自己的谦卑。这种反映等级差异的肢体语言在人类社会也是很常见的。这就说明肢体语言并非人类文明带来的高级产物，而是一种更为原始的本能反应。

除此以外，握手也是很典型的代表原始反应的肢体语言。握手的时候，双方都需要展开手心。这个细节非常重要，因为在远古时代，人也好，灵长类也好，在攻击的时候常常要用手攥着石头、树枝等武器。张开手心，这就等于告诉对方，我手里没有武器，也没有敌意，所以这个动作是积极和开放的。

我们再说到封闭式的肢体语言，最典型的就是看手和脚的摆放位置。一个人说话的时候，如果总是把双手插在口袋里，我们就有理由认为，他是想要隐藏一些什么，或有可能在说谎。当然，也有可能是当下的环境让他感到不舒服，于是不自觉地使用了封闭式的肢体语言。

一个人坐着的时候，双腿如果交叉或并拢，可能是一种防御姿势，也是一种自我保护。人一旦觉得很舒服，就有可能把腿伸开，很流行的"葛优躺"——毫无保留地摊开四肢，就是一种非常舒服的状态。

当然，我们在研究肢体语言的过程中，也需要根据每个人的肢体习惯，了解他的基础情况，才能做出更为准确的判断。

比如之前提到的，当某人把手插在口袋里的时候，判断他的肢体语言也要结合其他因素。如果当时的天气非常冷，那么他把手插在口袋里就不一定是在掩饰，而是客观上真的想获得温暖。又或者，这个人从小就在口袋里放一枚硬币，没事就会伸手去摸一下这枚硬币，这是他特有的习惯，那他插口袋的这个动作就未必代表他在说谎。

所以，如果我们只以普遍掌握的肢体语言信息，来判断这个人的心理状态，就可能会产生一些错误。所以，掌握对方的基础情况就显得尤其重要，只有当他此刻的情况和他的基础情况有差异了，判断才会显得更为准确。

说到底，肢体语言在一定程度上和微表情一样，是无法自我控制的，这是人类在进化过程中产生的一种近似于本能的反应，它会随着情绪不经意地自然流露出来。而我们每个人，又会因为后天环境的影响，产生一些特有的习惯动作，也就是所谓的基础情况。因此，在研究肢体语言的时候，我们就需要把两者结合在一起，才能够很好地通过肢体语言去判断一个人的心理。

在学习过程中，我发现乔·纳瓦罗的教学方式跟其他教授有着很大不同。一般来说，教授讲课更偏向于理论，当然也会提到这些理论运用于实践将会怎样。

然而，乔·纳瓦罗却是典型的"实战派"。

虽然微反应理论在当下非常盛行，很多警务人员也曾受过这方面的培训，但如果没有经过长期的训练和实际运用，还是无法真正掌握其核心价值。"去实践"是乔·纳瓦罗鲜明的"实战派"特点之一。乔·纳瓦罗拥有那么丰富的知识，都是源于他多年来累积的工作经验。

在学习过程中，他常常建议我："如果你有时间的话，最好每天花15分钟来观察别人。"所以在很长一段时间里，我一有空就会坐在靠马路的咖啡店里，隔着玻璃观察路上的行人，然后用他教我的方式去观察人们的肢体动作，尤其是那些我以前压根不会注意到的细节。

在大多数情况下，我们总会对那些擦肩而过的行人"视而不见"，就算有意识地关注，也仅限于外观，比如样貌、衣着、配饰和发型等，很少会注意肢体语言带来的信息。

记得有一次，我连续看到了三位穿着深色西装的男士，都是白人，年纪都不大，但给我的感觉却是千差万别。

第一位男士有些驼背，走路的时候习惯把一只手插在口袋里。他的西装看上去似乎不太合体，仿佛这套衣服是找别人借来的一样。他的步伐比较缓慢，两条腿交错前行，看上去有些犹豫，好像一边走一边在确定这条路到底对不对。他的表情也比较严肃，眉头紧锁，并且有一丝失落的感觉。看上去这位男士像是刚刚丢了工作，或是刚完成一个不太成功的面试。

第二位男士的服饰和第一位男士的服饰很相似，但给人的感觉却截然相反。他走得非常快，脚步轻盈，走路的时候昂着头，背挺得很直，双臂前后摆动的幅度很大，眼睛也很有神。从这些细节中，我能很清晰地感受到他的自信。我猜想他可能正赶往公司，处理一件重要的事务，有一种志在必得的感觉。

第三位男士紧接着走了过来。他同样穿着深色的西装，但头戴耳机，走路不紧不慢，脑袋时不时地摆动着，仿佛在配合着音乐的节拍舞动。他的脸上带着轻松的笑意。虽然双手插在口袋里，但两只大拇指露在外面，配合着头部的摆动而有节奏地敲击着。我感觉到他的工作生活状态是稳定而轻松的。

从外形上看，这三位男士应该都是公司职员，身材相仿，服饰搭配也看不出太大的差别。但如果仔细观察他们的肢体语言，就会清晰地感受到各自不同的内心处境和精神状态。我觉得这样的观察非常有趣，能给我带来很大的收获。一方面，我可以不断验证之前所学到的知识；另一方面，我也能不断反思自己，借以修正自己的肢体语言。

正像乔·纳瓦罗所说的那样，虽然真正的结论还需要更充分的佐证，但微表情和肢体语言反映的许多信息已经可以帮助我们做出一定的分析和推理，而不是毫无依据的随意乱猜。

读懂肢体语言对我的工作也有着很大的帮助。我从事金融投资行业，尤其需要练就洞察人性、洞悉世情的"火眼金睛"。所以现在我除了听以外，也会格外注意对方的肢体语言和脸部表情，通过观察和判断来提出追问。

举个例子，某人一开始说话时，胸膛是敞开的，手在比画，但说到某个点时，手会不自觉地插在口袋里。这可能是他的习惯性动作，但也可能代表着这部分开始有所隐瞒。我就可以将这个话题深入下去，看看到底存在什么问题。所以说，微表情和肢体语言的学习，对我从事投资工作的帮助非常大。

当然，世界上很少有什么事情可以达到百分百的准确率，尤其是对探究他人内心隐藏的信息而言。读懂肢体语言可以做的只是帮助你找到一个相对正确的方向，然后循着这个方向去寻找答案。

体现乔·纳瓦罗鲜明的"实战派"特点之二是，他善于追问。

每当我完成了他布置的功课提交答案的时候，他常常会说：你的答案不错，但是，你为什么会有这个答案？还有没有其他答案？如果有其他答案，背后的原因是什么？

这种连续式的追问，常常使得我搜肠刮肚地去寻找自己的思维"死角"，让自己尽量从不同的角度去考虑问题。

然后，当我给了他答案的时候，他总会问我：你确定吗？要知道，一旦你答错了，就可能会有人因此死亡，所以，你确定吗？

老实说，每次看到他这么问，我都会有些心理压力。要知道，在学校时，教授们可从来不会这么说，你的答案有可能会害死人！多么令人惊悚。但仔细想想，这和乔·纳瓦罗曾经的工作有着很大的关联。

如果你在 FBI 工作，每天都要面对生死存亡，这样的情况是不允许你出错的，所以你得用不同的方式去挑战自己的假设，而且每次给出的答案都必须是正确答案。万一你的假设出现错误，所造成的影响是非常大的，可能就会造成伤亡。

如果循着这个角度去思考，学习态度就完全不一样了。我意识到自己的每一个回答都要多方面去慎重考虑。这是除了肢体语言课程以外，他教给我的几十年积累的又一个珍贵经验。

第 4 部分
去到情绪的深处

第 1 节　如何改写情绪诱因

你或许已经意识到，情绪主宰着我们生活的方方面面，小到处事态度，再到人际关系，大到人格养成。情绪不是我们习惯认为的主观事物，而是富含科学内容。

在 BCC 工作的时候，常常会有同事问我："老黄，为什么你看上去那么严肃？大家都有些怕你呢！"我通常会反问："有什么好怕的？"

"你好像从来不笑，每次都板着脸跟我们反复强调——指标，指标！目标，目标！所以大家都不太敢跟你说话。"

是啊！仔细想想，到底我有多久没笑过了？这么好的情绪怎么就离我那么远呢？在那段时间里，公司一大堆的事务总是让人心烦意乱，几乎没有一件事情会让我的心情好起来。就算听到好消息，也很快就被层出不穷的问题冲淡。而更令人烦恼的是，一起创业的几个要好朋友之间也出现了隔阂和不愉快。

公司在创建之初并没有明确分工，虽然我是董事长，但当时觉得大家应该平起平坐，所以很多事情都是几位合伙人都同意了才往前推进。随着公司的规模越来越大，什么事情都一起做是不现实的，必然会有分工，有人管销售，有人管技术，大家各有指标。但最终作决定的时候，我们又是平起平坐，大家一起探讨。这样一来问题就出现了。人的观点和角度是多样化的，不同的人想法往往会有分歧，分歧发生的时候如果没有很好的沟通，尤其没有一个很好的决策机制，矛盾也就产生并逐步加深了。

有一次，一位合伙人负责的当月指标没有完成，在开会讨论如何解决问题的时候，他却提出目前的战略和指标并不合理，自己并不想遵循这个目标来做。我当时非常恼火，这些都是大家一起讨论制定的，一旦做不到就说不同意，这明显是在逃避问题。于是，我们在会上激烈地吵了起来，最后大家不欢而散。我们其实想要讨论为什么达不成指标，最后却都在说气话，也伤害了彼此间的友谊。

事后，我想找时间和大家沟通一下，但大家每一天都很忙，于是就想着，反正有这么多年的感情做基础，那就先搁一搁，等下次再找机会好好沟通。下一次见面，可能有时间，也可能没时间，但是矛盾已经在那里了，情绪上打的结也还没解开，当新问题来临的时候，免不了还会争吵，情绪的雪球就越滚越大了。

你是否也有这样的体会：当我们意识到情绪在控制我们时，往往已经晚了。所以了解情绪的触发机制就变得十分关键。通过我的切身体会、幡然醒悟和课程学习，我明白了"情绪诱因"的形成很大一部分来自后天，因此我特别想知道自己身上到底有哪些"情绪诱因"，它们从何而来？是否可以被改写或消除掉？

上完保罗·艾克曼的微表情课程，我就养成了每天记录的习惯，我称它为"情绪日记"。每当负面情绪来过以后，我就会把它记录下来，然后试着找出背后的原因。

到现在我仍能清晰地记得我记录下的第一个"情绪诱因"。那是四年前，我和几个朋友去缅甸旅行，当时我们一行人正乘船去河流的上游。期间我去上洗手间时，发现里面的手纸用完了，就去问船员要一些，没想到对方态度非常不好。我当时非常生气，心想这事如果换成以前的我，一定要找他理论一番。但当时我刚学完微表情课程，所以并没有直接将不满的情绪宣泄出来。

当然，我也意识到这是情绪来了，于是就开始思考：什么原因会导致我这么生气？因为船员的服务不够专业，还是我对别人的"专业"已经形成了一套自己的标准？当对方没有达到这个标准时，我就会认定他不专业，这时生气的情绪就产生了。

当天，我就把这个"情绪诱因"记录下来，同时尝试对此下一个全新的定义，那就是：如果对方的服务不够好，我是否可以找到背后的原因？比如他之前没有条件接受更好、更专业的培训，或者他虽然不专业，但已经做到了他所能做的全部？

当我重新定义这段经历时，就发现情绪平复了很多，更重要的是，这让我有机会去想更多的解决方法，于是这个让我生气的"情绪诱因"也就随之消失了。

从那以后，只要有负面的"情绪诱因"，我就会把它记录下来，并且思考它到底从何而来。但让我困扰的是，有些时候我好像找不到"情绪诱因"的来源。我得怎么才能找到呢？

第 2 节　有的人困在"情绪循环"里

带着这个问题，我去参加了 Landmark 的自我突破课程。在 Landmark 官网的主页上，它是这么介绍自己的——这是一个致力于个人发展的全球性论坛和培训平台，内容基于成功塑造、心灵满足和人际关系重塑等方面。

从介绍来看，Landmark 传递的是用突破性的思维方式，对我们的知识和身边的问题进行重新梳理，以达到职业突破和提升生活质量的结果。而我自己对 Landmark 的理解，就是我们的过去直接影响着我们的现在，并且关联着我们的未来。

具体来说，就是我们对小时候发生过的一些事情的解读，会存在于意识深处，当我们下次再遇到相似的情境时，这些情感和行为反应就会被重新唤醒，让昨天的一幕再次上演。这使得我们像活在一个"情绪循环"里似的，不断循环往复。

Landmark 所研究的，正是"情绪循环"的起点，也就是"情绪诱因"的来源——我们到底是在什么时间，因为什么编写了这段程序，以及如何破除和改写这段程序。

Landmark 课程分初期和高级，每次课程为期五天。我不仅参加了初级课程，后来也去上了高级课程。因为当时我在中美两边跑，所以就选择了 Landmark 的香港分校，那里的导师都来自美国。Landmark 导师都是经过严格的训练和资质认证的，像给我们授课的这位首席导师，已经工作近 30 年了。不少人原先来到这里也只是学员，先是自己学习，并做些义工工作，后来觉得很有帮助，也愿意帮助更多的人，就开始学习导师培训课程。做导师之前，还要经过助理导师的阶段，最终通过评定。所以成为 Landmark 导师的人，不仅要有扎实的理论知识，还要有丰富的实践经验。

第一次上课时，我发现学员的成分非常杂。一方面，年龄差异大，老、中、青各个年龄段都有，有六七十岁的老人，也有十六七岁还在上学的学生；另一方面，背景差异也很大，从事什么行业的都有。后来我才知道，Landmark 大力提倡推广，有个内部规定就是，如果你上了这些课程觉得受益匪浅，就请告诉身边至少三个人，所以上过课的父母可能会让孩子来，很多人也会推荐身边的亲朋好友来。

每个人的情绪诱因都是有来源的，Landmark 课程首先会分析这个来源，例如人在小时候可能会经历一些心理创伤，随之而来会形成三类"情绪诱因"，以保护自己或者避免这些创伤。

第一，我不值得。比如小孩子打碎了一个杯子会遭到父母痛骂。父母的情绪反应会让我们害怕，让我们认识到有一些事情不可以去做。如果做了，可能会得不到爱，或者受到感情伤害。以后，只要这个"情绪诱因"出现，例如我们感觉把一件事情搞砸了，就可能会触发我们的情绪。

第二，我不属于这里。比如我们打搅了大人的工作，父母觉得我们不该出现。以后，只要这个"情绪诱因"出现，例如我们感觉某人排斥我们，我们的情绪也可能会一下子就上来了。

第三，我独自一人。一些孩子身边突然没有了家人的陪伴，于是得靠自己，又或者家人的关怀只在于物质方面，这时候他的"情绪诱因"可能会把物质定义为安全感。长大之后，当他需要给自己安全感，物质就成为最直接的方式。

因为这三类事情的发生，我们在很小的时候就给自己"种"下了这些情绪诱因，但绝大多数人从来没意识到它们如何形成和已经形成，成年之后面对自己的情绪反应，往往直截了当地解释为"我的情绪本来就这样"，这样就陷入了周而复始的"情绪循环"当中。

第 3 节　直面内心深处的人生脚本

婚姻是人生旅途中很重要的部分。当今社会中，婚姻这一主题也为形形色色的人提供了无穷无尽的话题，我们周围也不乏各种专家提出各种或深刻或警醒或实用的建议，似乎都有道理。但是，那么多声音里面，有科学根据、能成为体系并解决人内心深层问题的却寥寥无几。

我首先审视自己。我目前未婚，但我从来没有认真去想为什么。我有非常优秀的女友，但是每次一旦谈到婚姻，我就会坐立不安。

在 Landmark 课程里，我得到了这样一个提醒——世界上没有一个人是没有问题的。所以，随着课程的深入，作为单身汉的我也开始研究自己在考虑婚姻关系中那个"情绪循环"的来龙去脉，尝试提出相关的一连串问题。

第一个问题：你能找到你的"情绪诱因"吗？

一次课上，有位学员说自己从小就没有自信心，现在已经快50岁了，还没有伴侣，所以非常沮丧。有时候，在做事情的过程中，结果还没出来，他的直觉就会告诉他不行。他非常痛苦地说："我不想再这样活着了，我还能怎么做？"

在 Landmark 看来，每个人的情绪和行为背后都有更深层次的原因，失败或许不是你的错，可能原因存在于你从来没有想到过的角落。

在课堂上，导师是这样回应的："想解决这个问题，你就想想，小时候发生了什么事情让你觉得没自信。为什么别人会抢着去争取机会表现，而你反而害怕，反而退缩？你养成的第一反应是恐惧，这说明你自己就在拒绝它，那么你的'情绪诱因'是什么呢？"

这位学员思索了很久，说："我很小的时候，有一次犯了错误，父亲把我痛打了一顿，而且责骂我。后来我就觉得，我唯一不被谴责、不被骂、不被打的方法就是不要犯错误。不犯错误的最好方式就是不要做。"

这样的逻辑就是"多做多错，少做少错，不做不错"，其实这是小孩子的一种自我保护。在我们年幼时，出于保护自己的本能，或者为了从父母那里争取更多的爱和关注，我们会做一些事情作为交换条件，继而就成了"情绪诱因"。但在这位学员的身上，我们要解开一个更大的问题——他的父母。

在年幼的时候，我们对于"对错"并没有判断力，是要依赖于父母的话和反应来形成判断。这位学员的"情绪诱因"在很小的时候就种下了，一直带入到成年后。即使他已经自己独立生活，直到他上台的这一刻，他都没有原谅他的父母，"在我小时候，他们虐待我，他们不爱我，我上学的时候他们也没有帮助我，造成我一辈子都没有成功。我一直没有结婚，过了50岁我也没有办法做到，我现在很孤独。现在，他们都已经去世了，但我还是非常恨他们"。看来，"情绪诱因"对他的行为和思维方式已产生了深远的影响。

幸运的是，当他认识到这个点之后，也就有了机会重新改写这个故事。确实，对一个人来说有问题并不可怕，可怕的是无法认识到问题的存在。

上述的故事只是一个例子，但我很好奇，万一有些学员站起来尝试回答，却找不到答案，又该怎么办？有没有找不到的？另外，虽然很多"情绪诱因"都是小时候产生的，但也有一些是我们羞于面对或不愿承认的。遇到这些情况时，怎么办？

于是，第二个问题就来了：你能正视你的"情绪诱因"吗？

婚外情对很多人来说都是难以启齿的经历，我却在课堂上遇到了这样一对愿意在众人面前寻求解答的夫妇。

我在香港参加的 Landmark 课程，是在某写字楼的一间大型会议室中举办的。会议室前部是一个讲台，讲台下面坐着大概两三百名学员。导师站在讲台上授课，时不时请一些学员上台分享一些故事，也会有人主动申请上台分享。

在前两天的课程中，我一直坐在会场中间区域。按理说我当然是认真听课了，坐在我前面的一对男女却不由自主地引起了我的注意，让我感到很好奇。

这可能是一对夫妻，看上去非常般配，都是一表人才。先生穿着成套的西装，比我略高一些，面色红润，身形略微有些发福，一看就是典型的成功人士。女士长相漂亮，松松地绾起一个发髻，脸颊有些圆润，有一份平和之美。她穿着合体的连衣裙，套着常见的孕妇装，应该是怀孕了。连衣裙很巧妙地遮挡了她微微突起的肚子，她脚下搭配了一双平底鞋，整体着装高雅得体，落落大方。

但我的直觉告诉我，他们好像有一些不太对劲的地方。

为什么这么说呢？这间大型会议室虽然不小，但是学员数量多，而且大家为了能听得清楚些，座椅前后左右排得相对紧密些，所以大家在听课时会出现手臂偶尔碰一下、腿靠在一起的情况。加上学员中有些还是彼此之间有一定关系的人，如亲人、朋友、恋人或夫妻等，坐在一起还会有更多自然而然的身体接触。但是，坐在我前面的这一对，彼此之间距离感很强，都在刻意避免肢体接触。所以，我隐隐觉得他们之间应该存在一些问题。

他们除了有明显的隔阂之外，也没有什么特别之处，头两天也就是都在认真听讲。到了第三天，导师在台上讲到一半的时候，这位男士就站了出来，走上台去分享他的故事。

他先简单地做了一个自我介绍。他和他的太太，也就是坐在他身边的那位女士，都来自中国大陆。他们在香港念完研究生，留在了香港发展并定居下来。他工作的那家国际性的基金公司属于我当时公司的潜在客户，我曾与他们有过接触。

他说夫妻俩学历较高，工作体面，收入丰厚，婚后一直生活比较优裕，而且不久他们的第一个孩子就要出生了。在他讲述自己经历时，就像是在公司里做一场业务报告，非常严肃认真。我能清晰地感受到他的专业性和严谨性，可见他必定接受过大公司的高级管理人员培训。

正在台下的我们认真倾听的时候，他郑重地说了一句："我有了外遇。我的太太知道了这件事，向我提出分手，可是我们已经有了孩子，我也依然很爱我的太太。"

接下来他介绍说，为了解决关系破裂的问题，他们已经尝试了很多途径和方法，却一无所获。比如，他们参加过"婚姻咨询"，专门进行了夫妻问题方面的心理疏导。他们也是在朋友的介绍下，才抱着试试看的心态来 Landmark 的。最初他的太太并不愿意参加，是在他的坚持下才陪同前来的，并且表示如果听了半天的课还没有什么效果，就不再进行后面的课程了。

他们俩听了两天的课后，觉得很有收获，也解决了不少长期存在的疑虑和困惑。但在夫妻共处方面，还依然没有找到突破。正如我观察到的那样，他们在课程头两天仍旧像陌生人一样，谨慎地互相保持着距离。于是到了第三天，他终于鼓起勇气，上台向导师、向大家求助来了。主动上台把有外遇这件事公之于众，固然是一件非常丢脸的事情，但一想到是为了自己的家庭幸福，是为了妻子、孩子，他也就豁出去了。他说:"我想再尽力试试,我觉得自己也很不开心,我也不知道为什么会做出这样的事情,给我太太这么多伤害,所以我希望可以通过课程学习,更好地认识自己的'情绪诱因'。"

导师听完他的分享,就问:"你为什么要这么做呢?为什么要出轨?你到底爱不爱你的妻子呢?"他说:"我很爱我的妻子。"他的太太此时就坐在台下,挺着大肚子,眼神忧伤,痛苦和怨恨使面色憔悴。这原本是一个家庭最快乐的时候,却要面临关系破裂。

导师追问:"既然你很爱她,那为什么还会出轨呢?你能告诉我你是怎么想的吗?"他站在那里,没有马上回答,而是低头沉思。我坐在他们的后排,只能从侧面看到,泪水从他太太的脸庞上无声地划过,滴落下来。而她也没有擦拭夺眶而出的泪水,只是怔怔地看着台上的那个男人。

导师和这位男士进行了一番对话后,就很自然地谈到了他的童年。**Landmark**的课程非常关注一个人的童年经历。要知道,一个人的童年经历会构成他后来生活里的脚本,人们往往就会按照脚本中设定的角色行事。

导师问:"在你的童年时期,有没有发生过什么事情,对现在你出轨这件事产生了影响?"他说:"其实我心里深处一直很清楚,只是没有告诉过其他人。我的父亲也出轨过。"这个回答看似很有逻辑性,但在导师看来却不简单,因为导师认为并没有挖掘到问题的根本所在。

为什么要这么说呢,因为一般所有人谈到问题都会先说"这是别人导致我这样的",而不会说到自己的"情绪诱因"是什么。所以对于这类问题,我们可以这样思考:第一,可能很多人都会遇到同样的事情,但是别人那么做了,为什么你也要这么做,或者你为什么不这么做?就像爸爸有婚外情,儿子就一定也会有吗?第二,为什么先生知道婚外情不是太太的原因,问题明明出在自己身上,他还是会犯错?

在导师的追问下，这位男士深思之后说："我小时候的潜意识就固定了，出轨是一件很正常的事情。我并没有记恨我的父亲，反而认为我的母亲没有管好我的父亲，才导致他出轨的。这是我母亲的错，和我父亲没关系。后来，我就形成了这样的观念——如果女性没有做好，男性发生婚外情就是理所当然的。"

根据导师的说法，Landmark 的许多案例中，男方都会说："我太太没有很好地去打扮自己，她对自己的管理有点放松了。然后，我在外面见到一些很漂亮的女孩子……"这些人其实都只讲了事实的前半段，可能只有像这位男士剖析到如此地步，才算是正视自己的"情绪诱因"。

这位男士沉默了一段时间后，又说："我到这里来，是为了解决一个困扰了我很久的疑问。我在出轨之后，感觉非常内疚，我想寻求妻子的原谅，重归于好。但是，在我内心深处，我并不确定我会不会再一次伤害她，会不会再出轨。"

接着，他又对导师说："在和你对话之后，我认识到了自己的脚本。之前我对出轨的认识，其实来自我的父亲。他是一个成功的男人，他出轨了，我觉得很合理，觉得这是每个成功男人都可以做的。如果我妈妈不希望他出轨，就应该管好他。同样的，我出轨了，但实际上我觉得责任不在自己，而是在想为什么我太太满足不了我，要让我去寻求新的刺激。"

说到这里，他哽咽起来，猛然转身面向着台下，郑重地说："现在我认识到，这其实就是我的问题，就是我的责任，而不是我太太的问题。如果我真的爱她，就不该做伤害她的事情。"话音未落，悔恨的泪水夺眶而出，他猛地用双手捂住了脸。这时候，我看到在座的很多学员仿佛受到了触动，有的眼圈已经红了，有些在交头接耳，更多的则是神情肃穆，认真关注着事态的发展。

这位男士平复了一下情绪，含着泪水继续讲述道："我不知道我的太太会不会原谅我，但是我知道我自己可以有所改变。我应该打破我的脚本，突破固有的行为设定。"他看了看怀孕的太太，接着说："我会做一个好父亲。"随后，他走下讲台，坐回到原来的座位。

此时，他的太太早已泪流满面，泣不成声，却没有和他进行眼神接触。所以我也就看得出来，虽然丈夫很动情，妻子也被感动了，但双方之间的隔阂还是存在的。因为在一般情况下，先生在台上说完话走回去，太太肯定会凑过去说说话，或者有一些亲密的肢体接触。但是这对夫妻什么都没有做。

第三个问题：重新定位，摆脱控制。

Landmark 的导师很有经验，接下来他先是不说话，就这样看着那位太太，然后问她有什么想要分享的。

顿时，全场的目光都聚焦到这位女士身上。而这位女士的反应也足以证明，她是位优秀的职场女性。她一边快速而得体地擦拭着眼泪，一边把手包放到座位上，提起裙摆，起身准备上台。当她起身后，我们都开始鼓掌。大概是因为之前会场的气氛太过凝重吧，现场特别安静，所以这一次鼓掌就像丢了一颗炸弹，整个场面都沸腾了。大家在听过这位男士讲了那么多直指人心的自我剖析后，都怀着很大的期待，想听听他的太太会回应些什么。

我这时才注意到讲台旁边早就准备好了面巾纸，大约有四五包。可能因为 Landmark 课程学员分享这一环节中，上台讲述的人大多数都会流泪的缘故吧。导师把面巾纸递给女士，她擦干了眼泪，终于开口了。

"其实在来这里之前，我对这门课程一点都不抱希望。我觉得，我和他之间已经没有复合的可能了。这段时间我非常痛苦。当我知道丈夫有了外遇时，我更多的是痛苦，而不是生气。我在想，自己到底做错了什么呢？他怎么可以就这样背叛我呢？……我很内疚。"

这句话让我们场下的学员一愣：丈夫出轨，妻子为什么要内疚呢？导师问她："你感到内疚，那你觉得自己做错了什么呢？"她静静地站着，无声地啜泣着，说不出话来。

过了很久,她才说出了她的脚本。原来在她小时候,母亲经常会苛责她说,你是女生,要处处小心,不要做错事。另外,她父母关系不好,虽然没有小三插足,但是两人经常吵架和冷战。长此以往,处在夹缝地位的她就养成了这样一种惯性思维:家里只要发生了一些不大好的事情,她就会怪到自己的头上,觉得是不是自己又做错了什么。所以,她从小就容易产生内疚的情绪,甚至觉得父母之间的矛盾冲突可能就是由自己引起的。久而久之,她就把自己框死在这样一个脚本里了。

她说:"我一直活在这样的脚本里,重复着同样的行为。现在,我认识到我可以改写这个脚本。不过我虽然可以重写,但我仍旧不确定,我是否可以再相信他。即使他刚才的一番话让我非常感动,他也的确做出了改变,但我始终不确定能不能再相信他。"

导师问:"你不能相信他,是因为你在害怕。那么,你在害怕什么呢?"女士没有回答。

导师又问:"你觉得,你的丈夫刚刚说的是真心话吗?"女士回答:"是真心话。"

导师再问:"既然你觉得你丈夫刚才说的是真心话,那他以后会有改变吗?"女士回答:"应该会。我觉得,他说的是真心话,所以他真的会有改变。我也相信他会切实做出改变的。"

导师追问:"既然你相信了他的话是真心的,也相信他未来会有所改变,那为什么还不相信他呢?"女士回答:"但我还是害怕,我怕再次受伤。虽然我相信他刚刚说的都是真的,但我还是不愿意选择相信他,因为我觉得再次受伤实在太痛苦了。"

导师说:"你所说的都是对的。其实,不论这个人说了什么,他都有可能再次犯错。也许这种不好的事情发生的概率很小,但的确并非百分百不会发生。你所担心的,你所害怕的,都是有可能发生的。你相信他,我也相信他,但是他也的确存在再一次背叛你的可能。"

导师停顿了一下，指指女士的大肚子说："你觉得，发生了这一切之后，你们最终分开了，你的孩子会怎么想？"女士说："我想，我还是爱他的。我也相信，他会是一个好爸爸。也希望我的孩子能有他这样一个好爸爸。"

导师说："你已经认识到了你们复合之后，有可能会再一次经历痛苦、受到伤害，但你们的结果也可能会不错。那你愿不愿意尝试看看？你愿意经历可能的痛苦吗？"

这时，女士的泪水像决堤的河流，汹涌而下。她的丈夫也是泪如泉涌，西装都被打湿了。台下的学员们也都屏住呼吸，等待着女士的回答。就好像一部电影到达了高潮，大家都很想知道结局究竟怎样，谁也不知道她会做出怎样的选择，到底是和好如初，还是就此结束？

女士一直在流泪，但更多的是含悲饮泣，所以我们可以看出，她其实也是在思考中。过了很久，她终于抬起头，对导师说："我愿意。我愿意再相信他一次，虽然我知道，我可能会再一次受到伤害。"

导师问："那你要不要和你的先生直接说说？"女士转过身来，对台下的丈夫说："我还是很爱你的，我愿意和你一起重建家庭。"

这句话一出，台下立刻爆发出一阵热烈的掌声。很多学员一边用力鼓掌，一边扭头擦拭着情不自禁涌出的眼泪。

女士走下台，回到座位前。这时，她的丈夫站起来迎接她，伸出了双臂。两个人拥抱了，紧紧地拥抱在一起，就像一对真正甜蜜的爱人那样拥抱着。他们之间的问题解决了。这时，即便没有学习过如何看待肢体语言的人，即使不知晓他们之前的故事的人，此时此刻也能敏感地体会到充溢在两人之间的浓烈感情。

这么热烈的拥抱和如此美好的结局，自然再一次地打动了大家。学员们纷纷站起来，热烈鼓掌。这对夫妻坐了下来，自上课以来第一次肩并肩，手拉手。

导师总结说："很多人会说，先要对方改变，我才相信对方。然而，这样会变得很被动，也少了一次重新定位自己'情绪诱因'的机会。我看得出来，这位男士说的都是真的，他也做出了不小的改变，重写了他的脚本。而这位女士也愿意相信他，即便可能会再次被伤害，也愿意从改变自己开始进行尝试。我祝福他们，也祝福孩子有这样一对父母。有了这段经历，相信他们的爱情会更加牢固。"

可能是因为这个故事太牵动人心，大家都很投入，所以就在故事终于告一段落后，所有人就像刚刚打过一仗那样，感受到了精神上的疲劳。总结完后就到了休息的时间。

我走出会议室，在外面看到了那对夫妻。我就上前对那位男士说："祝贺你，你和太太和好了，也祝福你的孩子。"在我祝福之前，看上去应该有很多人都和他说过同样的话了。他频频点头说谢谢。

我紧接着问他，在公司里是不是认识某某。他果然认识，我们都感觉世界真的很小。谈到这里，他说："不瞒你说，我知道这里可能会有认识我的人，但这次真的准备豁出去了。发生这样的事情，我是不愿意讲给别人听的，但如果我不逼自己一下，我的家庭就没了。所以我一开始就很刻意地做了自我介绍，因为我不想再逃避。现在，我把所有的东西都讲出来了，自己做了很勇敢的尝试，突破了自己，事情也有了很好的结果，我感到很轻松。就算同事们知道这件事，我也不在乎了。"

上课的铃声响起了，我跟他握了手，拍了拍他的肩膀，又走进了会议室。

第4节 写下情绪日记

我为什么不结婚？不是因为我没有女朋友，也不是找不到好的女孩。每一次恋爱，一旦到了真正要谈婚论嫁的时候，我的内心都会产生一些恐惧。

之前我只觉得这很自然，人多少都有点婚前恐惧。我真的太忙了。我真的还有太多想做的事还没做。但同时我也明白，如果人生里没有这样深入的关系，没有真正地爱过，付出过，人生是不完整的，就好像你没有真正活过一样。

上完 Landmark 课程之后，我开始很认真地去重新考虑这个问题。其实每次还没到结婚之前，我就问过自己："她是我的理想女孩吗？我要不要再等等？"这是我的"情绪诱因"吗？我继续思索，发现它可能是来自我的童年。

在我上中学期间，父亲突然去世。当时我感到，我最爱的人竟突然就离开我了。我记得非常清楚，我妈妈哭着牵着我的手，对我说："孩子，今后你只能自己靠自己了。"为了保护自己，为了不再有这样的伤痛，那我就尽量不要进入这么亲密的关系。所以，我找到了自己内心深处的"情绪诱因"。

"情绪诱因"在解决爱和婚姻问题方面的指导意义，只是其众多应用的一种。学习完 Landmark 课程之后，我已将它用到自身各个方面。从科学角度来看，情绪是人类在漫长进化过程中产生的。我和所有人一样，需要操练控制情绪。当我认识到自己情绪的出处，然后学会管理这些情绪后，才能理解别人的情绪，而且更好地处理别人的情绪。

我现在一直保持着写情绪日记的习惯。每一段情绪记录一般包含两个部分：第一，这是什么情绪？第二，导致这个情绪的外部导火索是什么？比如，在餐厅吃饭，服务很不好，我当时就很生气。我觉得我很有道理，是服务生做得不对。换成是以前的我，就会跟他大声投诉，或许生气还会持续一段时间。我想这个情形很多人都遇到过。于是在记录里，我就会写：今天，我有件事情不开心，是因为那个服务生对我态度不好。

不过这仅是一个开始，随后我就会思考：第一，找到"情绪诱因"。我的"情绪诱因"是什么呢？是我觉得这个人不专业，没有尽职。第二，正视"情绪诱因"。遇到同样的事情，有些人可以一笑而过，似乎世界就是这样的。为什么我会很生气？如果我和他争吵了，或许我要生气好几分钟，或许是十几分钟，问题会解决吗？让我认识到我有更好的选择。第三，重新定位。假如他只是做了他能做到的，而我也能通过心平气和地沟通，解决我需要解决的问题，同时能帮助到他，是否对我们都更好？这样一来，新的"情绪诱因"就会让我积极寻找答案和解决方式，我就不会一下子动怒了。

经过日积月累，我发现坚持把这些情绪记录下来的好处越来越多。第一，每当我把一个不好的情绪记录下来，下次再发生的概率就会少很多。毕竟有了记录之后，有了新的"情绪诱因"，人会在潜意识中提醒自己不要再犯同样的毛病。第二，就算发生了，我反应过来的时间也会很快，持续时间也会短很多。即使第一反应还是生气，我也会认清这时我正处在不良情绪中，得尽快跳出来，并快速找到解决问题的最好状态。

不过说实话，这个过程还是很痛苦的，毕竟我四十年来积累了那么多的"情绪诱因"，要想改变，谈何容易。但当我一一做到之后，的确感受到了很多的好处，如今我不开心的时间比以前少了很多很多。

这样的习惯，我已经坚持四年了，记录下来的各种各样"情绪诱因"有九十几个。现在大家都有智能手机，一旦有事发生，可以马上记录下来；不仅记录下来，还可以考虑一下，我们的"情绪诱因"是什么，怎样可以改变它。

作为成年人，我们完全有能力改变自己的情绪，只要我们愿意做这样的改变。这是有科学依据的，保罗·艾克曼研究情商的过程中发现，每个人都有"情绪诱因"，而且你的"情绪诱因"都是自己创造的，所以你一定找得到。

第5节 情绪改善，人生幸福

沮丧、无奈、愤怒、恐惧、内疚、怨恨、自暴自弃……尽管情绪多种多样，但负面情绪对我们产生的影响都是相似的。

Landmark 的课程共 5 天，每天有 9-10 个小时的训练。我们每个人都全神贯注，看着一个个案例，思考一幕幕情景，仿佛身处电影院一般。我意识到，这些故事、这些人都不是虚构的，他们就在我的身边。

一位年近 50 岁的单身汉与一对婚姻濒临破裂的夫妇，他们有什么共同点呢？或许很多地方都没有共同点，但在情绪方面，包括我在内，都有困扰自身的"情绪循环"。我们要做的，就是去发掘自己的"诱因"，然后去写一个令自己受益的"故事"。

凡事都有多面，到底向左走，还是向右走，我们把决定权交给谁呢？在一边，"有人打你右脸，你可以连左脸也转过来由他打"，面对你的仇人，《圣经》中耶稣是这样说的。在另一边，也有人认为人非圣贤，应该以牙还牙，以眼还眼。你更愿意你的故事是哪一种？

导师在台上说："对于那些不在了的人，如果我们的情绪还是不能放下，不能改变我们自己的'情绪循环'，那就任由他们在黄泉下掌控我们的故事吧。"

Landmark 之所以成功，我想它不仅是给出一种解决问题的方法，也提供了一个合适的环境——打破孤立，找到同伴。

首先，一个人的智力是有限的，而 Landmark 调动了群体智慧。当一群人都在应对相同的问题时，会更容易发现解决问题的途径。即使别人的问题不同，也不妨碍我们去理解他们的情绪，因为我们或许将来也会遇到这样的事情，同理心可以帮助我们更好地共同前进。

其次，面临的危机容易让人产生逃避畏惧的心理，因此我们需要他人的鼓励，而只有在大家目标一致时，我们才能了解到，自己的处境不是孤立的，从而产生积极应对的正面态度。

随后，情绪会影响我们对问题的判断，经验也会犯错。当问题停留在我们的脑海中，常常就只能给我们一个"死循环"。当局者迷，旁观者清，在了解了别人的遭遇后，我们更能认识到——程序是可以改写的。

最后，即使是我们最亲近的人，也不能解答我们所有的困惑，甚至有时在我们提出问题时还会指责我们，例如："你怎么可以离婚！"而在一个精心准备的环境下，配合专业的辅导，我们可以接收到更多客观的意见和建议，也能更为虚心地听取和思考，改进效果也会更好。

通过在 Landmark 的学习，我重新设定了自己的"情绪诱因"，实现了改变，这是我的一个非常大的收获。我现在对爱和婚姻的想法是：去爱也许会有痛，但这种痛是我可以接受的。人生短暂，所有的人都会离开我，我也会离开我所有的亲人，我应该接受这一事实。所以，即使我会受伤，但真正的爱，像丈夫与妻子之间、父母与孩子之间的这种爱，还是值得我去全情投入的。这样的人生才是真正有价值、有意义的。

通过系统学习、科学认知和不断实践运用，我们能对自己的情感有着更好地认识、管理和运用，更可以借助这个流程来管理别人和影响别人。这就是情商管理的重点。

人人都想要幸福，今天你幸福吗？或许幸福，或许不幸福。你有什么地方想改善的吗？我想一定有。所以，只要你有问题，你想去找答案，就一定会找到。Landmark 的中文意思之一就是"地标"，我相信每个人只要自己愿意，就都能找到自己情绪的"地标"。

第 5 部分
动起来，情绪好

第 1 节　走近托尼·罗宾斯

托尼·罗宾斯（Tony Robbins），美国著名的潜能开发专家，也是一位白手起家的亿万富翁。我第一次听到他的名字是在读大学的时候，那天我搭一位朋友的顺风车回家，他在路上给我放了一段托尼·罗宾斯的演讲磁带。我当时觉得他讲得挺不错的，语言风趣，案例生动，激励性非常强。在 Walkman（随身听）风靡的 20 世纪 90 年代，托尼·罗宾斯的专辑销量就已经远超不少流行歌手的专辑销量。近些年来，更有超过 400 万人听过他的现场演讲。

在做课程规划的那段时间，我一直对如何激发潜能非常感兴趣，当时看了托尼·罗宾斯的很多书，也非常想听一听他的现场演讲。于是，在休息的时间里，我陆续上完了他的所有课程。

我记得第一次上托尼·罗宾斯的课是在 2014 年年底，那是他的经典入门课程——UPW（即 Unleash the Power Within，释放内在能量）。

期间还有一段不得不提的小插曲。当时正值埃博拉病毒（Ebola virus）在非洲爆发，一位美国人从非洲回到达拉斯后，被确诊感染了埃博拉病毒。这成为在美国本土发现的第一例埃博拉病毒感染病例。所以那段时间达拉斯整座城市都笼罩在一片异常紧张的氛围中，而我们上课的地点恰好选在了达拉斯的会议中心。所以在这样的情况下，当我走进会场，看到里面将近两万个座位居然全部坐满的时候，心里还是感到非常震惊的。

托尼·罗宾斯的课程并不便宜，收费在1000～10000美元不等，远远超过一个当红流行歌手的演唱会门票价格。课程设置时间也非常有意思，在书面介绍里只注明了每一天开始上课的时间是早上7点，却没有标注结束的时间。我还特意询问了在场的工作人员，他们回答我说："这不确定，有可能是晚上10点，也有可能要到凌晨1点才能结束。"

这让我感到非常惊讶。一般来说，培训课程都是早上9点开始，下午5点左右结束，当中会有一段午餐休息时间。像这样从早上7点到凌晨1点，长达18个小时的培训，我还真的没有经历过。于是我不禁好奇地问工作人员会有几个人演讲。他们告诉我，主要是托尼·罗宾斯一个人演讲。这马上勾起了我的好奇心，因为要这么高强度地连讲三天，而且还要吸引住这么多的听众，难度是相当大的。

我完成了整个培训之后，发现托尼·罗宾斯在演讲这方面的确有过人之处。他可以在台上连续不停地演讲五六个小时，当中不喝水，也不上洗手间。我曾问过他身边的好几位工作人员，但都没有得到令人满意的解答，对于这一点我到现在仍然百思不得其解。

我记得第一天上课，他便一口气从上午7点讲到下午1点多，中间没有固定的午餐时间。他就在那里一直讲着，有时候突然说："让我们休息一段时间吧。"于是大家就得赶紧出来找些东西吃，然后再进入会场继续培训，直到晚上10点多才可能吃上晚餐；吃完晚餐后，又继续参加培训，到凌晨1点才结束第一天的课程。我从未有过这样的培训经历，所以那天给我的感觉也是刻骨铭心的——整个人饥肠辘辘，也非常疲惫，回去一碰到枕头就睡着了。

有了第一天的"惨痛"经历，到了第二天，我就买了很多食物放在身边，以备不时之需。然而接下来两天的课程并没有第一天的强度那么大。托尼·罗宾斯9点左右开始演讲，下午5点左右离开，剩下的时间就是看他以前的演讲视频。和第一天相比，这样的安排要轻松很多。

第2节　行动即情绪

第一天开场时，和其他演讲者类似，托尼·罗宾斯一上台就先讲了一段自己的故事：从小父母离异，母亲常常交往不同的男人，他小小年纪就居无定所。

小时候，他长得又矮又胖，但到了高中时期，却因为大脑里长了垂体瘤，使得生长激素分泌过度，在一年内竟然长高了17.8厘米。以现在的医学技术，如果及早发现，是可以通过手术把瘤拿掉的。但当时的技术还没那么发达，医生告诉他拿掉会造成一定的生命危险，所以直到现在，这颗瘤体仍然在他的大脑内。也正因为如此，他的身高达到了2米多，看上去非常高大壮硕。

讲完这段故事后，会场里响起了音乐，托尼·罗宾斯让大家站起来，一起跟着他跳舞，做各式各样的动作。这是他培训课程中的一个特色——每讲一段时间就让大家站起来和他一起跳舞。一开始，我非常不习惯这种形式，觉得这样有些傻乎乎的，坐着听就好了，怎么搞这么多花样？但是转念一想，既然来了，就应该完全投入进去。

既然要去尝试一件事情，就应试个究竟，而且最好要有浸入式的体验。

我发现很多人在尝试之前，已经在潜意识中否定了这件事情，所以即使尝试，也并不是真正意义上的投入，而没有投入的尝试在大多数情况下都会失败。然后，他就用这种失败来证明之前的尝试是不必要的。这并不是很明智的做法。

记得有一次，我和几位朋友一起去吃饭，其中有一个人说：“我最不喜欢生鱼片，我从来没有吃过。”我们当时鼓励他尝试一下。接下来，我们看到他用筷子在生鱼片上象征性地划了一下，然后把接触过生鱼片的筷子放在舌尖上尝了尝，说："这味道不好，我不喜欢。"

我笑着对他说："你起码得吃一块才能下结论吧？而且，你这次吃的只是三文鱼，还有其他那么多种类的生鱼片你没尝过呢。"类似这样的情况其实在每个人身上都发生过，其中包括我自己。看上去是在尝试，其实并没有真正地尝试过。

我当时就想：既然来这里上课了，就得完全进入状态。于是，我随着音乐认真地做起了动作。一天下来，我发现这和长时间坐着听讲座的效果真的截然不同。这也许就是托尼·罗宾斯能吸引几百万听众的原因之一吧。一天近18个小时的培训，如果一直坐着，可能真要睡着了。所以每隔一段时间，托尼·罗宾斯会让你站起来和他一起跳舞，这和他自己强调的一个观点是一致的：动力等于情绪。

第3节　找到心锚，调节情绪

我记得乔·纳瓦罗在他的肢体语言课程里也曾提出过类似的观点。他说，当我们沮丧或不开心时，肢体形态往往是头低下来，背有点驼，整个人会有些蜷缩。但如果我们心情好时，肢体又会是什么样的呢？胸会挺起，头也会不自觉地昂起来。

做什么事情能很好地改变自己的情绪呢？有些人喜欢以听音乐的方式舒缓压力，随着音乐舞动则更能令人心情愉悦。还有很多人喜欢运动，因为运动会促使人体分泌胺多酚这种天然的兴奋剂，长期坚持运动的人的肢体语言也会在不经意间变得富有朝气。因此很多医生常常会建议一些心理患者，如果感到压力很大，不妨出去走走，运动一下。

如果我们仔细观察就会发现，人在心情不好的时候，很少处在积极的运动状态之中；当你运动起来或全情投入另一件事时，心情自然会慢慢改善。这也在一定程度上说明了情绪是受自身动态影响的。

我的朋友沃伦·拉斯坦德也曾跟我聊过这个话题，他认为人的精力有点像钟摆，并不处于匀速输出中。每个人的精力都有旺盛的时候，也有耗尽的时候。当精力处于低谷时，你要想办法予以补充。这就有点像拳击比赛，哪怕是世界上最顶尖的拳击手，每打 3 分钟也需要休息一下，恢复体能。如果不休息，我想他连 3 轮都打不完。

沃伦·拉斯坦德在工作中也遵循了这一方式，他每工作 45—60 分钟便会休息 5—10 分钟，散散步，或者听听自己喜欢的音乐。等到精力恢复以后，接下来的一个小时又可以专注地投入到工作中。另一方面，每当遇到困难或烦心事的时候，无论这件事有多烦琐，他到了一个小时就会停下思考，出去走动一下，让自己完全放松之后再回去处理问题。

所以，无论托尼·罗宾斯、乔·纳瓦罗还是沃伦·拉斯坦德，都殊途同归地用各自的方法论证着情绪和动力的关系。而在 UPW 课程里，托尼·罗宾斯所讲的最重要的三点也在于此。

- 情绪是受身体动态影响的，动力往往会让你产生正面的情绪
- 任何你想做的事情，如果全情投入，获得成功的几率会大很多
- 寻找并记住能启发你正面情绪的"心锚"

试想一下，来一段自己非常喜欢的音乐，并且随着音乐跳动放松一下，你的正面情绪就会被调动起来。而经过运动放松以后，你也会更容易全神贯注地投入下一件事情的处理中。

成功的人往往会告诉大家，一定要找到自己的热爱！因为只有当你真正热爱了，才会全情投入，而只有这样，你才会有动力坚持下去，只有这样，获得成功

的概率才会更大。

回想以前心情不好的时候，我常常会跟自己说：不如想一些开心的事情，或者尝试说服自己。但后来我发觉，当你可以说出五个正面理由的时候，也可以说出更多令人担心的理由，在负面情绪下，人常常会越来越往坏处想。

光说不够，从托尼·罗宾斯这里，我学到的一个词是"生理"。当自己很烦躁的时候，我可以暂时不去想，先运动一下，当自己有了好的情绪再去思考，才会获得更好的答案。

所以托尼·罗宾斯说，动力等于情绪！除了动力这一招，还能怎么找到"好情绪"呢？他另外一个建议是：努力回想之前有特别好的情绪的时刻。

他当时还给我们留了功课，那就是回想一下自己最高兴的一天是什么时候？当时的情绪是怎样的？

这样的记忆每个人都拥有。我记得我最开心的时刻是斯坦福大学毕业典礼那一天。因为这对我来说，是人生中第一个真正意义上的里程碑。那一天，我穿着毕业礼服，手里拿着文凭，母亲站在我身旁笑得非常灿烂。我看到她这么开心，自己也很开心，这种感觉特别美好，到现在仍深深镌刻在我的记忆中。

托尼·罗宾斯说，当你回忆起那一刻的情绪时，可以体会一下身体的哪一个部位最有感觉，比如心跳加快、胸口开始膨胀，或者太阳穴发热等；当你找到这个特别的感觉之后，就用自己的手碰一碰这个部位，作为以后调动这种情绪的一个仪式性动作。

他说到的这点和神经语言程序学（Neuro-Linguistic Programming，简称NLP）颇有相似之处。其实这并不奇怪，在托尼·罗宾斯没有自成一家之前，他曾经做过一段时间的NLP讲师。在NLP中，这种做法被称为"心锚"，就是指为自己设立一个情绪上的锚，然后将它刻在记忆里，再体会身体某一部位的特殊反馈。等到你下次需要调动这种情绪的时候，只需要将手直接触碰这个部位，就可以将这种情绪调动出来，而不需要再花很长的时间去重复过去的步骤。

研究到这里，我感到特别兴奋，因为可以通过改写"情绪诱因"将坏的情绪慢慢删除，可以通过主动编写"情绪诱因"将好的情绪储存起来，而且等到需要全情投入的时候，还可以通过"心锚"这样的特定仪式（触碰身体某个部位）将它调动出来。有了这几样"武器"，岂不是对自己做任何事情都很有帮助？

我们都渴望成功，但成功往往并不是随随便便就能获得的。所以当我们真的很想做好一件事情时，必须要有好的心态，而且要全情投入才行。如果自己可以随时调动这种心态，那就更容易成功了。在这点上，托尼·罗宾斯结合 NLP 给出了一个实用性非常强的方法，那就是把最好的回忆和身体的某一部分连接起来，手初次碰在那里就把"心锚"播下了，要重新找回这种情绪的时候，手碰碰那里就可以了，这真的是非常好的办法。每当我遇到挫折的时候，会回想一下曾经拥有过的美好情绪，也能使用托尼·罗宾斯教给我的方法，帮助自己迅速走出低谷。

UPW 还有一个最出名的环节，名为"走火炭"。在课程的最后一天，每位参加课程的人员都会体验一次从炭火上走过的经历。我记得刚开始的时候，大多数人都不敢走，还有的人走到一半就走不下去了，这个时候，旁边会有教练不断地引导和鼓励他们，周围的人也会一直给他打气，确保他不会停留，因为一旦停留反倒是最有可能受伤的。

这次体验也让我深切感受到，人在面临恐惧时，往往会表现出两个特点，一个是害怕，下不了决心；另一个就是退缩，半路打退堂鼓。而这两点正是导致失败的主要原因。我走过火炭后回看，才发现火炭并不可怕，可怕的是自己的情绪不被自己控制，不受自己管理。

情绪管理是心理学的一个组成部分，我觉得非常重要，也非常实用，你拥有的学位再多，学历再高，如果没有很好的心态，每天都处在愤怒、偏执或者担忧中，你觉得你会过得好？所以，情绪管理应该被作为很基础、很普及的课程传授给大众，而且是用简单易懂的方式来向大众普及，让更多人受惠。

但令人惋惜的是，在我们的学校和家庭中很少甚至是没有人教过我们这些，更别说用浅显易懂的方式来教了。我在阅读经典书籍和向权威专家学习的过程中，接触到不少深奥的、专业的知识，同时也深有感受。这些教授、教练和权威专家不仅仅拥有系统深刻的理论，他们还努力把自己多年积累的案例和经验，用很好的方式传授给大家，让我得到学习和成长。

我把学到的这些知识在跟大家分享的过程中又简化了一下，一方面让大家更容易懂，另一方面也希望这些知识能让每个人都能学、每个人都能用。管理自己的情绪，重塑自己的思维，是完满人生必走的一条路。

第三章

改变思维，让思维决定情绪

引文
饱受精神创伤困扰的美国退伍军人

　　进入 21 世纪以来，美国先后发动了对阿富汗、伊拉克两国的战争。亲历过战争的士兵从前线回国后，很多人遇到了严重的生活障碍，无法融入社会。他们面临着就业困难、家庭破裂和战争在精神方面带来的种种后遗症，例如创伤后压力心理障碍症（Post-Traumatic Stress Disorder，简称 PTSD）。很不幸的是，这些从战场上回来的战士，很多都败给了 PTSD。

　　从 20 世纪六七十年代的越南战争开始，战后心理创伤的问题就始终困扰着美国社会，传统的治疗方法收效甚微。在军队中，最常见的治疗就是开药，所谓"头痛医头，脚痛医脚"，但心理疾病很难根除。加上很多药物有副作用，因此滥用药物也成了军营里和退伍军人面临的严峻问题。士兵们在战场上经历九死一生之后，身体上遭遇的创伤是可以愈合的，但精神上遭受的折磨和影响却是难以磨灭的，尤其是对死亡的恐惧、对血腥场景的记忆，甚至会成为困扰一些人终生的梦魇。生活在和平环境里的人们真的很难想象这一切。

　　如果药物真的能彻底解决问题的话，事态就不会那么严重了。根据美国退伍军人事务部（U.S. Department of Veterans Affairs，简称 VA）的调查研究，自 1979 至 2014 年间，每年死于自杀的美国退伍军人多达 8000 人。

　　在我参加的一个论坛上，一位曾参加过伊拉克战争的退伍军人讲述了他的经历：在一次执行任务时，他所在的小分队踩到了地雷，他亲眼见到最亲密的战友触雷身亡，身体被炸裂了，血肉横飞，他也险些当场毙命。

当时的情景实在太惨烈了，即使他退伍回国后也久久不能忘怀。每晚他只要一合上眼睛，脑海里就会不由自主地浮现出一幕幕场景，犹如无法抹去的烙印：在爆炸声响起的那一刻，一切都改变了，原来活生生的战友变成了四分五裂的残骸，有许多迸裂的血肉就落在了他身上。在那一瞬间，他是如此清晰地感受到，死神居然离他如此之近。他侥幸生还，但战友却不幸遇难；往日和战友们的记忆仍历历在目，如今却天人永别、阴阳两隔。夜深人静，但他的脑海中各种惨烈与温馨的场景如电影画面般此起彼伏，循环播放。一种深深的无力感和自责也在不断拷问着他：为什么他们都死了，只有我活下来了？与此同时，他整个人的神经绷得紧紧的，一听到周围有动静就如同惊弓之鸟，好像又回到了战场上。

身边的朋友和家人常常这样安慰他："不要这么内疚了，战争是无常的。""不要伤心了，你幸存下来就要好好活着。""不管是为了逝去的人，还是为了你自己、你的亲友，你都要好好活下去。"他也找过心理医生进行咨询和治疗，但效果却很有限。

俗话说，心病难医。要摆脱心理创伤，尤其是残酷的战争造成的痛苦，谈何容易。况且，这种痛苦对这位退伍军人来说也是有意义的，因为忘记过去就意味着背叛。他自己也知道，如果一直这样下去，酒精、药物和抑郁症随时都会摧毁自己，但他始终认为："我们也是战争中受害的一方，做出了那么多牺牲，却要面对世人对战争的谴责。如今还要我忘却我的战友们，难道这一切都是错的吗？为了他们，哪怕痛再多，我也要永远记住这一切！"

所以，即使在科技领先、军事力量强大的美国，在解决战争带来的精神困扰方面，依然力有未逮，从政府到民间普遍感到十分棘手。当我对人的情绪和精神有一定学习和研究之后，我认识到这方面起决定作用的就是我们的思维。如果要拥有好的情绪，我就得知道怎么去改变思维。这些学习和实践的过程，让我清楚地认识到：自己可以决定自己的思维，然后决定自己的情绪。

第 1 部分
NLP 如何影响我们的情绪

第 1 节 治疗师与退伍军人的疗愈对话

NLP 是神经语言程序学的英文缩写，它研究的是神经系统运作、语言和行为模式之间的联系。我在之前所提到的参加的那个论坛，就是属于 NLP 研讨方面的活动之一。

那次论坛上有位 NLP 治疗师，早年曾以军人的身份参加过越南战争，所以对于退伍军人的这一处境非常了解。他也曾亲身经历过 NLP 的治疗过程并从中受益颇多，因而非常相信 NLP 的奇效。在现场，他与上文提到的那位发言的退伍军人展开对话，并把 NLP 应用到对方的身上，尝试帮助对方。

"你还能想到事情发生的那一幕吗？" NLP 治疗师发问。

"当然！我每时每刻都能想到，我一闭上眼睛就能看到。" 退伍军人回答。

"你脑海中的这个战场画面有多大？" NLP 治疗师又问。

"很大，好像充斥着整个世界，四处都是火光、硝烟，还有爆炸的碎片，我被围困在里面。"

"那个画面的主色调是什么？"

这时，退伍军人两眼一闭，脸上的表情顿时变了，有痛苦，也有憎恨。"我看到我战友的血溅了出来，是红色的。鲜血浸染了我的军装，军装是绿色的。"

"你还记得黑白照片的样子吗？就像你小时候在爷爷奶奶家所看到的那种。那些照片有些年岁了，它们的颜色越来越淡。"看到退伍军人表情有些缓和了，NLP治疗师继续引导，"现在，请你把脑海里爆炸的那一幕也想象成黑白照片的样子吧。"

听到这里，退伍军人一下子平静了很多，尽管眼睛还闭着，面部神情有些紧张，但没有先前那么恐惧了。

"你还听到什么声音了吗？"治疗师接着问。

"我还听到了爆炸声、尖叫声！太可怕了，我的战友还在呼救。每次想到这些，我都会出一身冷汗。"退伍军人回答。

"那么，你记得马戏团里的小丑吗？小丑会发出怎样的声音？"

"是的，我记得。小丑的声音很滑稽，怪怪的。"的确，在马戏团里，小丑会把气球充满，然后吸一口气，当他再开口的时候，刚吸入的气体就会让说话声音变得尖细，非常搞笑。

在那一瞬间，退伍军人的脸上露出了一丝微笑。毕竟，我们小时候去马戏团留下的回忆往往都是相当美好的。哪怕现在他的注意力只是稍微转移了一下，但随着他不由自主地在脑海中配上小丑的声音，那硝烟弥漫的战场画面就变得完全不一样了。

于是，NLP治疗师开始总结性地引导："好，那我们来想想，你可以把这一幕的立体场景变成平面的吗？就像把它变成一张照片似的。你看，它变成黑白的了，变得旧旧的。然后你再想象一下，它变小了，渐渐地离你越来越远，一米，两米，五米，十米……你听，这里还有小丑的声音，这声音有点滑稽。"现场其他人也都很配合地安静下来，关注着这场对话。

过了一会儿，NLP治疗师微笑着问："你现在感觉怎么样？"

这时，退伍军人的语气已经没有之前那么激烈了，他缓缓地回答："哦，对，这就完全不一样了。我不再身处其中了，就像是在看以前发生的事情一样。"

第 2 节　重画记忆图像

NLP 的起源可以追溯到 1976 年，两位创始人分别是心理学家理查德·班德乐（Richard Bandler）和语言学家约翰·格林德（John Grinder），两人曾经都是加州大学圣克鲁兹分校的研究人员。他们研究了大量的心理治疗方法，得出了一些惊人的结论，并归纳成一套关于帮助人们达成人生目标和解决心灵问题的原理、方法及实用技巧。

N（Neuro）指的是神经，或者说神经系统，包括控制我们大脑和思维过程的神经，其实就是我们精神活动的载体，它从潜意识上控制了我们对外界做出的反应，包括我们的条件反射、逻辑思维和情绪反应等。神经系统就像一个控制中枢，有自己的运作方式。要知道，一个成年人的大脑约有 100 亿个神经元，但至今我们对大脑中神经元如何工作的了解程度，只是沧海一粟。

L（Linguistic）是指广义的语言，包括人与人日常沟通中用到的字句、音调及一切与之配合的身体动作，也包括我们内心的自我对话。例如那位退伍军人自己在脑海中构筑的战争场景。我们的想象也是一种语言。所以，语言有外在的表现，也有内在的存在，涵盖面非常广泛。观察语言能够让我们窥视到自己内在神经的运作方式。

P（Programming）顾名思义就是程序，指的是大脑和思维做出决定后，给我们下达的一套具体执行指令，就像电脑里的一套程序。如果我们很了解这台电脑内在，非常清楚这套程序，知道如何去改变它们，我们就有机会改变我们自己。

我们都知道，每个人心中有着很多根深蒂固的想法，所以我们常把自己的一些处事方式归咎于习惯，或者解释为天性如此。其实，这些想法的形成都是有原因的，也是如同程序化般的存在，实际上是可以被我们改写的。

所以首先我们需要知道，这些程序的相关信息是如何被输入的。

起初，我看了不少与 NLP 有关的书，觉得十分有趣，所以就想深入了解。当时适逢加州大学圣克鲁兹分校举办一个 NLP 成立 40 周年的纪念盛会，我的住所也离分校不远，所以我抱着在这方面找到合适的方法和领路人的目的，前去参加了这次盛会。

我曾经阅读过很多 NLP 方面的书籍，其中有两位 NLP 大师让我印象深刻。一位大师是被视为 NLP 第三位创始人的罗伯特·迪尔茨（Robert Dilts），他也是两位创始人的早期学生之一，参与撰写了很多 NLP 书籍。另一位大师是已故的著名精神病专家和心理学家米尔顿·埃里克森（Milton Erikson，1901-1980），他也是美国临床催眠学会的创办人兼第一任主席，被誉为"现代催眠之父"。

随着研究的深入，米尔顿·埃里克森有一个重大的发现——人其实是视觉动物。所谓"百闻不如一见"，视觉包含海量的信息，可以快速而直接地触动我们的大脑神经，引发我们的逻辑思维、记忆回路和感情反应，从而影响我们的行为模式。这也是我对 NLP 最重要的认识之一，而且按照以下三步应用到自己身上后，有了很大的收获。

第一，重组图像，更换记忆。

对很多来人说，年纪大了，记忆力容易下降，这仿佛是天经地义的事情。现代研究发现，事实并非如此。世界上有一群专门研究记忆力的人士，他们年纪越大，记忆力反而越好。的确，人的语言功能可能会随年纪增长而衰退，我们会记不起一些词汇，但我们的图像记忆功能还是非常活跃的。

这一点在那位退伍军人的身上就表现得非常明显。他对当时的诸多细节都记忆犹新，可以很准确地讲出军装和鲜血的颜色，还有战友身体破碎的样子，这些深刻的记忆成为他挥之不去的梦魇。

我们脑海中的图像到底是什么？这个问题很复杂，但有一点是很清楚的——我们脑海中的图像并非都源自真实的记忆。由于语言的存在，我们可以很容易地设想我们根本不曾见过的事物。例如我说，有一条猛龙站在游泳池的跳水板上，虽然你没有在现实生活中见过这一幕，但丝毫不妨碍你在脑内形成画面，而且也能清晰地体会到此情此景带来的玄幻甚至荒诞的色彩。

站在这位退伍军人的角度，如果能够把惨烈的图像替换成开心的图像，情绪自然也会随之发生变化。进一步说，我们只要把脑中的画面细节进行重新组织和调整，认知也就会随之焕然一新。

第二，运用图像，找到动力。

在当今社会，健康已经成为所有人关注的话题。健康饮食和规律运动的益处良多，对此我深有体会。可是，许多人明明知道这些益处，却并不付诸行动。或者，有时即使我们很想去做，也有时间去做，但往往做过一两次之后就虎头蛇尾、无疾而终了。这是为什么呢？

从NLP理论的图像角度来看，到底怎么才能让人产生行动力？可以有两方面的解决方案。

一方面，放大痛点，具象化痛点。在学习NLP以后，我会这样告诉自己：如果生活方式不健康，最直接的结果就是发胖。接着，我会在脑海中勾勒出一幅幅栩栩如生的画面，例如自己体态臃肿、大腹便便，走路气喘吁吁等。对我来说，这是不能接受的。这时对我而言，生活方式不健康的危害和严重程度已经不仅是一种文字描述了，而是完全立体的。既然我打心眼儿里不愿意接受这种情况，那么我会立刻采取行动杜绝其发生。

许多时候，我们忽视某些问题，往往是出于潜意识中将其默认为只是一个小缺陷，或者说这个缺陷很抽象。但如果我们将其推演成一个大问题，并用图像具体呈现出一个感同身受的真实场景，我们就会正视它的存在。

另一方面，放大快乐，具象化快乐。与上一个例子相反，我们也可以想想坚持健康饮食和经常运动的好处是什么。例如想象你拥有很棒的身材，穿着泳衣走在海滩上，成群的美女帅哥在旁边看，纷纷向你投以艳羡的目光。这会不会让你有更大的动力去做这件事情呢？

第三，图像引导，突破情感。

传统心理治疗的短板，往往依赖于通过语言交谈来达到治愈的目的。没错，我们可以通过语言来了解一个人的想法，从语言里试图找到问题的症结，再通过语言进行循循善诱的引导。但是，每个人在语言表达方面会有很大的差异，而且很多人不愿意正面直视自己的心理问题，也就不愿在这方面进行过多描述，所以仅靠语言进行治疗是远远不够的。

NLP 提倡的就是直接从视觉介入，把图像植入对方的脑海中。因为图像是中立的，一般不带有鲜明的立场或批判色彩，所以被引导植入图像的人一般不会抗拒。回顾上文那位 NLP 治疗师的策略，他也没有直接告诉退伍军人"事情已经过去了，别去想了，要看未来"等，因为这位退伍军人存在着情感屏障，即使说了这些话也不容易被他接受。

于是，NLP 治疗师试图用图像去引导对方。他启发这位退伍军人构建的每一幅图像，都与其痛苦无关，不与其观念认知产生冲突，没有抵触，但是每一步都能准确定位到对方的痛处，潜移默化地突破了他的情感屏障，于是痛苦便会像彩色照片变成黑白照片那样，慢慢地"褪色"，慢慢地淡化。

第3节　沟通要多感官进行

人们一般通过视觉、味觉、听觉、嗅觉和触觉这五个感官频道来获取信息。所以，如果我们善于利用他人喜欢的感官频道进行交流，就能成为影响情感的大师。

NLP的研究者发现，每个人都有自己常用的一两种感官频道。如果仔细观察，每个人都有自己偏好的"感官用词"。例如，一些人会在表示怀疑时说："他看上去不是很老实。"而一些人则会说："这件事听上去感觉不太真实。"尽管两者所表达的意思接近，但前者说的是"看上去"，而后者说的是"听上去"，所以他们在接收信息和与人沟通时用到的感官频道分别是视觉和听觉。

基于这样的研究，我们要用心去观察对方经常用哪些感官用词，才能"对症下药"。所以说，善于掌握对方的感官用词，在对方感到舒适的频道中进行交流，是说服别人和增强对方信任的秘诀。比如对方问你："听起来感觉如何？"你就不应该说："这件事情看上去不错。"而是说："我觉得他讲的东西听起来还是有一定意义的。"这样你才能更好地影响对方。

说到如何影响别人，"摆事实，讲道理"在很多人看来是天经地义的，也是我们尝试说服别人的常用招数。然而，人的大脑既有理性的一面，也有感性的一面。感性的反应不但比理性的反应更快，情感的影响还能直达神经系统的深处，使得我们在很多时候所做的决定都来自情感因素。因此，善用逻辑只是沟通中的一环，唤起感性的认同才能让沟通变得更高效。

我在运用NLP以提高沟通技巧这方面做了很多尝试和实践，比如在法庭做志愿调解员。在调解过程中我发现，很多人打官司其实不是为了争个是非曲直，而是出于情感的宣泄需要。就像我在前文中提到的那桩房东和房客之间的纠纷案，房客被房东扣了一些押金后感觉很不爽，即便已从美国搬到加拿大，却为了讨回区区几百美元，专程从加拿大飞回美国打这场官司。这有点像我们中国人所说的"人争一口气，佛争一炷香"。

我在调解时发现，跟这位难缠的房客讲道理是不会有成效的。在他看来，金钱事小，原则事大。他表示，如果连这样的事情都不能制止，我们这个社会就真的没救了。他还说："如果我妥协了，那我也就成了一个没有原则的人，我不要做这样的人！"所以，他不仅完全不肯让步，还认为这件事情触犯到了他的人格底线，一定要将官司进行到底。

我在那次调解中应用了 NLP 的技巧。我很清楚，一直反驳他是不会有用的，但我可以让他的注意力转移。我问他一些需要想象的问题，而且试图给他描绘一些图像："假设这件事情一直没有得到解决，而是僵持下去，那么两三个月后会是什么样的情形，你想过没有？""你有没有想过你得来回飞好几次？你想过每次都要从加拿大飞到美国，再从美国飞回加拿大的场景吗？"

随着双方对话内容越来越多，越来越具体，我还了解到了一个关键的信息：他平时工作很忙，而且还要在加拿大考一个高级工程师的资格证。所以我就问他："如果继续打官司，你能想象到这会对你参加如此重要的考试产生什么样的影响吗？到那时候，情景会是怎么样的？"这时候，我发现他开始动摇了。

接着，我趁热打铁地说："我并不是想要你改变决定。请你想象一下，当我们走出法院，一抬头就能看见蓝天，你会觉得轻松和自由，再也不被这件事情困扰了。你能看到这个美好的画面，然后调整自己吗？"这时候，他终于表现出了认同。

进入 21 世纪以来，"数字化生存"已经成为我们生活的常态。但实际上在很多情况下，我们会发现用数据来解释某事某物时，它的能力也是有限的。就如同上述例子中，明明打官司的成本远大于房客可以拿回来的押金金额，从数据角度来说这肯定是不划算的，可他为什么还是要非打不可呢？

有了这些真实而又深刻的实践，我深刻地体会到"摆事实，讲道理，谈逻辑"在很多场景下是行不通的。NLP 则是另一个很好的方法，通过触发不同的感官，通过改变他人脑海里的图像，进而改变对方的想法。

在此基础上，移动也能改变人的想法。当我们觉得自己很有道理，尤其是在固执己见时，显著的肢体动作就是用同一个姿态一直站在同一个地方，动都不想动，仿佛只有这样才能表现出自己的坚定和不动摇似的。这时候如果能有机会让这个人走动一下，可能他就会有更多的机会来重新考虑一下自己的观点了。

所以，现在我在NLP的应用方面又有了新的进展：我已经学会不只运用图像，还会考虑到行为和场景。例如面对一个很苦闷的人，我会请他走几步到另外一个地方，然后问他："请设想一下，当你走了这几步到这里的时候，你烦恼的问题已经解决了，是不是很开心？你想象一下这个开心的画面……"然后我会继续引导对方："你再想想，在现实中你做哪几件事情可以帮你解决烦恼，就如你走的那几步那样。"

这方面的感触，也让我更加清晰地理解了素质拓展训练中一些项目的设计用意所在，比如攀高之后在空中抓杠。要知道，用于攀登的杠杆又细又高，随风摇来晃去，人每往上爬一步都是颤颤巍巍的，心有余悸。但此时教练会大声喊着让你大胆往上爬。其实如果你是创业者，这时候不妨代入一下，把攀登的每一步都想象成创业时的困难或风险，例如：家人不支持怎么办？融资失败怎么办？找不到好的团队怎么办？客户不喜欢产品怎么办？别人跟我恶性竞争怎么办？……

当你攀登到最高处，张开双手，往前一跃，抓住身前的杠子——这是一项很大的挑战，但成功之后也会获得很大的成就感。在接触到NLP之前，我一直以为这个项目是用来帮助人们克服恐高症的，但现在我却了解了深藏在其中的隐喻意义，它其实是一种比喻、一种引导，这和NLP通过改变脑海图像进而改变心态的做法是相通的。

沟通是我们必须学会的一门功课。通常我们评价一个人情商很高，很多时候就是指他很会说话，三言两语就抓住了别人心里的要点。听那些最好的公开演讲，其过人之处不外乎是能用一些生动的描述，由浅入深，以小见大，把一些你可能本来就知道的道理，真正讲到你的心坎里，触发你情感的共鸣。NLP的成功之处，就在于将这些看似抽象的技巧变为实际的操作方法。

第 2 部分
做一个会讲故事的人

第 1 节　美国故事大王唐纳德·戴维斯

当今社会的交流手段多极了，人与人之间常见的沟通方式就是发微信、写邮件等，交流的往往是一些比较片段化的信息，我们给别人讲故事的机会越来越少。但是要知道，要想真正感染对方，还得靠讲故事。从事市场营销的人都知道：最牛的营销不是售卖商品本身，也不是售卖商品品牌，而是售卖一个故事。在很多情况下，人们其实不是在买产品，而是在买产品表达出来的故事，买这个品牌所代表的意义和背后的故事。

谁不喜欢听故事？对故事的热衷可以说是人的天性之一，我们喜欢赋予每样东西一个故事、一份意义。在一个接一个的故事里，我们认识了这个世界和社会，也试图用自己的想法去影响别人。如果你想要做一件大事，那你就需要很多人的支持，需要协同很多人一起完成，需要引起很多人的共鸣并激发他们的信念和力量。

靠什么可以做到这点？那就是——讲故事，讲好故事，成为一个能把故事讲好的人。

正如之前所说，Landmark 的课程给我带来了很大的启发。它让我了解到，很多后天的"情绪诱因"都形成于小时候不经意间的一个或多个事件。想要彻底消除某些"情绪诱因",就需要重新改写那些深植于大脑的故事。到底该如何更好地改写和讲故事呢?我找到了唐纳德·戴维斯(Donald Davis)。

唐纳德·戴维斯是美国著名的"故事大王",他是一位60岁左右的白人,戴着一副眼镜,留着长长的山羊胡子。他曾经是一名牧师,服务教会20余年。由于在讲故事方面有高超的技巧,他在美国获奖无数,并录制了几十张故事专辑,出版了很多本畅销书,逐渐将兴趣发展为专业,成为一名专业讲故事的人。

在美国,他开设有专门的课程,教大家如何讲好自己的故事。2014年中,我报名参加了唐纳德·戴维斯在犹他州盐湖城开设的故事课程。

犹他州是美国著名的滑雪圣地,而且距离加州并不是很远,我曾去那里滑过雪,但首府盐湖城却是第一次来。刚到盐湖城时,我觉得它和美国任何一个大城市一样,并无特别之处,唯一显眼的可能就是伫立在市中心的摩门圣殿了。

这里是美国摩门教的大本营。到现在为止,摩门教的历史也只有短短的100多年,却拥有超过1500多万信众,其中不乏很多成功人士。我在哈佛商学院时就曾听说,学院有三个"M"最多,第一个"M"指军人(Military),也就是军队出身的人最多,第二个"M"指来自麦肯锡(McKinsey)的人最多,第三个"M"(Mormons)便是摩门教徒最多。当时的任课教师中,有好几位都是摩门教徒,比如《创新者的窘境》一书的作者克莱顿·克里斯坦森(Clayton Christensen)就出生在一个典型的摩门教家庭。

摩门教徒一直以来都以重视家庭、严于律己以及团结互助的特点闻名于世。对他们来说,繁衍是一项重要的宗教使命,所以几乎每个摩门教家庭都有5-10个孩子,这在当代社会是极其罕见的。摩门教徒非常崇尚积极奋斗,再加上人口众多且团结互助,所以成功的概率就自然也会提高很多。

当我最初了解到唐纳德·戴维斯将课程开设在盐湖城时,心里多少有些疑惑。要知道,犹他州可是美国单一宗教比率最高的州,超过70%的当地居民信仰摩门教，而唐纳德·戴维斯又曾是基督教的牧师，这听上去多少有些怪异。

另一方面，也许是我的很多同学和老师都是摩门教徒的缘故，我对这个摩门教徒最多的城市还是非常期待的。等我走进课堂时，那种进入大本营的感觉就更强烈了。除了我之外，30多位学员几乎都是摩门教徒。非但如此，我还是学员中最年轻的。放眼望去，课堂里坐的绝大多数都是满头银发的老奶奶，男性少之又少。

不过，有了前几次"少数派"的经验，我也并没有感到惊讶，并且很快就和身边的学员攀谈起来。

第2节　讲好自己和家族的故事

摩门教徒会把自己家族的成员名单悉数列出，这无形中为他人提供了便利。现在，如果一个美国人想要找寻自己的亲人，或是想要了解自己家族的来龙去脉，通常会去摩门教的官方网站搜索相关资料，因为那里保存着全美甚至是全球最齐全的家族资料库。

在当今的美国，很多人也开始热衷于寻找自己家族的源头，探寻祖先的历史足迹。我有位朋友名叫托马斯·佩恩（Thomas M. Paine），是位非常知名的公共空间和景观设计师，还写过一本关于城市开放空间的书《有心的城市》。他曾经在中国工作过，非常喜欢中国，给自己取了一个中国名字叫潘德明。

潘德明所属的佩恩（Paine）家族在美国有着非常重要的历史地位。他的祖先罗伯特·崔特·佩恩（Robert Treat Paine）是1776年美国《独立宣言》的56位签署者之一，是美国的开创者及政治家，同时也是马萨诸塞州第一任大法官，在马萨诸塞州废除农奴制度的过程中发挥了非常重要的作用。

潘德明告诉我，小时候家里的墙上一直挂着一份《独立宣言》，他每次经过走廊时都要停下来看一看祖先在上面的签名，这也成了他儿时记忆里最深刻的部分。后来，父亲送给他一本写于 1912 年的记载家族历史的书，引发了他对家族史探索的热情，所以从那时起，他就决定要将这本书延续下去，挖掘出更多关于祖先的历史并填补进去。

互联网时代为信息搜寻带来了便利，潘德明养成了经常到摩门教官方网站寻找各种家族成员"蛛丝马迹"的习惯。另外在美国还有不少类似于族谱网等专门以帮人寻找家族成员盈利的网站，只要把自己的信息输入并支付一定的费用，网站就会提供具体的家族成员联络信息，再经过一番核查和联系后，就可以找到远比自己目前所知更多的家族成员了。

潘德明曾在网购平台 eBay 上购买到两本著作，都是家族成员在 19 世纪中期出版的。近几年来，潘德明在书籍方面又有了很大的收获，就是在网上搜寻到太祖父约翰·布兰特·佩恩（John Bryant Paine）在 19 世纪写的一本航海日志。这本航海日志目前仍然被完好地保存在马萨诸塞州的皮博迪·埃塞克斯博物馆（Peabody Essex Museum）。潘德明后来去了这家博物馆，并且找到了这本日志。

潘德明还发现，佩恩家族与中国渊源甚深。约翰·布兰特·佩恩曾在 1809 年去过中国，并在广州逗留了数个星期。在那里，他的贸易公司和广州当地的洋货商行做了不少生意，他由此结识了当时的中国首富伍秉鉴（很多西方媒体认为伍秉鉴是当时的中国首富）。而伍秉鉴后来出于对约翰·布兰特·佩恩的信任，也成为第一位在美国投资的中国商人，并在 1830 年投资 100 万美元用于美国的铁路建设。

潘德明告诉我说，他不断地为自己的家族寻找着历史印记，到目前为止已经填补了整整 12 代。通过了解自己祖先的事迹、著作和报道再到整个家族发展的历史，他可以知道自己从哪里来，他的祖先在当时做了什么事情，又和其他人的祖先有着什么样的关系……这能让自己和其他人及其家族产生连接，而这种连接的感觉是非常重要的，使人更有存在感，也更热爱自己的家人和家族。佩恩家族最特别的一点就是，他们的家族历史和美国的国家历史是紧密相连的，也让他对美国更有认同感。

潘德明从不认为自己是家族的主人，更多时候把自己定义为家族的管理人。他几十年如一日地孜孜投身于家族史研究，同时也致力于把积累下来的宝贵资料传承给下一代。他的孩子们在成年以后也都对家族史非常感兴趣，先后参加了独立宣言签署人后代发起的一个组织，为不同家族之间的连接起到了非常重要的作用。

潘德明对家族历史的探寻，让我非常敬佩。要知道，我们中国人也非常注重民族文化传承，也很讲究以血缘关系为纽带的家族文化。然而近几十年来出于各种原因，这种家族文化的观念却慢慢淡薄了。就拿我自己来说，对家族的了解仅限于小时候听祖父讲起的故事。我的祖父是从湖南来到上海从事茶叶生意，但再往前追溯呢？我就不是很清楚了。

对于我的这种实际情况，大多数学员还是感到挺惊讶的。因为在他们心目中，中国是一个有着几千年历史的文明古国，但我这个中国人却对自己的祖先几乎一无所知，这对素来重视家族历史的摩门教徒来说，多少有些难以理解。

我在深入了解了摩门教的家族观后，也明白了唐纳德·戴维斯将课程设在盐湖城的用意。他教授的是如何更好地讲述自己和家族的故事——如果我们不知道自己是从哪里来的，也不会清楚自己要到哪里去。

第 3 节　如何讲好一个故事

我本以为唐纳德·戴维斯这位故事大王的授课方式应该是非常生动有趣的，但事实上并没有什么特别之处。当然，他常常会在课上穿插着讲几个故事，那时我们总是听得津津有味。

在一周的课程里，前两天唐纳德·戴维斯会教我们一些理论知识和基础练习。后面三天就会让每一个学员试着讲自己或家族的故事，在这过程中他会给予建议和指导，由此让故事更为丰满有趣。

令我印象深刻的是，从第一天开始，他就强调了叙事技巧在故事中的重要性。他说，人们对讲述的普遍性误解就是，认为好故事就一定要有精彩的内容，如讲一些异国风情或是普通人从来没有的经历等。这些故事的确引人入胜，但并非都是好故事，听众只是听个新鲜，吸引他的是内容，而并不在意你是如何讲的。而那些善于讲故事的人，讲的往往是每个人都可能经历过的平淡无奇的事情，却会让你忍不住想一直听下去，这才是真正的讲故事。要讲好这样的故事，是需要一定的叙事技巧的。

在如何讲好故事这方面，他重点讲了两点：

第一，讲故事不能只靠视觉。

为此，他带我们专门做了户外练习。当地有一座摩门教富商捐献的花园，风景优美，在当地非常有名。我们被带到这里，被要求闭上眼睛去感受周遭的一切。

唐纳德·戴维斯告诉我们说，绝大多数人都是视觉动物，只是习惯于用视觉来观察世界，而不是因为其他感官不发达。所以当你闭上眼睛，也就意味着超过80%的外界信息会被隔绝，而这个时候，也正是你发挥其他感官特长的时候。

对大家来说，在讲述故事之前对场景进行一定的观察是非常必要的，比如我们会说某某坐在我面前，他看上去气色不错，人很精神，等等。但现在的情形是根本看不到，那又该怎么办呢？

此时唐纳德·戴维斯教给我们的第一个练习方式，就是闭着眼睛在花园里行走，然后不断用语言去形容自己感受到的东西。比如，你闻到了什么，触摸到了什么等，甚至还可以摘下一片叶子或一朵小花，放进嘴里尝一尝，然后把这些感受记录下来。

这样的练习对我来说，既有新鲜感，又有点似曾相识。一方面，我从来没有想过闭上眼睛走路会是怎样的感受，而在练习过程中我也发现，其他感官在视觉被阻断后明显地敏锐了不少，比如我会闻到一丝细微的花香，或很清晰地感受到叶子的纹路在手掌划过的感觉，那是以前我往往会忽略掉的细节。另一方面，这好像又和荷兰冰人维姆·霍夫的理念有些相似。他那时教我们脱掉鞋子，用脚去感受大自然，其实是一样的道理。

这仿佛为我打开了一扇全新的大门，让我找到了在讲故事方面的一个更全面的指引：不再是靠眼睛观察或只讲述自己看到的东西，而是有机会全方位地进行感受和表达。

第二，讲故事要注重情绪连接。

人与人之间沟通交流时，最先能感知到的就是对方的情绪，也就是所谓的"感觉"或"心理感受"。但我们绝大多数人讲故事都是讲解式的，而且讲解的方式也趋于单一化，并不能很准确地把心中的感受表达出来。可是，当我们回顾那些让人印象深刻的真正精彩的故事，就会发现这些故事都让我们产生情绪共鸣，有时甚至会引发自己的深层次感受。

于是，从第三天开始，唐纳德·戴维斯便陆续让学员们用这样的新方式，重新演绎自己的家族故事。

一位女性学员讲述了她奶奶的故事，给我们留下了深刻的印象。奶奶是一个非常勇敢的人，年轻时跟着爷爷一起去西部拓荒。有一天，几个印第安人闯进了家中。这时候，爷爷恰巧外出办事了，不在家中。奶奶刚生完孩子没多久，正是身体虚弱的时候，听到动静不妙，警戒心很强的她赶紧抱起孩子，蹑手蹑脚而又迅速地躲进了隐蔽的地下室里。几个印第安人破门而入，发出巨大声响和嘈杂的叫嚷声，使得襁褓中的婴儿受到了惊吓，噘起嘴就要哭闹。就在这千钧一发之际，奶奶根本来不及细想，本能地用手遮住了孩子的小嘴。而此时几个印第安人仿佛也不想就此草草收兵，而是在房间里搜索了很久，最后才悻悻离开。这段时间对奶奶来说，仿佛有几个世纪那么漫长，因为如果当时被印第安人发现，可能今天就不会有她的存在了，因为，奶奶怀中的婴儿正是她的父亲。

故事讲得非常精彩！这位女性学员大概70多岁，已经是祖母辈了，但当她讲起这个故事的时候，声情并茂，神采飞扬，眼中闪烁着灵动的光芒，让人感觉到整个人都光亮起来。在场的所有人仿佛也受到她的感染，在她讲完之后响起了如雷的掌声。

轮到我讲述时，我说："我来到这里，本来只是想学习如何讲好一个故事的。我目前还没结婚，更没有孩子，对自己家族的故事所知甚少。然而在这几天里，我渐渐认识到，我有义务把家族的记忆重新找回来，并传承给下一代，我需要做一座祖先和后代之间的桥梁！"

的确，家族的存在如果只剩下一个姓氏，那还有多大意义？每个家族都有各自的故事，一代代的故事构成了家族特有的文化。海内外华人习惯于自称"炎黄子孙"，就是指我们都是炎帝、黄帝的后人，对共同始祖的尊崇也体现了我们对中华文化的认同。中国古代儒家思想就注重以家庭为单位，以宗法为纽带，把人们凝聚在一起。

对当今时代的我们来说，我们因家族这个纽带产生出千丝万缕的血缘、感情和历史联系。我相信随着时间的推移，越来越多的中国人会像潘德明那样，在逐步寻找答案的过程中发现很多有趣的故事，想明白自己的使命和未来该做什么，也一定让炎黄子孙更加团结和强大。

第 4 节　做大事的人都会讲故事

课间休息的时候，我和唐纳德·戴维斯闲聊了几句。他说："看上去你对讲故事挺感兴趣的。下半年会在田纳西州举办一年一度的全国说故事节（National Storytelling Festival），你想不想去看看？"

我第一次听到还有这么一个节日，很是好奇。唐纳德·戴维斯很耐心地告诉我，这个节日创立于 1973 年，至今已有 40 多年的历史，最初是由田纳西州琼斯伯勒中学的一位老师发起的。到现在，来自世界各地的爱好者都会在每年 10 月份前来参加这个盛大的节日。"如果你想听最精彩的故事，去那里一定错不了。"唐纳德笑着对我说。

听他这么一说，我当然不想错过这个盛会。在结束课程回去后，我查看了一下行程，发现那个时段正好有空档，于是马上预定了机票。

不久，我从旧金山乘飞机抵达田纳西州的三城机场（Tri-Cities Regional Airport），再转乘汽车来到了琼斯伯勒镇。从人口稠密的旧金山，一下子来到了这个只有 5000 多人的南方小镇。

琼斯伯勒镇非常小，镇中心只有两条狭长的街道。和美国其他小镇不同的是，它并没有被各式各样的美式连锁餐饮所占据，镇里都是一些很有年代感的家庭式商铺。我漫步其中，仿佛有种穿越历史的感觉。

小镇上只有几个小旅馆，所以赶来参加节日的人都住在当地人的家里。我当时给故事节的主办方打电话，申请了三天的住宿。他们给我提供了一份名单，里面列有一些当地家庭的联系方式。这些家庭愿意在故事节期间将空置的房间出租，而且租金非常便宜。我联络到一对老夫妇，他们回复说非常欢迎我入住。于是我一抵达琼斯伯勒镇，就先去了住的地方。

老人们对我非常热情，专门嘱咐我："你出去的时候不必锁门，只要把门带上就行,防止小动物闯进来。"我听了以后非常惊讶,在美国居然还有"夜不闭户"的地方。

小镇的饮食习惯让我有些不太适应。这个南方小镇遵循的饮食习惯,还是南方那种以油炸食品为主的口味。琼斯伯勒镇总共只有两家饭馆,菜式几乎一模一样,肉是油炸的,薯条是油炸的,如果你不想吃油炸食品,那就只有汉堡包和热狗了。

全国说故事节为期三天,三天中会一下子涌入上万人,其中80%是美国人,让小镇显得非常热闹。在镇中心一片空旷的草地上,密密麻麻地搭设着十几座巨大的帐篷,你可以随意进入任何一个帐篷。每个帐篷里都有各式各样讲故事的人,你可以听到各种不同的故事,有讲鬼故事的,有讲科幻故事的,有讲家族故事的,有讲笑话的,也有讲个人经历的。

在形形色色的故事中,一个有名的故事家绘声绘色地讲他小时候的一段经历,给我留下了深刻印象。在下面的故事里,我姑且称他为汤姆。

汤姆十几岁时开着自己家的卡车出去玩。晚上他和朋友喝了些酒,借着些醉意,便想搞个恶作剧。他们讨论一番后,将目标锁定到小镇的警察局长身上。其实,镇上当时总共才两名警察,他们晚上通常会光顾镇上唯一的一家小吃店。

圣诞老人有几头驯鹿?九头还是十二头?但不管怎样,汤姆和朋友各自找了套驯鹿装,比如鹿角头饰、带毛的衣服等,装扮成圣诞老人的驯鹿。两头"驯鹿"跳上了一辆卡车,开着车缓缓从小店门口驶过。在昏暗的路灯下,加上鹿角的阴影遮挡,远远望过去,就跟车里真的坐了两头驯鹿一样。但是很遗憾,两位尊敬的警察先生正在聊天,没有注意到他们。

汤姆他们当然不死心,掉转车头,第二次从小店门口开过。这次他们如愿以偿,果不其然地被警察发现了。当时是凌晨1点左右,你可以想象到,警察远远地看到两头驯鹿坐在卡车的驾驶座上,大摇大摆地开着车缓缓经过时,是多么惊讶,脸上的表情是多么丰富。但是，警察并没有出声。于是，他们又来了一次，第三次开车从小店门口经过。

这一次，两个警察再也坐不住了。他们"噌"的一下跳了起来，嚷嚷着钻进警车，开始追赶这辆该死的卡车。当然，接下去就是惊心动魄的追车场面了，你追我逃，好不热闹，一如许多电影中的桥段那样。两个小时后，汤姆和他的朋友仗着对周围环境比较熟悉，终于摆脱了牛皮糖一样跟在后面的警车。

随后，他们赶紧脱下驯鹿的衣服，换上了另一辆车。这时候天快亮了，他们忙碌了大半夜，打算吃点东西垫垫肚子，就来到了镇上唯一的这家小吃店，却发现两个警察也在。于是他们假装自然地过去打招呼说："警察先生，早上好！咦，你们怎么气喘吁吁的？看起来有点不对劲啊。"

其中一位警察说："昨天深夜发生了一件事情，但我要是说出来的话，肯定没有人会相信我。"汤姆假装一脸好奇地催问："没问题，尽管说就是了。看你的表情，好像是发生了什么刺激的事情。"另一位警察适时接上了茬儿，大声嚷道："说出来你们也不会相信，我们一整晚都在追两头开卡车的驯鹿！"

说到这里，故事便戛然而止，台下爆发出一片笑声。

唐纳德·戴维斯曾说起，人们常常会误解"天赋"这个词，认为有些人能把事情做得特别好，靠的就是独特的天赋。比如这个人很幽默是因为天生就有幽默感，那个人画画不错是因为有绘画方面的天赋。当然，天赋的确有，但成功更多时候其实是源于努力。

比尔·克林顿（Bill Clinton）是一位公认的非常会讲故事的总统。很多人都认为他拥有高超的演讲才能，既全神贯注，又懂得倾听，用词准确、大气，肢体语言也恰如其分。难道这些都是与生俱来的吗？

当然不是！比尔·克林顿小时候家里非常穷，每天晚上唯一的乐趣就是和家人围坐在一起，听长辈们讲故事。所以，他从小就知道，如果想要被成年人关注，就要会讲精彩的故事。但一个小孩子能有什么了不起的经历呢？所以他就用心琢磨，怎样才能把日常小事讲得趣味盎然。

我想，唐纳德·戴维斯也应该是这样，他的经历未必惊天地泣鬼神。但他就有本事把那些看上去平淡无奇的内容，讲成每个人都愿意听的故事，这才是真正的讲故事能力。我在全国说故事节上见识了那么多高手，在敬佩之余，也非常赞赏他们那种不断钻研、坚持练习的专业精神。

讲故事的能力对人类来说是很重要的。在很长一段时间里，在我们还没有文字的时候，人与人之间的沟通其实就是靠语言。语言并不只是传达那些已经存在的信息，更重要的是能够传达一些抽象的、虚构的信息。

从某个角度来说，人与人之间的关系其实存在于人们一起编织的大故事之中，人们对这个故事的各个方面有了认同或不认同，各种关系也就随之形成了。例如法律，它实际上就是某个国家的人用尽智慧编撰出来的一个"故事"，并且绝大多数人都认可并愿意执行。它并没有绝对的对与错，如果放到其他国家可能就不被认可，或者如果拿一百年前的法律和现在的法律进行对照，也会发现两者之间有着很大的不同，可能一百年前某些被认定是犯罪的行为放在现今时代反而是合法的。

人与人之间怎样建立良好关系并传递情感？这实际上就在于你怎样让你的故事和对方的故事能更好地互通。时代在改变，故事也会不断改变，怎样才能真正学会"讲好自己的故事"和"理解别人的故事"，就变得越来越重要了。

第 3 部分
随机应变,我不是我

第 1 节　跳出自己的盒子

2014 年的时候,我在硅谷又学习了一门课程叫"随机应变"(IMPROV,也叫即兴表演)。这门课程简单来说,就是用"是的……然后"(即"Yes…And")串联起来的一种表演形式。

当我们跟别人沟通的时候,常常会说"是的……不过",模式是:对!我了解你所说的,不过我有自己的观点。IMPROV 的课程规定就是这样,不管别人说什么,你一定要以"是的"开始,并且一定要做到"不要让对方显得傻"。比如,一起表演的小伙伴一上场就喊你"老妈",那么即使你是个 1.9 米高且长有一脸络腮胡的胖子,你也得表现出他老妈应有的神态表情、动作反应和说话方式,至少也得像那么回事,而不能在人家喊你老妈的情况下,你非说我不是你老妈,那就没法演下去了。接着用"然后"进行连接,转而讲述你们共同创作的故事,这就给了表演者很大的创作空间。

比如其中一位说:"见到你真开心啊,企鹅先生!最近好吗?"

这时,另一位就要迅速跟上:"是啊(Yes),我很好。然后(And),北极熊先生啊,我很高兴你的女儿嫁给了我的儿子,现在我们从世敌成为朋友了。"

整个表演过程就需要一直这么"是的……然后"地接龙下去。而且IMPROV表演事先是没有剧本的，全靠表演者临场应对。当剧情一路反转下去时，场面经常会变得非常有趣好玩，让人忍俊不禁。

对于我来说，在学习完微表情和肢体语言课后，很长一段时间都会非常注意观察周遭的人。我后来就渐渐发现，绝大多数人往往会在不经意间给自己定型。比如，如果我是一名进出大城市中心商务区的白领，那么无论外形打扮还是行为举止都会下意识地往这一形象上靠拢。久而久之，每个人都会形成一种习惯，如果偶尔做一些不符合内心形象的事情，就会觉得不适应。

很显然，这种习惯会限制住自己的思维。硅谷里的企业家常常挂在嘴边的一句话"Out of Box Thinking"，直译就是"跳出思维的盒子"，也叫"多元思维"。真正的创新往往需要先突破自己，跳出所在的盒子，才会有真正的效果。

从自己给自己设的盒子里跳出来！这就是我学习IMPROV的最主要的原因。

课程一开始的那段时间，会有各式各样不同的模拟练习。比如模仿一只猫去射箭，或是模仿猫使用电脑。IMPROV的课程设置是每十周一个进阶。到第二个十周时，我们就可以正式上台表演了。在此之前，我从未有过舞台经验，因此刚开始的时候，我一上台就很紧张，一是怕想好的内容忘记了，二是担心万一接不上同伴各种稀奇古怪的"是的……然后"怎么办。但IMPROV的最大特点就是"即兴"，我必须把"事先准备"这类想法完全抛诸脑后，这对我来说很有挑战性。

练习了一年多以后，我逐渐可以脱口而出了，甚至有些时候还能顺口开几句玩笑。每当看到台下的观众哄堂大笑的时候，我的心里还是很有成就感的。

第2节　敢于担当任何角色

到现在，我按IMPROV的要求做练习和表演已经有两年多了。在此过程中，我有了不少收获。

第一，IMPROV 有助于突破固有思维。

每个人在生活中都会给自己下定义，贴标签，诠释"我是谁"这个故事。所以我们往往可以一眼就分辨出谁是老师，谁是企业家，谁是家庭主妇。而 IMPROV 最大的特点就在于：你没有任何身份的标签，你随时可以成为任何事物。对方叫你"企鹅"的时候，你便是一只企鹅，当对方叫你"老头儿"的时候，你又马上切换成一位老人。

一开始，我对这种表演方式非常不适应，也常常演得很僵硬。因为我对"我是谁"以及"应该有什么样子"已经有了习惯性定义了。这种形成已久的身份标签很难一下子撕掉。

我记得老师有一次说过："其实在刚过去的六个月里，几乎每个人都在演'自己'。"这并不奇怪，因为我们已经把"自己"这个角色诠释了几十年，不管我们在课上拿到的表演任务是什么，等我们呈现出来的时候，或多或少都会带上本我特色。比如有的人不管表演什么人物都很有威严感，是因为他是位资深警察；有的人则扮演的每个角色都带着一丝可爱，是因为她其实从小就乖巧伶俐。这些痕迹，就是他们对"自己"定义的反射。

老师继续告诉我们，接下来我们要经历"打破重塑"的过程了，而当"自己"在心里真正被打破之后，你就可以随时随地投入角色了。这段话让我记忆深刻，因为我也意识到，想要跳出"盒子"，就必须打破对自己的限制，不要让"自己"把自己给框住。

第二，IMPROV 有利于心态放松，做事游刃有余。

心态上的改变是至关重要的。以前，我常常习惯于做每件事都得有充足的准备，一旦遇到那些突发事件，如果来不及作准备，就会紧张。但现在我会想：没关系，既然事情已经发生，那就尽快投入新的挑战吧。想通这点之后，我整个人就会很放松，很投入。

在工作的处理上也是如此。比如双方谈判的时候，我并不需要预设一个不变的角色，也给自己留存一些变量。一旦谈判推进不是很理想的话，那我马上可以尝试换一个角度去谈，不需要把自己局限于既定策略中。

唐纳德·戴维斯的讲故事课程教我如何把故事讲得生动有趣、富有情感，IMPROV 则让我认识到，改故事并非是件很难的事情。在此之前，我总觉得这件事情很难，而且我还有一个疑惑：我之前的故事并不是最好的，但如果改掉它，那会不会我就不是原来的我，这样真的好吗？

IMPROV 让我明白，"自己"是一个之前被长年累月贴标签所形成的一个角色，改故事的前提是让"自己"愿意被真正打破和重新塑造。我还是那个我，但我完全可以从很多个角度去细致观察，去换位思考，去联通别人。一旦确定了这一点，只要把各种"是的……然后"接下去，我就可以投入任何角色，获得更多可能。

第 4 部分
带有东方神秘色彩的内观禅修

第 1 节　免费的课程

内观（vipassana）是印度最古老的禅修方法之一。这是释迦牟尼佛所发现的，但和宗教并没有什么直接的关联，可以将其看作一种人生的修炼。所以，不管你有没有宗教信仰，不管你来自世界任何一处，都可以进行这项修炼。

我和内观禅修的缘分，说起来要追溯到 2013 年的年中。记得有一天，我约了一位投资界的朋友吃饭。她当时拖着一个行李箱走了过来，好像要出远门的样子。于是，我就随口问了她一句：“你这又是要去哪里看项目啊？”对于做投资这行的人来说，出差可以说是家常便饭，常常拖着一个行李箱满世界地跑，到处看各种各样的项目。

没想到她的回答出乎我的意料。她说：“没有，我这次是休假，去做一次为期十天的内观禅修。”这勾起了我很大的好奇心。因为就在三四个月前，我刚学了"超觉静坐"（transcendental meditation），也是一门属于冥想类且都来自印度的禅修方式。

"超觉静坐"在美国红极一时，是由一位名叫 Maharishi Mahesh Yogi 的印度人创立的。那时我由于工作的关系，每几个月总有一段固定的时间在纽约，所以就报名参加了"超觉静坐"在纽约的课程。课程教学方式是一对一进行的，每个人在修习过程中都会有一个属于自己的"曼特罗"（mantra）。

老实说，我并不清楚"曼特罗"到底是什么含义。导师对此的解释是，"曼特罗"就是针对我的秘密咒语，让我在闭目静坐后不断地默念这个"曼特罗"，持续了一段时间以后，我就感觉自己全身放松且平静了下来。

修炼了一段时间以后，我渐渐对这个"曼特罗"产生了好奇。我心想，既然不知道是什么意思，那换一个词行不行呢？于是，我尝试着用其他单词代替这个"曼特罗"，发现也可以达到专注和平静的效果。所以我当时对"超觉静坐"的认识和总结就是：让你把注意力集中到所谓的"曼特罗"上，以达到提升专注力的效果。

但总的来说，这个课程的效果并不如人意，而且推销方式也让我稍微有些反感。虽然他们反复强调说这是超越千年的来自印度古老智慧的精华，但老实说，我在修炼的过程中产生了不少疑惑，且最终也没有找到令我信服的答案。

因此，虽然我对冥想抱着很大的期望，但自己在"超觉静坐"的体验实在算不上是成功，所以那段时间我正打算寻找其他冥想方式。一听到她说内观禅修，我立刻意识到这可能就是我的机会，顿时眼前一亮，问她说："这个禅修到底是怎样的？十天收费是多少？"

她说，修炼方式比较特别，需要和外界隔绝一切联系，不能说话，也不能交流，全程只吃素食，费用倒是全免的。免费？这让我更诧异了。一个不收费的禅修项目，那么要靠什么来维持呢？

我接着问："它是否和哪个宗教有关联？"得到的回答是："没有，不涉及宗教。"

这让我好奇心大炽，又向她了解了一些相关信息。我回去后立刻上网查询资料，发现内观禅修在全球居然设有160多个禅修中心。我决定去亲身体验一下，就上网预订了中国台湾禅修中心的课程。

老实说，在行程确定的那一刻，我心里多少有些忐忑。因为在此之前，"超觉静坐"给我的体验并不太好，所以我不确定会不会出现同样的感受。毕竟说到冥想，"超觉静坐"在美国的知名度非常高，而内观却很少有人了解。

我选了台湾的禅修中心，另一个原因是，台湾一直是我喜欢的旅游地之一。我当时就想：反正这个课程是免费的，如果体验不好，就顺便在当地度个假，这倒也没什么损失。

第2节　第一天就差点放弃

台湾的内观禅修中心位于高雄市附近，在一个名叫"六龟"的地方，该地据说是因为附近有六座巨石状似龟形而得名。中心建在山区，周围都是广袤无垠的农田和郁郁葱葱的树林，空气质量非常好。

我是在临近傍晚时抵达那里的，接待我的是一名当地的志愿者。他非常友善，告诉我：禅修期间要隔绝一切外界信息，因此请把手机、电脑、钱包等一切"身外物"上交暂存。于是，我把大部分东西放在一个包里交给了他，只给自己留下了几套换洗的衣物。

处理完这一切以后，他将我带到宿舍区。一共有两排房子，一边是女宿舍，另一边是男宿舍。房间很小，布置也相当简单。等我放好东西之后，这名志愿者又向我重申了未来十天的修行戒律：吃素，不能说话，不能和其他学员以手势或眼神交流。

当天晚上6点，钟声响起，我们被召集去观看创始人葛印卡（S.N.Goenka）的录像。在来之前，我曾上网查过一些资料，对这位创始人的经历有所了解，同时也深感敬佩。

葛印卡出生于印度家庭，常年生活在缅甸。他年纪轻轻就已经获得了事业上的成功，却患上了重病，众多医生都束手无策。这时候，在一位好友的推荐下，他找到了当地一位著名的冥想高人学习内观法门。经过长期修炼，他不仅得以痊愈，还体验到了内观禅修的精妙，开始帮助其他有需要的人。于是在此之后，他放弃了原本如日中天的事业，专心从事内观禅修的推广。

在这过程中，修炼者捐赠给他大部分的发展资金，都被他用于在世界各地建立禅修中心，以期帮助更多的人。禅修中心里很多工作人员也都是来自世界各地的义工。

葛印卡已于2013年离世，所以禅修中心在课堂上播放的是他生前的录像。整个课程用英文教授，也会配中文字幕。禅修中心的老师在第一节课上主要介绍了大致的课程，教授了简单的修习方法。按照禅修中心提供的时间表来看，每天练习内观的时间长达10小时，这是我从未体验过的。老师最后还重申了几条纪律：每天早晨4点30分开始修行；一天吃两餐素食；一直保持安静。

早上4点，院子里便开始敲起了钟，我迷迷糊糊地爬起来，简单洗漱之后就去了大堂。

第一天修炼的是安那般那观息法（Anapana），一种观察呼吸的方法。它练起来非常简单，只要将注意力专注于鼻尖上的呼吸就可以了，但一节打坐课就要上一个小时。在这期间你必须双腿盘坐着，不能移动，时间一长我就感觉浑身酸痛，脑子里的念头也是一个接着一个，根本不受自己的控制，第一个小时还没结束就有了想逃跑的冲动。

好不容易熬过了一个小时，到了休息的时候，我心里不禁思索，练呼吸和冥想之间到底有什么关系？今天剩下的时间要怎么挺过去？想到接下来还有漫长而难熬的九个小时，我当时真的想撤退了。但理智告诉我，既然已经这么大老远地飞过来，怎么都要坚持一下。

很快，钟声又响了起来，于是我继续回去打坐。在课程中心的十天里，时间最主要的体现方式就是钟声了，给人真的有点像隐居于寺庙的感觉。

除了最后一天外，其他九天的日程安排大同小异。每天清晨 4 点起床，然后进大堂打坐两个小时，结束后吃早餐。早餐后继续打坐，一次维持一个小时，当中会有 15 分钟休息时间。中午吃饭加上午休有两个小时，之后再继续打坐。晚餐可以选择吃，也可以不吃，学院建议有过修习经验的老学员过午不食，新学员晚上尽量少吃一点，所以晚餐一般只准备一些水果和糙米粉。晚餐后又看一个小时的课程录像，之后再继续打坐，晚上 9 点回房准时熄灯睡觉。

这么一天十个小时打坐下来，我最大的感受就是浑身酸痛和饥肠辘辘。而我也实在搞不明白，一整天观察呼吸的意义到底是什么？

想撤退的想法又开始在我脑中盘旋。但仔细想想，我从美国加州飞到中国台北，再从台北转机到高雄，之后乘了三个小时的大巴来到这里，如果只练了一天就撤了，未免也太儿戏了，日后跟别人讲起来好像也有些尴尬。更重要的是，我相信在葛印卡的盛名之下，也应该不只是教呼吸法，肯定还会有其他有价值的内容。

这天晚上，又到了看录像时间，葛印卡的声音响了起来："你们今天一定有各种各样的不舒服，比如腰痛、脖子紧、脚发麻，等等。有这些反应是正常的，而且都很好，这是你们各自累积的很多业障，通过令你痛苦的方式表现出来了。"他这么一说，我心想这个解释好像蛮有意思的。

他接着说："人的脑海里会有各种念头和想法，它来了，它也会走，会产生新的，也会很快消失。所以，当这些念头或想法出现之后，你不用阻止它，只要静静地观察，观察好之后再回到原点。比如，你觉得背痛，那就细细观察这个痛感。"

这好像跟我以前接触过的心理学知识不太一样。无论是 Landmark 还是 NLP，核心观点要么是去消除想法，要么就是去改变想法，或者像"超觉静坐"那样通过一系列方式转移注意力。这确实是我第一次听到的观点：你什么都不用做，只需要静静地观察它。

第3节 观察而非改变

接下来的两天，修炼目标有了一些改变，从对呼吸的观察转移到对自己鼻部三角区的微感觉的观察。虽然观察目标发生了变化，但在打坐的时候，我仍然感到浑身酸痛，和第一天相比，这种痛感甚至更强烈了些。

不过想到昨晚课程录像的内容，我又感觉受到了些启发。葛印卡说："你会发现所有酸痛、所有情绪、所有思想都有一个真实的面貌——它会产生，也会消失，没有一样东西是永恒的。"

葛印卡还表示，身体的酸痛跟人的念头有着直接的关联。原本我非常不理解，痛和想法能有什么关系？但当我在打坐中用心观察的时候，并且开始遵循他所教的方法来做的时候，我发现他说的还是有一定道理的。

比如我感到身体某一处很酸痛，这时候我不去想为什么会这么痛，而是去观察它，渐渐就会感到这一痛感消失了。这时，又会有另一处很酸痛，那也去观察一下，没过多久好像又消失了。对待脑海里的念头也是如此，每当念头来了，我不是去强行控制它，而只是观察这个念头，过了一段时间之后它自然而然也就没有了。

一天结束以后，虽然身体还是觉得很疲劳，但与昨天相比，我的精神状态倒是好了很多。我与自己的"念头"玩了一天的"猫抓老鼠"游戏之后，慢慢地也发现了其中蕴含的一些道理。人们总说思想是永恒的，又或者某些观念和想法是固执的、坚不可摧的，但事实上，人生所有的东西都是有"起伏"，也有"来去"的。就像我们的念头那样，一个接一个，来了又走了，周而复始。

到了第三天傍晚的录像课，葛印卡开始进一步教我们如何系统地观察身体的感受，也就是我期待已久的"内观法"。

具体的观察方式是从头顶到面部，然后到胸、背，再到双手，先从左肩往下到手指，再从右肩往下到手指，接下去观察两条腿，左右腿都要观察至脚趾。先从上往下，再从下而上，反复循环。

那用什么来观察呢？用你的意念。用意念观察的感觉是什么呢？葛印卡说，你会捕捉到被观察部位有胀痛或冷热的细微感觉。

他的这种说法令我感到非常神奇，心想："就照他说的试试吧！"虽然那时候我还是搞不懂为什么要观察，但隐隐觉得，他所说的某些内容，与保罗·艾克曼的情绪理论似乎有异曲同工之处。

保罗·艾克曼曾提到说，人体就像一个软件，有些程序是先天制定的，有些是后天编写的，软件被触动后就会产生各种情感。每种情感产生的时候，人体都会出现一些相对应的反应。比如，生气的时候，胸口会不自觉地起伏；开心的时候，脸或者胸口也会相应地颤动。也就是说，人的身体和情绪之间是紧密结合的。

到了第四天，葛印卡就开始把前几天的修习方法放在一起进行讲解。他说："观察真的非常重要。2500年前，释迦牟尼创造的这一套修炼方法，以帮助每个人得到真正的自由。而我现在只教这个方法，不涉及宗教。所以，任何宗教、任何背景的人都可以来上我的课。"

我当时心里想，究竟是怎样的方法呢？在西方体系里，我们的软件是用语言构成的，而语言很大程度上又可以变成图画。比如Landmark这种传统的心理学，它教人们从语言入手改故事，而NLP的核心观点是不用改语言，可以直接改图像。那内观又是用什么方法呢？

葛印卡说："只要观察那些出现在身上、体内的反应就可以了。只要人有了情绪，无论是出于什么原因产生的情绪，你的身体肯定会有反应。所以，你要去观察这个反应。更重要的是，这个反应并不是永恒持续的，而是有起有伏，有死有生。"

所以，内观就是如实观察，观察事物真正的面目，然后达到净化自身的目的。

到了第五天,葛印卡进一步解释了观察的重要性。他说,无论我们有什么样的念头,其实都可以归为两类:一类是欲望,一类是抵触。

举个例子,任何一样东西我们都可以说这是我想要的,或者这是我不喜欢的。所以,人生所有的痛苦都来源于此。遇到喜欢的东西就想一直拥有,遇到讨厌的东西就想拼命逃避;但事实上,任何事物都是有起有伏,有产生也有消亡。喜欢的不可能永远拥有,讨厌的也不可能永远避开。所以得不到会痛苦,得到了再失去也会痛苦。

那该如何从痛苦中解脱出来呢?葛印卡教的方法是不用去改变思维,也不用自己画图或者改写故事,只要观察就可以了。在观察的时候,便会从你的身体内部真正认识到这个世界的真理——有起有伏,有生有死。

与情感方面的喜欢和不喜欢类似,人的身体也同样会有两种感觉,一种是舒服,一种是不舒服。所以,人的感觉和人的情绪在一定程度上是对应的,而且也会从出现到消逝,再出现再消逝,如此循环。

这好像又和保罗·艾克曼的观点不谋而合。保罗·艾克曼说,情感是天生就具备的,人类经过数百万年进化而来的一些情绪并不可能被消灭。从这个角度来看,世界上没有人是真正"无情"的。而我们也不可能完全控制情绪,因为先天情绪是不可控的。

所以,葛印卡的教授方式就是,当我有情感的时候,我的身体肯定会有反应,那就观察它!什么东西来了我就观察什么,当你作为旁观者去观察的时候,就会发现无论什么情绪,既然产生,必会消逝。既然如此,那又何必去人为地扭转或改变呢?

我们总是希望可以一直开心快乐下去,但快乐不会永恒,即使我当下很快乐,没多久这感觉也就消逝了。而痛苦也是一样,我们都不希望陷入痛苦之中,而痛苦当然也会消逝,但并不代表下次不会再有。

虽然看似简单，甚至有点平淡，但这对我来说好像是一套更深奥的理论了——既不用改故事，也不用换图像，只要去观察我身体上的反应，来了，去了，来了，去了，渐渐就可以得到真正的平静。

我曾听很多练习冥想的人说过，冥想是一个很好的让自己平静下来的方式。我想，这也许是因为它不强行控制或改变你的思想，只是让你去感受思想的来去过程。在这个过程中，你获得了真正的平静，而平静是一种我们很需要的持续的强大力量。

现代人的普遍观念是使用药品和心理疏导来治疗一些精神方面的疾病，特别是在美国。但由此也衍生出药品依赖及滥用的问题。于是，很多人转而开始研究古老的智慧。那些长期练习冥想的教徒，不管是佛教徒、道教徒还是印度教徒，经过长时间修习之后都能达到身心平静的效果。这一点对现代人来说，是很有实践意义的。

第4节　不起分别心，生发平等心

我的内观修炼进行到最后几天的时候，之前那些身体酸痛好像逐渐消失了，我可以把注意力更多地放在观察脑海中的念头上。

很多人碰到烦心事的时候都会说"我不要再想了"，但我们都知道，人的脑海中通常是一个个念头接连不断。后来我逐渐认识到，人不可能完全没有情绪，也就不可能一个念头都不产生。对很多人来说，常常一念出现后就陷了进去，然后又堕入另一个念头之中。我们在很多情况下就是被不断冒出的念头所左右，就好像中国人常说的：一念天堂，一念地狱。

而内观的方式就是无论天堂地狱，我都去观察它，而且把这个念头拿出来观察，而不是陷进去！当观察的想法一起，被观察的念头也就逐渐消逝，既然消逝了，人也就不会受这个念头所掌控。可能有人会问：“那过一会儿可能另外一个念头又来了，该怎么办？”回答就是——你还是可以继续观察，然后在每一个念头的一生一灭之间，你会趋于平静。

的确，还是有念头！这点非常重要，也是从这点开始，我逐渐有了更多的体会。

首先，当我按照内观法去修炼时，杂念还是会有的，但这时候我就用心去仔细观察身体的感觉。我发现每当一念出现的时候，对应的身体部位都是会有反应的。

其次，当我这么重复去做的时候，念头出现的次数就会越来越少，当然，不可能一个念头都没有，但重要的是你不会再被这些念头所左右。

而最重要的一点是，在"念头出现——观察——念头消逝"的过程中，我的心平和下来了。怎么去形容呢？那是一种我从来没有过的宁静，它既不是快乐，也不是难过，而是一种真正安静平和的感觉。

到此时，我才真正地认识到，内观禅修是一种很棒的冥想方式。从最初只是观察身体某个部位，到开始观察自己的念头，再到现在追踪观察一个个念头的生灭起伏，感觉实在是非常奇妙。

而更奇妙的情况出现在最后两天，那就是打造真正的平等心。葛印卡在录像里表达的意思是：无论是好的还是不好的，都要去观察，而不是去分辨。平常人往往看到好的东西，会想多要一点；看到不好的东西，那就少要一点，甚至不要。而葛印卡认为不应该有这种区分，所有的东西你都要去观察它。

葛印卡说："当你用内观法修炼了一段时间后，身体会感觉非常舒服。"的确如此！我有好几次感觉身体的气流随着意识的运行，一开始自上而下，然后又自下而上，非常通畅。他接着说："有时候，你仍会有酸痛的感觉。但是舒服也好，酸痛也罢，它们的意义是一模一样的，都是你身体的反应。所以你就要去观察它，如果真正能做到这点,你就得到真正的平等心。"

随后我们听到他讲了一个很有趣的故事。一位很有名望的老师带着他的学生们走在路上。前面不远处躺着一名流浪汉,当他们从流浪汉身边走过的时候,流浪汉叫住老师问:"喂!你怎么不看我一眼呢?我躺在这里。"

葛印卡说:"如果这位老师从来不认识流浪汉,他也许会愤怒,感觉自己被指责了;他也许会怜悯,想帮助对方。如果他认识这位流浪汉,甚至流浪汉还是他的儿子,那种五味杂陈的感觉就更厉害了。"

但事实上到底发生了什么呢?只是一个人躺在地上说了一句话而已。你感到的愤怒和怜悯都是自己产生的,换而言之,所有的情绪和反应都是你自己产生的。所以,当外部世界朝你吼叫的时候,你不需要因此而有任何情绪反应。如果有的话,就观察它,观察它的来,观察它的去。

葛印卡最后总结:修炼内观的好处是,不起分别心,不去分辨在这个环境中我是否应该有怜悯心、同情心、憎恨心或是愤怒心,而是要有平等心。我猜想,或许这就是内观的终极奥义。

第5节　万物皆有来去

近些年来,很多西方心理学研究领域的权威都纷纷开始研究起了这些"古老智慧"。我认识的加州大学圣克鲁兹分校的一位心理学教授曾经去过西藏,并在那里做了几年僧人,专心研习藏传佛教。回到美国之后,他就把藏传佛教的一些理论及实践与心理学做了一个融合。

保罗·艾克曼就发现很多佛教徒的心态特别好,所以他现在也在不断接触那些常年打坐或冥想的高僧,希望能从中找到改善心态的秘密。在西方,越来越多像他这样的人对"古老智慧"产生了浓厚的兴趣,并试图用现代科学的方法去探寻其中的秘密。

保罗·艾克曼在《情绪的解析》中曾提到，当人处于"情绪诱因期"时，往往是不能控制自己的。我们每个人可能都有这样的经历，一生起气来，任何话都听不进去，只有过了那个"点"之后，才会冷静下来。

那如何尽快地让这个"点"过去呢？内观禅修提供了一个很好的化解方式，就是当情绪产生的时候，你就去观察它，一观察它也就没了。虽然我们没有办法不产生情绪，却可以通过一定的练习让自己不受情绪的控制，从而获得真正的平静，这可能就是佛陀所说的解脱吧！

十天课程结束以后，我回到了美国，并尝试着把内观禅修融入自己的生活。

比如每天的"早晨程序"环节里，我把15分钟的冥想从"超觉静坐"替换成了内观。如果上午没有特别安排，甚至会延长至30分钟到一个小时。

需要再次强调的是，打坐过程中还是会有杂念。虽然这时我的身体已经没有了任何不适感，但还是会有些念头，尤其是工作或生活上的琐事会一个个在脑海里蹦出来。

坚持了一段时间以后，我发现好处的确很多。最明显的一点是，每当冥想结束，我的心会更平静，脑子也会更清晰，更容易去作决定，一整天的专注力也提高了很多。这也让我更加确信，冥想是一件非常积极而有益的事情。

也正因为如此，我后来每年都会去参加一次为期十日的内观禅修课程。

如果说第一次的不适感是来自全身酸痛的话，那第二次再去的时候，情况就已经有了很大的不同。从第一天开始，身体已经完全没有了当初那样的酸痛感了，我的注意力不用再集中于肉体上，转而可以用心去感受身体上的其他细微知觉。

那是一些平时完全不会被我注意到的、若隐若现的"微小知觉"。这时我才深切体会到，人平时的感觉其实是很粗糙的，总要积累到一定的量以后，才会有明显的感受。但其实我们身上小到针尖大小的地方，都存在这种"微小知觉"。

它和杂念一样，产生了，消逝了，再产生，再消逝，如此循环。

所以，当你用内观的方式去观察身体的时候，渐渐就会注意到胸部的微微发热、大腿的轻微膨胀等"微小知觉"。长此以往，人对身体反应的敏感程度就会提高很多。

我们总是在某些故事里听到一些高僧具有大智慧，他们很清楚自己什么时候会坐化，让我们感觉非常神奇。内观禅修似乎能很好地解释这件事情。这是一种可以通过修炼达成的感知能力，人通过长期的专注的训练后，是有机会让这种感知能力达到很高境界的。

我第三次去参加内观禅修课程的时候，又有了新的感受。原先打坐时那种漫长的感觉没有了，我清楚地记得，有好几次钟声响起时，我甚至还想接着再继续下去，因为感觉时间过得太快了。这是第一次和第二次都没有出现过的情况。

在练习内观的时候，我还一直在想一个问题——如何可以在最短时间捕捉和观察到自己的情绪。

很多人在情绪产生时，自己是不知道的，过了一段时间才会意识到有情绪了。既然我没有办法控制情绪的产生，那就只能尽快去察觉。如果通过一定的训练，能让我对自己的身体足够敏感，那就可以在最短时间内觉察到自己在情绪上的变化，同时也保持平等心，让自己获得安静平和的强大力量。

我越来越深刻地体会到，冥想对我提高工作中的决策力是非常有帮助的。比如以前我在看一些工作汇报时，常常会无名火起。我会想这个人怎么这么不专业，做得这么糟糕。再比如一些计划内需要员工完成的工作，非但没有回复和结果，就连基本的进展情况也不告知。凡是做过管理工作的人应该对此都深有体会，也很容易火冒三丈。

在此之前，我常常会很生气，觉得这是严重的懈怠和不专业；如果再由此联想到公司可能会蒙受损失，那就会更焦虑了。现在，我通过坚持修炼内观，已经能很好地解决这类问题，因为念头之间的"链接"断了。

比如我看了邮件很生气，那就去观察"生气"，这时生气的念头也就断了。而生气这种情绪对应的往往是身体某个部位的反应，比如胸口微微发闷等，但观察之后，这一状况也就消失了。

到了这个时候，我的身心已经回复了平静。我再回想刚才的心路历程，就会发现很多画面其实是脑海里自我编织出来的，并不是实际存在的。如果用平等心来看待事情会是什么样的呢？会变成这样："员工告诉我这件事情现在不能按期完成，那我就找其他人协助他一起把事情完成吧，之后再了解他问题出在哪里，想想怎么帮他，做到以后不再出现同样的问题。"

之前，我提到过如何通过调整情绪来提高自身的精力和能量，因为这是充分提升工作效率的必要基础，但我也知道，这并不是解决问题的关键钥匙。而在修炼了内观后，尤其是认识了"平等心"，我好像有些茅塞顿开——无论问题多么纷繁复杂，事情的本原是不会变的，它会来，也会去。无论情绪如何跌宕起伏，都只是我自己给自己的感受而已；无论面对十个、百个甚至上万个问题，只要做好对自己内在的观察，运用好"平等心"，就一定能找到解决问题的办法。

人的情绪在很多时候都是受外界影响而触发的，例如之前退伍军人的精神创伤就跟他在战场上的可怕遭遇有关，但归根到底还是来自我们身体内部，例如退伍军人产生了恐惧和自疚。所以我们如果只是归咎于外界，是很难去完全解决情绪问题的，我们应该意识到思维是产生情绪的根本源头。而思维就好比大脑里的一套程序，知道如何去改变程序，我们就能够改变自己。改变自己从何做起，其实每一个人都可以从改好自己的故事开始，讲好这个故事，从而更好地影响自己和别人。

思维是可以决定情绪的，我们需要静下心来观察自己，观察内心，告诉自己万物皆有来去，这样就更有机会获得一种平和安静的力量。

第四章

谁在影响我们，
谁在定义关系

引文
华尔街的世纪骗局

一直以来，世界上有两件事很难做到：一件是"让别人把钱放进你的口袋"，另一件是"把你的想法放进别人的脑袋"。无论是前者还是后者，操作难度都很大，至于要两者都同时做到，那就难上加难了。但，偏偏就有人做到了。

美国历史上涉案金额最大的投资诈骗案制造者、前纳斯达克主席伯纳德·麦道夫（Bernard Madoff）就是这样的人，他构建了一个巨大的"庞氏骗局"。所谓"庞氏骗局"，是对金融领域投资诈骗的称呼，金字塔骗局（Pyramid scheme）的始祖，很多非法的传销集团就是用这一招聚敛钱财的，这种骗术是一个名叫查尔斯·庞兹的投机商人"发明"的，因此而得名。庞氏骗局的原理类似"拆东墙补西墙"，"空手套白狼"。简而言之就是利用新投资人的钱来向老投资者支付利息和短期回报，以制造赚钱的假象，进而骗取更多的投资。伯纳德·麦道夫诈骗金额超过650亿美元，那些世界知名的金融机构、金牌投资人、好莱坞明星和富商大亨对麦道夫都非常信任，不断地从腰包里掏出大把的钱投给他。

如果不是2008年美国的次贷危机引发了百年难遇的全球金融风暴，导致投资者们在2008年12月初集中要求赎回70亿美元的资金，伯纳德·麦道夫的"游戏"可能还会一直延续下去，直到他死的那一天都未必会有人发现——这竟然是一个有史以来最大的"庞氏骗局"。

那么，这个规模前无古人的投资诈骗是如何持续获得成功的呢？

伯纳德·麦道夫于1938年出生在纽约的一个犹太人家庭。1960年，他从纽约霍夫斯特拉大学（Hofstra University）法学院毕业，用打工积攒来的5000美元创立了伯纳德·麦道夫投资证券公司，开始从事证券经纪业务。

经过一番摸爬滚打，也得益于场外电子交易的快速发展，伯纳德·麦道夫逐渐成为华尔街经纪业务的佼佼者。1989年，伯纳德·麦道夫的公司已经掌握了纽约证券交易所超过5%的交易量，他也被当时的《金融世界》杂志评定为华尔街最高收入的人物之一。

1990年，伯纳德·麦道夫担任纳斯达克董事会主席。正是在他的带领下，纳斯达克逐渐发展成为全球第二大证券交易所，苹果、谷歌、脸书等高科技公司后来都是到纳斯达克上市的。

2000年，伯纳德·麦道夫公司已拥有约3亿美元资产，他可谓功成名就。但在同时，他已走上世纪金融巨骗的道路十多年，以所谓"稳健且高回报率"的投资，把自己塑造成华尔街的传奇人物，直至2008年事情败露。

伯纳德·麦道夫参加了很多富人俱乐部和犹太人社团，给人的感觉是稳重得体、和蔼可亲、神秘低调。他非常懂得投资者的心理，不刻意主动招揽生意，但凡要成为他公司的客户，都需要经过名人富商的介绍，才能有机会"跨过门槛"进入他的圈子。他也不主动解释投资策略，甚至拒绝那些提问太多的人的投资。后来，随着投资者数量的增多，他不断提高最低投资额。

最后，近5000个投资者及机构上当受骗，包括瑞士银行、汇丰银行、苏格兰皇家银行、法国巴黎银行、纽约大都会棒球队老板弗雷德·威尔彭（Fred Wilpon）、著名导演史蒂文·斯皮尔伯格（Steven Spielberg）、通用汽车金融服务公司董事长伊斯兰·莫金（Ezra Merkin）等。

我认识其中一些受害机构和受害者，在向他们了解后发现：骗局败露之后，再回头审视就会发现很多问题，但很多人还是会说："我真的没有预料到，我真的很相信他。"这个世纪骗局涉案金额之大、受害者阶层背景之高端、时间跨度之久，都是史上罕见的。要实现这样的骗局，从布局和策略上讲伯纳德·麦道夫必定是位擅长操控人心的影响力大师。

  为什么影响力那么重要？为什么我要研究影响力？我在学习了个人进步的许多知识之后，感觉自己有了很大的提升。但人是群居动物，这个世界并不只有我一个人，我还要和很多人相处，那人与人是怎么相处的？人是怎样影响别人以及受别人影响的？于是，我的学习提升目标就从个体跨越到了群体。

第 1 部分
直达人心的影响力

第 1 节　购买都是理性的吗

如果你认为，人们在商业活动中的一切行为都经过精打细算，那就错了。实际上，商业中充斥着大量的不理性因素。

到底用什么办法能让一件商品变成抢手货？例如，一家珠宝店的新品绿松石滞销，店主试了很多办法都没扭转局面，非常气馁。你可能会想，提高销量最直接的办法就是降价促销，原本 1000 元一件的珠宝首饰，现在如果降到 500 元，一定会有人来买。的确，在市场供需关系不变的情况下，降价能让更多的人买得起商品，享受到打折带来的甜头，这是很多商家常用的营销策略。

然而，抬升价格也可以让商品成为抢手货，虽然看似违背常识，但是的确有效。有些商家把 1000 元的东西价格调整为 2000 元，居然发现买的人反而更多了；如果限量供应，顾客更是趋之若鹜。这是为什么呢？对于那些光顾珠宝店的客人来说，最终目的是要收获一件"自己认为"价值不菲的宝贝，购买成本则可以忽略不计。多数人在对挑选商品并不在行的前提下，通常会信奉"贵就是好"的定律。

所以，原价 1000 元的商品，我们可能因为觉得便宜而花 500 元买下来；也可能因为觉得"贵就是好，何况还稀缺"而花 2000 元抢着把它买下来。（所以，对于原价 1000 元的滞销品,有些人可能会因其打折处理,图便宜而花 500 元购得;有些人则会秉承"贵就是好,贵就是稀缺"愿为之付以高价,花费 2000 元购得。)在这里,我们并不是去分析这件商品到底价值多少,而是要想想这样的营销手段到底是如何影响人们的判断的。其中的奥秘非常值得我们深究。

在日常生活中,好的商品往往更贵,这一概率起码有 80%-90%,就像俗语所说的"十有八九"。于是,久而久之,形成这样的观念和习惯。然而,我们忽略了另外 10%-20% 的情况是"贵的不一定是好的",也就是不合常理的事情还是存在的。在这种情况下,我们多花了钱,买到了事实上没那么有价值的商品。

那我们为什么不多花些时间去确认商品的价值,让自己别花冤枉钱呢?这就要讲到我们的大脑是如何运作的了。人类的大脑很发达,由上百亿个神经细胞组成,是人体最精密的器官。但大脑的运转却很耗费能量。大脑重量只占人体总重量的 2%,却消耗了人体总能量的 40%,这个比例是很不对称的。为了节省能量消耗,我们常常依赖本能、潜意识和过往经验去处理很多事情,而且在这个"经验模式"下,我们得到的结果一般不会差到哪里去。

所以,我们在从事一些创造性工作的时候,往往会努力开动大脑,但平时也很注意节省能量,尽量利用本能、潜意识和过往经验,去做一些简单重复的事情,为更复杂的工作保存精力。

于是,如果我们深度使用大脑,弄清楚身边每一件事情是否 100% 正确,这肯定会得不偿失,但如果只追求 80%-90% 的准确度,就会经济很多。比如,当我考虑买一块劳力士手表的时候,如果要彻底了解它的价值,我得去做很多功课,如它用了什么材料、是哪个设计师设计的、经手的工匠资历如何等,可能这就是一个耗费时间和财力的大工程。然而,我也可以简单地认为"一分价钱一分货",看到价格牌上标了 3 万美元,就快速判断它的价值就是 3 万美元。

这个时候,你还能说我们在购买时的决策都是理性的吗?

第 2 节　影响力六原则

在说服力和影响力领域，有一位全球公认的权威，他就是《影响力》一书的作者罗伯特·西奥迪尼（Robert Cialdini）。罗伯特·西奥迪尼曾经担任美国人格与社会心理学协会的主席，也是亚利桑那州立大学的心理学名誉教授。

《影响力》一书已经在全球售出了几百万册。不管你是从事市场营销，还是投身政坛，抑或是一个普通人，只要你想提高说服力和影响力，这本书都能给你很好的启发和帮助。罗伯特·西奥迪尼为了深入研究这个领域，特意花了三年时间来体验各式各样的销售工作，去了解销售人员到底是用什么样的方法去影响别人的。我非常钦佩他这种认真的态度和务实的做法，所以我也毫不犹豫地报名参加了他开办的影响力课程。

开课所在地在亚利桑那州，那里可以说是一个大沙漠，四季炎热，是仙人掌的天堂。你常常远远地看到一片片绿茵，等走近了才知道那都是长得十分高大茂盛的仙人掌。很多当地人也会去沙漠里挖取一些仙人掌，移植到自己家门口。不过，在沙漠里有一些仙人掌品种是珍稀且受到保护的。当地的报纸经常会登出告示，告诫当地人不要随意移植沙漠里的仙人掌。可是还是有些人不知道有关规定，也不懂如何分辨品种，把珍稀品种移植到了自己的家门口。结果可想而知，没过几天就有政府的工作人员找上门来了。

这不是我第一次去亚利桑那州。我曾经在那里居住过一年半，当时我在英特尔做产品经理。公司在亚利桑那州开设了一座芯片工厂，我被安排到那里上班。虽然这个州的很多地方都是沙漠，但高尔夫球场的人均拥有量反而是全美国最高的，这着实让我有点意外。

维护一块高尔夫球场需要耗费大量的水，还得加以精心照料，亚利桑那州的地理环境其实不太合适。而且沙漠地区光照很强，昼夜温差很大，可当地人对于高尔夫球的热爱，是炙热阳光无法阻拦的。当地有一个"五点"原则：有一大部分人在清晨 5 点就早早起床，先去打一会儿高尔夫球，打到 8 点回去洗澡吃饭，然后去上班；另外一部分人会在下午 5 点下班，直接去打高尔夫球，打到晚上 8 点，再回家吃饭。

当时，与我一起参加课程的有 20 来人，大多数都从事销售工作，很多还是机构客户销售。为什么学员大多都是做销售的？因为销售这份工作的本质就是影响别人，让别人接受和购买你的产品。相比于把商品销售给散客，做机构客户销售所获得的收益就大得多。比如，要是把汽车推销给个人，能力再强的也只是一辆一辆地卖，但是卖给公司就不一样了，可能一夜之后就会产生一笔数额非常大的订单。

对这些做机构客户销售的人来说，影响这些机构客户做出对自己有利的决定是非常有挑战性的事情。机构客户一般都很谨慎，不会像散客那样容易冲动消费，要跟一个机构建立深厚关系需要不少的时间，也需要很多的投入。但是，这样的大客户一旦和你建立起了合作关系，其用户黏合度和忠诚度也会很高。因此，大量的机构销售者都跑来学习，希望能通过学习提高自己的影响力。

在课上，罗伯特·西奥迪尼为大家讲述了影响力的六个方面。这里面既有他通过长时间的观察而从一些优秀销售人员身上学到的，也包括了他自己从事研究时积累的很多宝贵经验。他表示，在社会上，人与人之间存在着非常多的不确定性，一个人很难确定对方是否真的值得信任。但我们生活在各种关系网组成的这个社会中，每天要面对非常多的琐碎的事情，每天要对各种关系做这样那样的判断，这些都要消耗脑力，所以我们其实往往都按这六个原则行事。这些方法可能不会让我们做出最正确或最准确的选择，但效率却是最高的。

第一，互惠性原则。

古语有云：将欲取之，必先予之。意思是要想从别人那里获得些什么，得暂且想想可以给别人提供些什么。平常人的做法通常是先问别人要东西，等别人给了以后，我们再给他一些回报。但是，罗伯特·西奥迪尼认为真正能影响他人而且效果更好的做法，却是你要先给别人东西。

互惠性原则是人类成就合作的重要策略之一。这个时候，付出变成了一种社会规则，遵守这样的规则可以使合作结果最大化，往往能带来双赢。如果我在你困难的时候帮助了你，你却没有在我困难的时候施以援手，按武侠小说里惯用的说法就是——你这个人不讲义气。人们都不希望跟不讲义气的人打交道，相对于懂得"礼尚往来"的人，不讲义气的人被别人信任的可能性也就大大降低了，就更难在这个社会上生存下去。

互惠性原则深深地扎根于我们的脑海里，导致我们尽量以类似的方式报答他人为我们所做的一切。简单地说，如果人家先是"投之以桃"，我往往也会"报之以李"，而很少对此不理不睬，更不会以怨报德。

其实，未必需要给别人具有很高价值的东西才能建立合作。我记得在20世纪六七十年代传入美国的有一个宗教叫Hare Krishna，信徒们把自己的头发剃光，常常在机场、地铁等公共场合边跳舞边演奏乐器。表演了一会儿以后，他们就会向围观者讨钱。他们乞讨的方式很特别，并不是直接问你要钱，而是先跑到你面前跳舞或演奏，然后再送你一朵塑料小花。如果有人拒绝，他们便会硬塞，并且说："这是我送给你的礼物，请你不要拒绝，不给钱不要紧，我只希望这朵花能给你带来幸运！"

如果我们把小花留下，那么我们给钱的几率就大了很多。为什么呢？中国俗语有云：吃人嘴软，拿人手短。一般人都会认为，别人给了我一点东西，或我让别人破费了，那我总要还给他一些东西；如果我不还给他一些东西，那我就欠对方一个人情了。

所以，懂得利用互惠性原则的人，总会让人感觉他先给别人东西，然后对方就会反馈给他，而且反馈给他的往往是价值更高的东西。

第二，稀有性原则。

我们都知道"物以稀为贵"。在人类历史上的绝大部分时期，甚至直到今天，我们在物质上依旧是匮乏的。在原始社会，人类先是为了争夺食物而大打出手，然后是为了领地和其他生存资源而发动战争，再后来争夺金钱和权力，现在又在争夺信息资源。虽然每个历史阶段被公认为有价值的东西可能不一样，但我们的行为是一样的，那就是争抢我们认为有价值的东西。因为我们会认为没抢到的话，就会威胁到自己的生存，或者会让我们失去现有的地位。想想看，如果在原始社会，你没抢到食物就得饿死，那还不得去拼命吗？

社会在不断进步，物质逐渐丰富，物质的价值属性和用途属性也发生了分离。很多时候，我们觉得拥有一件稀有的东西，是一种能力高超和地位超然的象征。我们越是争抢一件东西，赋予这件东西的价值也就更高。拍卖会就是一个很好的例子，拍卖品只有一件，获得者只有一位，但可以举牌竞拍的人有很多，而且举牌的人越多，最终卖出去的价格就越高。

"物以稀为贵"这样的观念和看法会对我们行为的方方面面造成影响。例如，当我们向别人推销一款产品的时候，如果对他说，"这次卖完就没有了，这是最后一件了"，这时候听者的感觉马上就不一样了。同样的车子，如果一边告诉你全世界只限量生产一辆，而另一边告诉你全世界还有100万辆这样的车，那么很多人会选择为"独一无二"的车花很多的钱。所以我们经常看到商家很懂得利用这一原则，推出"限量版"这样的噱头。

第三，权威性原则。

权威，具有强大的力量，会极大地影响我们的行为。即使是具有独立思考能力的成年人，有时也会为了服从权威的命令，做出一些完全丧失理智的事情。

这是为什么呢？因为从个体角度来说，我们认为自己对世界的认识是很有限的。即便是亚里士多德、伽利略、牛顿和爱因斯坦，他们已经算是各自时代里人类智慧的最高代表，但他们作为一个个体，认识还是有局限的。所以不管是敬畏也好，偷懒也罢，当遇到困难和疑惑的时候，我们总是会想到求助于权威。

很多人觉得要成为权威，往往得向别人在专业能力上证明自己，但其实要成为权威，并不需要你是真正的专家。想一想，为什么公司往往要求销售人员穿职业装？如果你是卖旧车的人，为什么自己要开一部非常好的车子？这是有原因的：大众觉得穿着西装的人是专业的，西装是一种权威的象征；你开着好车，好车是一种权威的象征，别人就觉得你懂车，从而产生你是权威的印象。

罗伯特·西奥迪尼做了一个很有趣的实验：一位实验者穿着普通的衣服，拿着纸笔在路上找人做道路市场调研，发现绝大多数人都不理睬他。而美国道路工作人员往往会穿着亮黄色的马甲，戴着安全头盔，非常显眼。于是他换了一身这样的装束，也戴了一顶头盔，拿着一个夹板，夹板上放着调研的纸质表格，跟周围经过的人说："先生/女士，请填一下表格。"填表人的数量马上就激增。其实只是因为他穿了这身衣服，就成了"权威"。很多人都以为他是为政府或当地机构工作的，因此不需要他做任何解释，这些人就很自然地帮他完成了表格，但其实这套装束是在商店里花几十美元就能买到的。

我们看到很多商家都为自己的商品或服务请了明星代言人，其实每个人都知道，那些明星都是拿了钱才代言的，而并不是因为这个产品有多好或明星自己真的喜欢。然而，我们就是因为明星演戏演得好或唱歌唱得好，就认为他们是权威，往往他们站在那里一说我们应该买这款手表、喝这种牛奶，我们就接受了。更滑稽的是，有时候连明星都不需要出现，我们只要看得到有权威的象征就够了。比如药品广告里穿着白大褂的人对你说这种药好，你也就相信了。其实这些人都是演员，根本不是医生，只是他的穿着象征着权威而已。

第四，一致性原则。

一个人的言语和他的行为是否一致，是能否取得我们信任的一个重要参考标准。言行不一，或者前后不一，会让人产生困惑——到底哪个是对的？到底该相信什么？我们通常想要的是一个一致的答案，如果得不到，我们就会选择放弃信任。

一致性原则认为：一旦我们做出了一个选择或采取了某种立场，就会立刻碰到来自内心和外部的压力，迫使我们的言行与它保持一致。为什么这么说？从内心的角度来看，我们不愿意欺骗自己；从外部的角度来看，我们也不愿意被人指责自己言行不一。在这样的双重压力之下，我们很自然就有了以行动证明自己言行一致的内驱力。

那怎样利用"言行一致"来影响别人呢？可以一开始让他有一个小范围的公开承诺或者表达，然后让他自己作决定。正是因为这个很小的动作——自己做了个小决定，就能让他逐步顺着这个小的决定开始做大的改变。

美国政府常常号召国民节约用电。具体方式之一就是号召民众在夏天时不要开太久的空调，可以把温度调高一点。但是，这件看似简单的事情实际推行起来却很困难。政府做了很多工作，大家看上去也都认同这个节能理念，但是一回到家里，人们还是会把自家空调温度调到很低。

对此社会学家做了一个小实验。美国民众自己的房子前面通常会有一片草坪，往往收到一些候选人的牌子时，就会将它们插在自家的草坪中，表明自己的政治立场。所以，社会学家就让一批人去选民家敲门，询问他们是否愿意支持节约用电，如果支持的话就在问卷调查上勾选一下"支持"项。

询问结束后，选民们还得回答能否接受一个很小的要求："既然你表示支持，政府现在有一块写着'节约用电'的牌子，你愿不愿意把这块牌子在草坪插上一个月？"后来的结果表明，绝大多数人因为说过支持节约用电，并且打了勾，就顺其自然地再同意插一块小牌子。最后，这些人履行承诺并使节约用电的实际执行率得到了很大的提高。

社会学家后来还找这些人进行了访谈，很多受访者都认为："既然我都公开表态支持了，那我怎么能不这么做呢？"这也能看出，很多人下意识地认为，自己必须言行一致。

了解这个原则后，我们会发现有些销售手段非常管用。还是以汽车销售为例，很多人在看车的时候很喜欢，但在拍板的时候就会犹豫。罗伯特·西奥迪尼注意到销售人员有一招特别厉害：一开始销售人员并不要你马上买下来，而是只问你一些看起来很简单的问题，然后建议客户："你先在车子里面坐一坐吧。"当你坐进车子，闻到新车的味道，往往就会立刻想象："这车子要是我的，该多好啊！"销售人员这时看出苗头，会及时上前说："我现在可以把车子借给你开回家，如果不喜欢，明天可以再开回来，不收取任何费用。"

罗伯特·西奥迪尼发现，绝大多数人把新车开回家后，第二天都不会再给销售人员开回去了。为什么？因为邻居都看到了他的新车，晚上又让自己的老婆孩子在新车里面坐过。虽然他没有口头承诺要买车，但已经让别人看到他开了一辆新车。如果把新车退掉的话，别人免不了会问，所以认真想想的话还是保持言行一致比较好，那就买下来吧。

第五，社会认同原则。

之前我就提到过，人类的精力和能量是有限的，面对的事情又太多。我们其实并不需要100%的信息，因为即使给了我们100%的信息，我们也不想真正花力气去判断每一件事情。在人际交往中也是如此，我们认为效率是很重要的。所以，大多数时候，我们倾向于选择社会认同的、理所当然的答案，就好比"更多人去的餐厅，食物一定更好吃"，这样的结论越被广泛认同，越能够让我们有安全感，选择起来越是不费力气。

社会认同原则认为，在判断何为正确的时候，我们往往会根据别人的意见行事。例如，如果一个乞丐面前的罐子里已经有一些钱了，那么接下来，你把自己的钱放进去的可能性，就会远高于你看到罐子空空如也的时候。所以，很多聪明的商家就会努力让你感觉到，很多人也在买这个商品，很多人用了这个商品也觉得很好，尤其当我们看到一些成功人士对这个商品的肯定时。关于这条原则，相信无须过多描述，因为很多人都知道类似"羊群效应"这样的例子。

第六，相似性原则。

比起陌生人，我们会更加信任自己的朋友。而在陌生人里，来自相同的城市，有着相同的爱好，哪怕只是两个人都喜欢吃西瓜，都会让我们更倾向于相信对方。因为比起其他人，对方和我们相对更接近一些。其实我们最信任的人是自己，相似性原则让一部分自己投射在对方身上，我们相信的只是他身上的我们的影子。

我们大多数人总是更容易答应自己认识和喜爱的人提出的要求，对于这一点，恐怕不会有人感到吃惊。罗伯特·西奥迪尼也认为我们更容易受到自己喜爱的人的影响。比如很多人都会说："虽然别人那里也有这个商品，但我愿意从你这里买，因为我更喜欢你。"从我们喜欢的人那里买东西或者学东西，这是很多人都乐意的。

于是，罗伯特·西奥迪尼发现最优秀的销售人员都懂得先和客户建立一些私人关系，其实质就是抓住他们和客户的一些共同点，同时给对方一些真诚的称赞，然后才会更有机会获得对方信任，开始进行合作。

罗伯特·西奥迪尼对此做了很多测试，发现哪怕是看起来毫无关系的共同点也会产生一定的作用。例如，当一个消费者走过来，一个销售人员直接跟他讲这个产品的好处，另一个销售人员则和他闲聊，希望先抓住一两个共同点，两者的销售效果会有很大的差异。后者可能会说："噢，你也去过这所大学，我就是这所大学毕业的。"还有很多看起来毫不重要的事情都可以成为共同点，比如都喜欢同一个球队，去过同一个地方度假，养过同一种类的宠物，等等。通过这个测试，罗伯特·西奥迪尼发现后一个销售成功卖出产品的概率要高很多。

当实验结束后，他进行回访，问这些消费者为什么要在后一个销售人员那里买东西时，获得的答案几乎是一致的，那就是："我和这个人比较谈得来（很有共同点）。"其次才会说："哦，这个产品也不错。"而挖掘和建立这个共同点，其实只需要花5分钟的闲聊时间，甚至话题都不用牵涉到产品本身。

影响力课程影响了很多华尔街的精英，对我的启发也是巨大的。我会开始思考：当我和他人沟通时，我需要用到哪些原则。以前，我和别人沟通经常会使用逻辑的方式，试图把一件事情拆解得清楚分明，从而说服对方，这是我们大多数人所认为，也是所知道的唯一有效沟通方式。

但现实却是，按照这种方式进行的对话却使沟通发生了障碍。而上述六条原则，恰好和逻辑没什么关系，甚至从逻辑的角度来看有点奇怪，但这些原则的确非常正确，也非常有用。通过学习和研究这些原则，我发现个人影响力得到了提升，能获得更多人的帮助，也增加了自己的识别能力，"看穿"那些正在使用这些原则来影响我的人。

第3节 我的影响力实践

学习完影响力课程以后，我在投资界进行了很多观察，加上自己的亲身实践，得到了很多收获。

互惠性原则：在创业期间，当我们去见一个客户的时候，会先给对方提供一些免费试用的机会。很多情况下，他用了一段时间之后就会喜欢上了，或者说用得习惯了。而且更重要的是，他觉得你已经给了他有价值的东西，会感觉到有些不好意思。我就遇到过有人这么跟我说："你们这个产品还是很不错的，但是我们今年的预算不多了，今年就少买一些吧，明年再看看是不是能追加一些。"所以我了解到，不一定非要让别人先付钱，先给别人提供一些价值也很重要。

稀有性原则：我们常常会告知客户，我们的一些研究数据是独家的，而华尔街投资人很多时候就是希望你这样做，因为他并不希望让别人也了解这个赚钱的方法。所以，我发现同样一个研究产品，与其卖给十家，有时赚到的利润还真不如只卖给一家来得多。而且我还发现一个很有意思的点，就是我们有些产品真的只有一个客户存在需求，但是我们依然告诉他："你想独家拥有吗？那你给的价格就要高些了。"虽然在一定程度上，这个产品不卖给他的话，也无法卖给其他人，但我们还是得强调他是独家拥有，这样反而会获得更多的利润。

一致性原则：客户在听完我们的介绍后往往先不表态，很多人都说我们回去讨论一下，再回复你。之后我们再联系时往往会比较困难。而学了影响力课程之后，我会加问一个简单的问题："我知道您需要回去讨论一下，但是如果您现在想让我们可以在一个小地方上帮助到您，那会是什么地方呢？"当客户开始回答这个问题时，他开始思考我们之间可能的合作，之后我们再次沟通和签约的概率会高出很多。一开始一个很小的承诺，很有可能导致之后很大的收获。

权威性原则：建立自己的权威很重要，但当然不是穿件白大褂就能说自己是医生的那种，很多时候我们也会借用别人的权威，来树立自己的权威。我们拥有一个规模庞大、层次很高的专家库，里面有不少专家具有很高的权威性，于是我们让这些专家去给客户做一些培训。在客户对专家赞誉有加的同时，其实也变相树立了我们的权威。

社会认同原则：当我们拥有一些好的基金客户之后，就会问对方，是否愿意让我们在推广和销售时提起他们。很明显，好的基金很在意同行用什么服务，如果业内越来越多人提到或者使用我们的服务，我们就越能够获得认可。"好的基金都选择这个服务，一定有他们的道理"，这就是我们希望在行业内被认同的、理所当然的答案。越是这样，我们的销售难度就越低。

相似性原则：之前我认为既然和华尔街这些最优秀的投资人谈生意，那么肯定要尽量展示我们的产品如何优秀了。但后来我才认识到，这些投资人其实也是跟我一样的普通人，有家庭，有学习，有兴趣，有朋友。我去之前会做很多功课，先找到两三个共同点，然后在聊的过程中，看对方对哪个共同点最感兴趣。他如果愿意聊的话，我就一直聊下去，就不谈产品。聊个痛快之后，他往往会说："要不你来给我说说产品吧。"当第二次我再找他的时候，他也非常愿意应邀，因为我和他已经有一定的私人关系了，而不仅仅是单纯的买卖双方。

他们都觉得：既然我信任的人用了你的产品，那你的产品应该比较靠谱；既然你这个人我聊过之后还挺喜欢的，你又给了我这么好的免费试用体验，而且你的产品看起来挺权威的，那我就开始用你的产品吧。

看，是不是六个原则都有机会用上，而且还能很好地组合在一起？效果相当不错。

第 4 节　破解麦道夫

我为什么要学影响力课程？一半是为了通晓如何去影响别人，另一半则是学习怎么辨别被别人影响。在社会上，我们无时无刻都会受到他人影响，无论是路边随处可见的广告，还是身边人们的口碑评论，这些都是他人对我们施加的影响。影响是如此之广、之深，我们往往身处其中而不自知，甚至觉得所有决定都是我们做的，所有决定都经过了自己的思考。要知道，只有懂得影响力的基本原理，我们才能更好地独立思考，知道怎么做好自己的决定。

其实,外界对你施加影响力的本质就是调动你去使用"捷径思维"（heuristics），放弃真正的思考，从情感上征服你，并让你放弃理智的选择。我们自己都没意识到，自己经常用捷径思维来作判断，在没有意识到影响力本质的时候，我们会把"捷径思维"当成独立思考，把我们以为的就当成事实。如果我们能清醒地认识到两者之间的区别，就不那么容易被别人影响了。

如果我们仔细观察伯纳德·麦道夫，就会知道他的欺诈方式完全符合影响力的原则。我接触了一些受骗的朋友，又看了麦道夫基金的投资报告，发现里面疑点非常多。

首先，以他基金管理公司的资金规模来看，每年都要安排外部机构来作审计，而且要求会非常高。但是，他聘请的审计公司却不是众所周知的四大会计师事务所中的一家，而是一家不知名的审计公司，该公司的老板还是他认识多年的一个朋友。任何投资者都不由得猜测：这个审计流程很可能只是走走过场，尤其是在这家审计公司总共只有两三名员工的情况下。从专业角度看来，如此大的疑点是不可能忽略的，但很多受害者并不觉得这是个问题，为什么？

其次，能够提供每年10.5%的投资回报，但他对投资项目的具体情况却讳莫如深，从不愿和别人分享。在华尔街，那些投资机构一般在投资行为结束以后，都会跟自己的投资者分享一下是如何获利的，例如这个项目的优点在哪里，或者这次操作了哪些股票。许多人都想知道，连巴菲特也做不到的事情，伯纳德·麦道夫是怎么做到的。当然，他确实透露过几支股票，却是经不起推敲的。后来我拿着这些数据问过几个给伯纳德·麦道夫的基金公司投过资金的人，他们很多是为美国富豪管理家族基金的，但居然也没有认真做过第三方验证。这又是为什么呢？

经过仔细研究，我发现伯纳德·麦道夫是这样运用影响力原则的：

- 稀有性原则：他的基金从来不对外销售，也不对外宣传，新投资者一定要靠熟人介绍才能获得进场机会，因而让人觉得这样的投资机遇非常稀有。

- 权威性原则：伯纳德·麦道夫曾担任过纳斯达克交易所的主席，纳斯达克的知名度非常高，发展也非常好。他还是犹太人，很多著名的犹太财团都给他投资。这些都赋予他非常充分的权威性。
- 社会认同原则：他花了很多钱，找到一些上流社会的人，好几个人还有欧洲贵族背景，然后通过这些贵族去结识更多的投资者，其实结识的过程就是一个为他销售背书的过程。在这么好的名人光环下，他的这个投资机会自然看上去非常具有社会认同感。
- 互惠性原则：和传统"庞氏骗局"一样，在初期，伯纳德·麦道夫只会给你一个机会投一点点钱，然后给以很高的回报。当你觉得收获挺大之后，贪婪就会让你逐渐越投越多。
- 相似性原则：在上流圈层，上当受骗的人不止一两个，社会名流比其他人更相信自己圈子里的人。当受骗者互相沟通的时候，发现身边的朋友都投了钱给伯纳德·麦道夫，反而得到了正向的肯定。然后，他们又继续一起去影响身边相似的朋友，这就把圈子里更多的人拉下水。
- 一致性原则：即使有人质疑过伯纳德·麦道夫投资中的那些疑点，想更多地知道过程的细节和故事的来龙去脉，但因为投资结果与伯纳德·麦道夫的许诺相符，他保持了言行一致，所以这些质疑没有起到什么作用，因此也没更多的人在意。

我不知道伯纳德·麦道夫有没有研究过影响力原则，或者上没上过影响力课程，但很显然，他是一个影响力大师，他很多的思维和言行都运用了影响力原则，加上他的身份背景和过往成功的历史，才炮制了这起堪称美国历史上最大的"庞氏骗局"。虽然他的投资产品根本不可能产生这么高的利润，但他通过发挥巨大的影响力，不断地吸引别人投更多的钱，把新人的钱作为利息付给之前的人，只要不断有新的人和钱进来，这个骗局就有机会一直维持下去。总之，要成为一个清醒的消费者、一个拥有独立思考的投资者，学习、理解和运用影响力原则显得格外重要，只有这样才有机会预防和破解一个个骗局。

第 2 部分
充满冲突的社群实验

第 1 节　重要而复杂的社群

在美国建国之初，那些开国元勋在撰写美国宪法的时候，主要考虑两个方面，一个是防止美国政府变成权力极大的、无法控制的独裁政府，另一个是避免出现极端的民主，也就是凡事都要征求大众意见，反对组织、纪律和领导。这就让我认识到个人和集体之间存在很深刻且奇妙的关系，一个人在群体中的行为可能与他独处时的行为有着很大的差异。

既然影响力课程讲到一个人是如何被他人影响的，那为什么我不继续去研究一下群体是怎样影响个人行为的呢？于是，我便对这个课题产生了极大的好奇心。在一个从事心理学相关工作的朋友的推荐下，我参加了一门名为"社群建设"的课程，也就是研究一群陌生人聚在一起如何建立一个全新的团体。

这可以看成一门课程，也可以算作一个实验，因为这是由芝加哥一个规模不大的实验室组织的。这是一家非营利机构，课程是免费的，但是交通、住宿需要自己掏钱，再加上知名度不高，所以来参加的大多是当地白人，像我这样千里迢迢赶来参加的华裔，真的找不出第二个了。

说实话，我去参加这个课程之前，我只知道这是关于社群建设的，我的那位

第四章 谁在影响我们，谁在定义关系

朋友也没有提供更多信息。是什么让我对一个社群从无到有的构建和维护的过程充满好奇呢？因为学校里和社会上的大多数课程，基本上是以能力和知识教授为主的。其余不那么传统的课程尽管处于仍在探索阶段，或者属于比较边缘、不受重视的领域，也都是采用授课形式，例如表情和情绪管理。但是我从来没有见过这样一门"课程"——让参与者自行摸索如何互相交往，构建起一个全新的社群。

哲学家和政治学家很早就发现，人在群体中的行为和他独处时的表现是很不相同的。一个人独自走在路上，如果看到前面有一个人因为受伤躺在地上，你可能会跑过去看看这个人是否需要帮助。但是如果这个受伤的人身边已经有很多人了，你可能会判断这个人已经得到应有的关注，未必需要自己参与了，于是跑过去帮忙的可能性就会下降很多，甚至径直走开。

美国本身就是一个非常多元化、社群纷繁复杂的地方，人们有种族上的差异，还有宗教上的差异，如信奉基督新教、天主教、犹太教以及伊斯兰教等，贫富差异就更不用提了。即使按这些规则划分后，每个社群里还有很多交叉，比如基督徒里有黑人，也有白人。

就拿芝加哥来说，这个城市是美国凶杀案发生率比较高的地方。芝加哥的白人和黑人分得特别开，白人区有很多富有的人，黑人区则相当贫困，两极分化很严重。凶杀案通常都是在黑人区发生的。但是黑人就会想，为什么白人区那么安全，凶杀案为什么都在我们这里发生？为什么没有人来管？如果管了，为什么没管好？

有人认为，由于美国各地方政府管理者都是民主选举产生的，因此富人区选举出来的人可能综合能力比较强；而且地方管理也需要当地纳税人提供资金和资源，富人区条件相对较好，因此从环境保护和治安管理上，自然是富人区更好。于是，即使两个社区相邻不远，也很有可能因为居住者的差异而造成了截然不同的治安情况。在芝加哥，种族问题是比较严重的，但不只是芝加哥的人，社会上

很多人都关心这些问题，因为和他们切身利益相关，大家都想解决现实中遇到的社群问题。

因此，如何能把各个社区或社群建设得更好，或者说一个大社群如何平衡其中各个小社群之间的关系，一直是美国社会一个非常重要的课题。芝加哥的这个组织就希望通过一个迷你实验，来小范围探索社群形成的奥秘，看看在形成过程中会遇到什么样的问题，人们会构建哪些明确的、潜在的社群规则，社群中的矛盾又是如何产生的，怎么化解矛盾，如果矛盾无法被化解又会变成什么样，等等。

第2节　因我而引发的社群规则激辩

芝加哥在美国的中北部，夏季的景色非常美丽，但是一到冬天就异常寒冷。我去芝加哥参加实验课程的时候正值非常寒冷的二月份。我们在一个封闭的环境里进行了为期三天的课程，这个地方原来是一座修道院，我们就待在地下室里。地下室没有窗户，灯光也不是特别亮，所以感觉有点阴暗和压抑。

我们从早到晚都要在这个空间里面讨论，每天只有两三次短暂的休息时间。在休息的时候，我们就会走出去，活动一下身体，呼吸新鲜空气。总的来说，这三天都是寒冷的，在外面感受到的是身体上的冰冷，在里面做实验则体会到来自人心的寒意。

整个课程没有人指导我们，只配备了两位协调员。两位协调员的主要工作就是观察记录和控制时间，安排我们吃饭和休息。课程开始之后，我们所有人先是围成一圈，然后，协调员说："在这三天里，我们会模拟一个小的群体的诞生和发展，你们会遇到每个群体都会遇到的问题，要尝试去解决它。我唯一可以告诉大家的是，我们会给大家一些必要的解释，但是我们不会引导你们如何行动。"他只说了这么多，剩下的就完全靠我们自己了。

于是，我们就这样静静地围坐着，没有人主动开口说话。我心里就想，这个活动到底是怎么回事？其他学员应该都和我一样，在心里不断冒出问号。很长一段时间里，大家都是你看我，我看你，或者看看协调员，但是两个协调员非常尽职，一本正经，假装没有看见我们。

5分钟……10分钟……15分钟……好像30分钟之后，都没有人开口说话。终于，有一个人忍不住了，开口问："我们到底是到这里来干什么的？现在大家都不说话是什么意思？"

因为有人开口了，旁边另一个人也开口道："我们是来建立社群的。"万事开头难，既然已经有人开始说话了，之后就会顺利很多，大家接二连三地发言，一起讨论：我们的目标是什么？我们这三天要如何建立一个社群？我们是否应该制定一系列规则？

其实，这个时候社群的雏形已经产生了。一群人聚集在一起，如果没有交流，肯定不能算是社群。既然互相之间已经有了交流，但还欠缺一些重要的条件，比如领袖、规则和目标等。

不过很快，我发现有两三个人表现得很积极。其中一个站起来说："我负责记录，把大家同意的事情先记录下来。"在我们以往的印象里，作记录的人存在感很低，他可能不说话，只是把别人说的写到纸上。但事实上，记录者的权力非常大，因为他所做的书面总结，可以作为实实在在的客观证据，以后可供查阅。一旦大家在某个问题上产生歧义，都可以翻查记录在案的内容，为大家提供参考依据，帮助大家达成共识。

客观之余，因为记录者是人，所以他也有主观行为，有些内容他可能会加上一些自己的看法，有些内容他听过就算了，不会记录下来。虽然记录者会保持一定程度的客观，但总是会有一些不自觉的主观偏向。从某种意义上来说，他就成了真正的决策人，对内容的去留和描述有一定的决定权。

另外两个积极分子的表达欲很强，讲了很多话，有点像领导者。我们都知道领导者通常有更多的话语权，但在社群规则还没有制定的时候，表达越多，显然越有机会成为领导者。现场还有其他人和这两位领导者唱反调，说我这里不同意你的说法，那里我要保留意见。讨论了那么多内容，一定会有分歧，也会有妥协和共识。

我觉得这些现象很有趣，平时生活里虽然经常发生，但是我们都习以为常，所以看得不够具体，也不会花心思研究。当我们抽离出来，进入一个单纯只为探索社群建立的场景时，这些习以为常的东西就会变得特别鲜活醒目。

这个时候，我接到了一个重要的电话，因为感觉社群一时还不会讨论出什么结果，所以我就跑出去接电话了。等我接完电话回来坐下后，就有一位女士提议说："我们是不是应该讨论一下关于惩罚的问题？"她指了指我说："比如这位先生刚刚出去接电话了，我们这个群体是否需要所有人都在场？电话是否需要关掉，还是允许接电话？如果允许接电话，该规定什么样的条件？如果需要一直在场并且关机，那么临时要离开的人将会面临怎样的惩罚？……"她后来又提出了一系列关于惩罚的建议。于是，大家针对这个话题展开了一番讨论。

因为我是当事人，所以我也就站起来发言。我说："我并不知道这个情况，而且我们之前也没制定这样的规则，我不知道自己需要遵守什么。"

一些人紧接着站起来对我讲："虽然我们没有制定规则，但这是所有群体中都存在的潜规则啊，不是你想接电话就可以去接电话的。我们是一个共同体，这么多人来参加这个实验，就是为了学习如何建立一个社群的。"

还有一些人则为我辩护说："他并不知情，而且在他出去接电话之前，我们这方面的规则并没有建立起来。"

这有点像辩论赛，出现了正方反方，双方针对这个问题展开了激烈的争论，开始出现了一定程度的混乱。

在大家讨论的过程中,我仔细地观察了每个人,发现大家都非常认真和投入,而且表情都很严肃,煞有介事。一开始,我觉得这有点可笑,这仅仅是一场模拟活动而已,没必要如此复杂吧。我还说了一句:"我是过来学习的。"结果,说完就有人紧跟了一句:"不是学习!我们是真正投入进来的,而不只是简单的学习。"可见,大家其实都很上心。

值得一提的是,在我们非常投入地互相争论时,两位协调员保持了一贯的中立态度,几乎全程都不说话,唯一说的话就是"该吃午饭了"。

到了午休时,我们之间已经明显产生了几个小群体。我当时也获得了一些支持者。但是我发现,一个社群在建立规则的过程中会出现很多争论和混乱,要想在某一个问题上达成完全一致的意见,非常困难。

在同一个问题上,每个人都会有自己的一番见解,可能一些人之间的分歧很明显,另一些人之间的差异就很小,观点比较相近,但也不会完全一致。

第一天,从上午9点开始一直到下午5点多钟,我们都在讨论如何制定有关团队行动规则和相关惩罚的制度。在这个过程中,我目睹了大群体中各个小群体是如何逐渐形成的过程。当天晚上,我就已经把这一天的讨论梳理了一遍。我感觉到这个实验确实还原了现实社会中社群建立的本质,而且还让我们看到了平时容易忽略的问题。

第3节 聪明人也难以达成共识

第二天的讨论,一开始是延续前一天的内容,但有一位女士突然丢了一颗"炸弹"出来。

她说:"我到这里来是为了解决自己的问题的。现在我们有了一个小组,花了一整天讨论制定了一些规则。既然我们建立了小组,就要帮助大家解决问题,那么我就和大家分享一下我的情况。"于是，她开始大倒苦水。

她说自己和妹妹的关系不大好。妹妹离婚后情绪低落，于是她向妹妹提供了帮助，可是妹妹却不太领情，甚至有一些抵触情绪，或许是感觉姐姐的怜悯像是一种施舍吧。另外，她和妈妈的关系也不好。妈妈常常指责她，但因为老人已经上了年纪，不可避免地需要她的帮助。她觉得自己向妈妈和妹妹都提供了对方需要的帮助，这一番好意不但没有得到理解，反而遭受了抵触和指责，这让她感到很不开心。所以，她希望通过这次课程，解决自己家庭小集体的问题，但她对大集体的问题却毫不关心。

有一些人听完她的故事之后，劝她消消气，并且给了她一些建议。但是，我观察到她其实并非真的想要寻求帮助和建议，只是来找一个出口宣泄情绪，越被别人关注，她越是起劲。

她接下来又说，自己为处理妈妈和妹妹的一些问题而付出了太多的时间、精力，反倒缺乏时间照顾自己的家庭和孩子。这样一来，她和丈夫之间就出现了隔阂，吵架时有发生。她对丈夫的想法是：你应该理解我对自己亲人的付出。面对妈妈和妹妹的不领情，她又会认为：你看，为了帮助你们，我牺牲了很多照顾自己家庭的时间和精力，你们怎么能不领情？问题一直没有解决，所以她就陷入了一种恶性循环。

我之前学习了其他的课程，能够从细微的角度对她进行观察，例如她的肢体语言和微表情。我也掌握了一些能力和技巧，可以向她提供一些帮助。但是，她表现出"并不需要"的样子，其他人提供的许多建议她也没听进去，所以我后来就不说话了。

既然这位女士带头谈论起了自己的私事，接下来就像昨天有人指责我出去接电话而引发了对惩罚制度的大讨论那样，很多人也跟着站出来，诉说自己的故事。由于这位女士的故事奠定了一个不是很阳光的基调，大家讲的也都是家里的困难、焦虑和冲突，这个集体讨论一下子就变成诉苦大会了。

一批人在诉苦，另一批人就发出了不同的声音。有个人忍不住说道："我们来这里是为了建立一个团队，不是为了听你宣泄自身痛苦的。"说着说着，两方的人就吵了起来。

这样的争吵持续了大半天，到最后也没有结论。但是，我们因为这个问题很明显地分成了两大派。当时协调员就在旁边，但是他们依然没有介入。因为争吵实在持续得太久，我就偷偷跑过去问协调员："嘿，你们的工作到底是什么？"

其中一个人回答我："其实我们的工作就是观察。你们现在出现的争吵，在现实里是很自然的。我们这个活动就是希望能够从观察之中，发现日常生活中的相似性和差异性。对于你们来说，也是一样，在参与和观察的过程中，你们会有自己的收获的。"

他说得很有道理，从某种程度上来讲，我们每天经历的都是这一过程。只不过，我们很少有机会能像这三天一样，从早到晚，什么都不做，就只观察一群人如何构建共同体。当一个问题被单独剥离出来并赤裸裸地呈现在我们眼前的时候，许多司空见惯的东西就变得刺眼了。

第二天的大部分时间，我们都在吵架和争论中度过。一派人说："不要再讲了，我们应该还是要谈我们的组织想做什么，要有一个目标。"而另一派则说："对我来说，解决自己的问题，就是我参加这个组织的意义，你怎么能剥夺我的权利？"所以，最后也吵不出什么结果来。

这一天的活动在下午5点钟的时候就结束了。大家虽然解散了，但是很多人私下里还会嘀咕。

这一天里，有一件事让我印象深刻。在当天的讨论中，我很少发言。由于整间地下室氛围比较压抑，没有窗，灯光也不太亮，加上大家吵吵嚷嚷的，我有机会就会跑出去透透气，思考一下我所看到的事情。

有一次去洗手间回来之后，居然有个人站起来指名道姓地指责我："我觉得黄征宇这个人不太好，每次我们一分享自己的故事，他就一个人跑出去了。"其实，在一个具有一定规模的社群里，有很多矛盾都会被隐藏起来，因为大家会顾及面子，不把心里话当面说出来。但是这个人就讲得很直接。

我回应他说："我是因为水喝得多，所以需要去洗手间。"那个人又说："你知道吗？如果有人在发言，就算我想要上厕所，我也会忍一忍，等这个人讲完了再去。你知道为什么每天都会有两三次休息时间吗？就是让我们用来上厕所的。"

我笑着对他说："你能忍住的话，那你很厉害，但是我没有办法，我忍不住。"

这个突发情况，很好地表现出了社群里存在一系列潜规则。我们都不喜欢那些违反规则的人，在大规模的社群里，违反明确规则的人往往会遭受处罚，违反潜规则的人大家都不会指名道姓地说，只是在内心谴责他，关系上疏远他，变相地惩罚他。这个人这次指名道姓地讲了，可能是因为他知道在这样一个实验性活动中，讲出来也没什么大不了的，所以就表现出来了。

其实，我出去的次数并不是很多。但我猜想这个人发作还有一个重要原因，那就是我出去的时候，他正好在分享他的故事。这个分享对他来说很重要，但是我的离席就显得对他很不尊重，尽管我并没有这个意思。

虽然我在大部分时间里都是个旁观者，不怎么说话，但在这一天讨论即将结束的时候，我发起了自己在这三天活动里的一个重要话题。我问大家是不是要设立一个讨论的制度，来推动所有的讨论最终都能够得到一个结果。例如"少数服从多数"，这就是一个制度。如果大部分人认为我们现在应该讨论和社群建立有关的内容，那我们就把个人的家庭困难问题先放一放。

但是紧接着又有人说："我不同意！"

我觉得这一点就很有意思。如果我们想要在某件事上达成共识，首先需要有一个制度，使我们得以依照这个制度，在框架内进行讨论，最终达到某个终点。

但问题是，确立一个制度的前提，也是大家都认同这个制度。当我们讨论是否建立"多数制"这个制度的时候，立即有人表示异议，认为我们不该忽略少数人的权利，他们的需求也很重要。那么接下来，如果换成讨论另一套制度，还是会有人提出不一样的看法。于是，大家只能接着争论。

这让我深刻意识到：很多时候，一群聪明人未必能够达成共识。在没有形成制度的前提下，通常的结果就是你说你的，我说我的，各做各的。所以，在一个社群建立的初期，真的需要一个领袖式的人物，在大家争论陷入僵局的时候，大胆拍板决定。

比如说，在美国立宪会议上，大家为了某一项内容争论不休，眼看进行不下去了，大家都会看着华盛顿，希望他给大家指一个方向。华盛顿在讨论的过程中很少说话，也不会说把某一项任务分配给谁，指导具体的细节应该怎么操作，但在大家各不相让的时候，他会利用已有的权威影响大家，朝某个方向继续进行下去。

可是，我们的社群里还没有领袖，大家都是刚刚认识的陌生人，也没有像华盛顿那样已经建立赫赫功勋和很高权威的"开国领袖"。发生持久争执的时候，大家都朝着协调员看，希望他站出来，指明一个方向。协调员完全可以让我们投票，选一个领袖，这样的方法还有很多，就和世界上不同国家采用不同的政治体制一样，但必须得有制度，有制度才能有操作下去的可能。但是，协调员没有反应，他们很悠闲地望着远方，因为他们只负责观察，并且保持客观。我们看他们不说话，只能继续争吵下去。

第 4 节　社群为何容易失败

到了第三天，这个大群体中每个人的角色都发生了变化。或者应该说大家的角色无时无刻不在变化，只是第三天已经很明显地表现了出来。

经过仔细观察，我发现这个20人左右的团体，大致可以分成三类人：领导者、跟随者和观望者。

这里所谓的领导者，并不一定具备一个领导者应有的能力。这个人成为领导者的原因，很可能只是他第一个站出来讲话，或者在别人讲话的时候拿出笔来说，我来记录一下，他们就成了领袖。这些人成为最早的领导者，其实只是因为勇敢，比较开朗，愿意先站出来。他们成为领导者之后，也可能会被赶下台。

跟随者的定义不用多说，但跟随者之间也是有差异的。一种跟随者并没有自己的观点，是完全听领导者的，领导者说了什么，他们就相信什么，并付诸实践。另一种跟随者有自己的观点，也许他并不完全认同自己所在社群的领导者，但在观察了其他社群后觉得自己在这个社群是目前最优的选择。这是两种不同的跟随者，而且跟随者和领导者之间的关系也不是一成不变的。

剩下来的人既不做领导，又不跟随，那就是观望者，我就是一个观望者。我参加了许多课程之后，慢慢地对自己有了一个观察结果：当我进入一个全新的情境，和一群人一起开展一个活动时，我不会一上来就自告奋勇做领导者，也不会轻易跟随某一个领导者，我会先观望一段时间。

这三种角色类型是不稳定的，经常会发生转换。一个人可以在一段时间里，成为领导者；过了一段时间，他不想做领导者了，转而变成观望者；某些时刻，他觉得别人是对的，也可能变成跟随者。

以第二天那个开始诉说自己家庭问题的女士为例。最初，她有了一大批跟随者，很多人都效仿她，想在社群里提出并解决自己的问题。后来，跟随者里出现了反对的声音，她领导的圈子就很不稳定。她的小组里有一个人一直反对她，她感到不爽，也很难领导下去，于是就不做领导者了，成为一个观望者。后来，有个人也讲了他自己家里的事情，她觉得这个人讲得很有意思，在观念上双方非常接近，于是她就变成了这个人的跟随者之一。

所以，我觉得角色间的流动性是非常值得观察和探讨的。不过首先，我想要强调的是：文化、宗教和经济水平对角色的影响，没有我们想象的那么大。

中国人受到传统儒家文化的熏陶，倾向于秉持中庸之道，加上我们常说"枪打出头鸟""木秀于林，风必摧之"之类的话，所以很多人会认为中国人大多扮演跟随者和观望者的角色。这是不一定的，可能中国人这方面的倾向性的确会多一些，但如果观察中国人自身社群，这三个角色仍然有着很合理的分布。

同样的道理，美国人里也不乏观望者，这一点甚至稍加思索就能想通。如果按照我们对美国人的传统印象——敢闯、勇于冒险，那他们就都是领导者了。可是，"美国人都是领导者"和"中国人都是观望者"显然是不现实的。

每个社群都会有不同的角色分类，只不过在不同的情境下，大家的选择各不相同，多数时候人们都会自然而然地选择符合自身主要性格特征的角色，但偶尔也会发生改变。

创业的过程也与此类似。我担任 CEO，这仅仅代表了我被别人定义为领导者，不代表我会持久地处于这个位置上。之后也可能会有新的领袖崛起，跟随者也会随之做出他们的调整。其实，领导者和跟随者的关系还是很脆弱的，而且别忘记还有观望者，他们也能随时随地影响这个社群。最重要的是，作为领导者，你手下也有这三种不同角色类型的人，他们之间都是会互相影响的，如何去理解和协调好他们的互相影响，其实也是一个值得深思的问题。

第三天的大致情况是各人都有一些表达，但和前两天相比，表达是有顺序的，一个接着一个说。我当时在社群里的一句总结就是："我没有什么要说的，我来不是要诉苦的，我来只是想看看群体是怎么形成的。"

这时候，有一个人站出来说："大家都这么开诚布公，你怎么什么东西都不和我们分享？"我说我真的没有什么特别的东西要分享。有人非常执着，还在追问我怎么能不分享。但是，他们也没有太勉强我，就让我继续想想，如果我想到了有什么可以分享的时候再说出来。不过这不是一个问题，因为在一个社群里，有些人的表达欲特别旺盛，很快就有人迫不及待地接过了话茬儿。

就这样，第三天过去了。

最后，组织者终于出来总结：希望大家通过这三天的探索，认识到一个团队、一个社群要做到公开、包容和高效，是相当困难的。我们这里一起参与的20名学员，大多数都并不是有意要搞破坏的人，都是想要学习和解决问题的。但是，我们发现，三天下来，大家并没有建立一个秩序井然的团体，所谓的公开和民主，说起来容易，但做起来难。

这也让我认识到，过去我的很多学习和研究都比较偏向个体，而一个人在群体中和独处时真的有很大的差异。你只做好自己分内的事是不够的；你拥有良好的逻辑思维，把自己的情绪管理得非常好，是很好的，但是还不够好；更重要也更有价值的是，一个人如何在团队里通过自己的努力，影响到别人，帮助这个团队从无到有，并且维护它，解决每一个突发或者长期的问题。

我在结束之后和组织者有过一番畅谈。我问："在这个实验活动里，为什么你们不把社群建设里的原理告诉我们呢？你们完全可以教会我们几个要点，让我们知道怎么样去构建一个秩序良好的群体啊。"

其实，不存在完全正确的万能答案。组织者告诉我，他们也没有总结出一套完整的理论体系，或者说他们并不以研究理论为目的，所以也不会执着于传授知识要点。他们组织这次课程（或者叫实验）的初心，就是组建一群陌生人，做一次社交实验，通过大家的自我学习，不断探索，认识到社群是如何构建起来的。很多时候，一个社群出现问题，我们习惯于把责任推卸到别人身上，例如说这是政府的缺失，那是流程的漏洞，而不是从自己身上找原因。

第 5 节　领袖和制度造就社群

这三天的经历给我留下了很深刻的印象，引发了我很多的思考。人类社会里有各式各样的群体，我们每个人脱离不了群体。潜规则也好，明规则也罢，社群里存在各种规则，而正是这些规则让一个社群能够维持正常运行。很多时候，我们不会去想这些规则是怎么产生的，甚至这些规则早在社会和国家出现时就已经存在了。这次直观的体验让我认识到研究这些规则的重要性。

让一群观点不同的人聚在一起，如果提供了目标，那个提出目标的人通常就是领袖，但是这次的课程，连目标都是让我们自己想。

这就和美国的现状很相似，美国是一个多元化国家，种族和宗教方面的问题尤为突出。因此，如何建立一个包容性的社会，就成了一个重要且紧迫的话题。很多时候，我们希望有人可以告诉我们要做什么，那我们只需要往下具体做就是了。可问题是，当没有人可以告诉我们方向的时候，我们该怎么办呢？

即使看上去很有道理的"少数服从多数"制度，也是有缺陷的，你难道说大群体中的小群体的需求就可以被忽视吗？也有人这么评价 2016 年 6 月的英国脱欧公投 52% 的选民支持、48% 的选民反对的投票结果：这 48% 的人可能是英国历史上最大的少数派。

现在，我越来越发现，要让一群人聚在一起做一件事是很困难的。这个课程最大的特点就在于——没有讲道理，没有告诉我们应该怎么做，只是通过我们这 20 来个学员翻来覆去的讨论，就展示出了问题和困难的必然性。社群能否成功建立，其实和大家聪明不聪明没有必然关系，重点是制度和领袖，这是很现实的问题。

所以，一个优秀团队的建立，不仅需要一群优秀的人，还需要科学的制度设计和领袖筛选，让每个人在团体中都扮演起最能够胜任的角色，让他们凝聚到一起，朝一个方向努力。

鉴于这个课程带有实验的性质，加上研究的是人际关系和社群构建，里面包含了非常多的阴暗面，因为实验规模小，所以没有多少可以隐藏的余地，通通都显露出来了。我之前参加其他活动虽然也会遇到很多阴暗面，但是呈现出来的时候，大家都是很积极、正面地去面对，但是在这个实验里，这些阴暗面就非常直接、赤裸裸地展现在我面前了。

我记得有一位哲人曾经说过，看似太平的社会，实际上暗流汹涌，这种微妙的平衡是非常脆弱的。一有风吹草动，社会马上会陷入一片混乱。历史上不论是中国还是西方都有很多这样的例子，比如短暂辉煌的马其顿帝国和秦朝，混乱的导火索可以是一个优秀的统治者的死亡，可以是一个暴君的继位，也可以是一场突如其来的自然灾害，但其实在此之前积累的社会矛盾就已经很深了。

这个课程让我对一个社群和团队的组织难度有了进一步的认识。对于我自己来说，这样的感悟在创业和企业管理上是非常有价值的。不管是建立一个优秀的团队，还是避免团队出现翻天覆地的混乱，平时都要仔细观察团队里的情况，深入了解大团队和小团队的问题。要记住，每一个习以为常的小细节背后都有真相。

第 3 部分
让男人成长的"男性计划"

第 1 节　帮助男人找到新的位置

对比过去，现代社会在文明方面有了长足的进步，尤其在性别问题上，很多传统的观念和固有的习惯都受到了不同程度的挑战。19 世纪下半叶起掀起了女权主义运动浪潮，经过女性的不懈努力，取得了很大的成绩，女性拥有选举权就是一个重要的里程碑。

然而，在女性主义影响力不断扩大的今天，男性却陷入了一种迷茫的状态。尤其在最早产生女权主义的欧美国家，男性的传统价值正受到越来越多的挑战。

按照过去的社会分工，男人侧重于承担社会责任，女性则更多负责家庭事务。从原始社会的狩猎采集、封建时代的侵略守卫，到近代的工业制造、现代的科技发展，男性的社会身份随着时代在不断改变，他们是需要适应社会变化的主体，而女性一直被认为只有一个主要职责——照顾家庭。

但是在工业革命之后，社会生产效率大幅提高，使得社会对于劳动力需求也随之迅速增长，原本男性可以从事的工作，女性也可以胜任，更多女性开始被推到工厂的生产流水线上。两次世界大战的爆发又让大量青壮年男性奔赴战场，女性也不得不从家庭走向社会，承担更多工作和责任。这一系列变化打破了传统的社会分工，男性对于社会职责的垄断正在瓦解。随之而来的男女平权运动，无疑挑战了男性作为既得利益者的地位，同时也剥夺了他们曾经的特权。

传统观念上，男性应当是阳刚的、勇敢的，拥有属于自己的男性气质。即便到现在，这样的观念仍然大行其道。中国人就常说"男儿有泪不轻弹"，认为男人应该有担当、深沉和内敛。但是按照目前的社会发展趋势，这个故事似乎正在步入一个大转弯，社会开始要求男性在情感方面也要敏感，需要懂得理解他人，需要更好地自我表达。传统意义上，父爱如山、大爱无言的刻板印象，变得有些不合时宜。

更令男性感到困惑的是，在传统观念被淘汰，社会分工发生重大改变，自我表达被鼓励的今天，旧式的男性形象轰然倒塌，却没有一个全新的、可称完美的、符合当今社会需要的男性形象被提出和树立起来。

男性应该如何面对这个社会的全新挑战？作为一名男性，应当具备哪些要素，才是符合时代要求的？最简单的一个问题就是：在这个社会里，怎样做才称得上是男人？这已渐渐成为绝大多数男性的困惑，同样也成了我的困惑。

说来也巧，我的一个朋友向我推荐了一个名为"男性计划"的课程。

我这个朋友以前是军人，退役之后在生活中碰到了一些问题，也就是现代社会中常见的男性危机。他是一个白人男性，就和很多美国人一样，学着大爱无言的父亲的样子成长为一个男人。但是社会已经发生了变化，不再欢迎那样的男人了。在这样的社会里，他并不清楚优秀的男性是什么样的。为了寻找答案，他学习了这门课程。

课程结束后，他认识了很多男性朋友，自己也有了一些突破。他对我说："这个项目很好，所有男人都应该去参加。你也应该参加这个项目，他们会组织各式各样的活动，也会有身份各异的男性参加。"这么高的评价自然也引发我想尝试一下，所以就报名参加了。

第四章 谁在影响我们，谁在定义关系

我报名之后，有一名志愿者联系到我，问我为什么要参加。我说："我今年一年什么事情都没做，就是去学习各种各样不同的东西。我有一个朋友参加过你们的项目，觉得非常好，他说每个男人都必须来学习一下，学习如何成为一个优秀的现代男性。我听了之后很好奇，不过我自己没有什么急需解决的个人问题，主要是以学习为主。"

"男性计划"项目为期三天，地点在美国宾夕法尼亚州的一个小镇上。我曾经去过宾州的费城，开课的那个小镇距离费城不远，大概也就是两三个小时的车程。

宾州是美国一个相对比较传统的地方，可能综合水平显得相对落后一点。那里有许多传统行业，比如钢铁产业这种重型制造业。近几十年来，宾州的经济一直不景气，最主要就是因为实体行业不景气。许多当地人因此失业，面临着不同程度的经济压力，继而引发很多家庭和社会问题。在制造业这种较为依赖力量的传统工业里，就出现很多承担家庭经济重担且现在备受困扰的男性。所以说，这门课程选在宾州进行是很合适的。

参加这次课程的无疑都是男性，一共有四五十人的样子，大家都住在一个宿舍里。一般情况下，课程组织方都会筛选学员，因此我之前参加过的课程，其学员背景都比较相似。但"男性计划"课程仿佛只有一个标准——你是成年男性就可以了。在这四五十个学员里，有些很年轻，像大学生，有些可能已经六七十岁了；从这些人的打扮来看，有些人应该是经济条件不错的成功人士，有些就是很普通的白领职员和蓝领工人，或者干脆就是做苦力的。

这门课程除了学员组成复杂之外，还不收学费。当然，如果你想捐款的话，他们非常欢迎。他们已经成功组织过很多次课程，所以课上出现的工作人员很多都是志愿者，几乎是从全国各地赶过来的。这是一个全国性的组织，有专门的网站。这个组织的主要宗旨就是：男人帮助男人。

当今社会，尤其在美国，如果一个男人说了"我要做男人"，那是会受到排斥的。美国社会讲得最多的是消除歧视，这是所谓的政治正确。我在《征途美国》一书里讲过，美国主流社会的一个特性就是种族差异。大家都会说少数族裔遭受到了多大程度上的社会不公平对待，女性群体又面对了怎样的歧视，贫富差距所带来的差异就更加不用说了。很多人都认为，造成这些差异或者说歧视的来源是主流群体——美国的男性白人。

所以，越来越多人尤其是女性主义者，会经常说要实现性别平等，男人就应该比以往多承担一些家务，应该表现得更温柔，因为传统的男性角色很少做家务，也很少表现得温柔体贴。这样导致的另外一种后果是，男性的传统特征越来越少被社会提到了。

说实话，我一开始有点担心，觉得"男性计划"讲的其实就是做男人，那很容易就联想到对立面——反对女权主义。因为社会上每当提到男权概念，大多数情况下都会反对女权。但是这个组织所要做的是鼓励男性互相帮助，找到自己的男性特质。按照中国人的说法就是，教你如何成为一个男子汉，帮助你根据当下的社会情况，重新树立符合现代人所期待的男性形象。

尤其和他们当面交流之后，我得到了更加充分的信息：女性主义非常好，解放了女性。那么男性在新时代下受到传统的束缚也很严重，所以也要解放男性，帮助男性找到新的位置。因此，就有了这么一个"男性计划"。

第 2 节　回到印第安人的成人礼

第一天课程刚开始，组织者就告诉我们，这次课主要想探讨并试图解决的两个问题分别是：第一，传统男性的形象被打破之后，现在没有一个清晰完整的新形象作为替代，真正意义上的现代男性应该是什么样的？第二，男孩与男人到底有什么区别？在什么样的情况下，一个男孩能够成为真正意义上的男人？

这两个主要问题其实又可以引出更多的细分问题，可能涵盖了我们平时自己内心感到困惑的许多问题。例如当今社会，人们不断否定着男性的固有印象，说男人不应该这样说，不应该那么做，这种行为是不合适的，那种行为又落伍了。但问题是，到底什么样子才是真正的男人呢？许多男性不论是否成年，他的很多生活表现始终还像一个男孩，到底怎么样才可以从男孩蜕变成真正的男人？

创办者们研究了印第安人许多种文化，这门课程就借鉴了印第安人的很多做法。

印第安人文化中有一个成年仪式（**Initiation Ritual**），对解决现代男性的困扰有一定的帮助。在印第安男孩进入生理上的成年期时，部落会对他进行很多测试，等他通过之后才会举行成人礼，成为真正意义上的男人。所以这个项目也模仿印第安人的做法，让来自各地的"男孩"成为真正的男人。

这次课程的主要场地设在当地社区中心的一个室内篮球场内。所有运动设施都已经被搬离，这让整个场地显得更加阔大且空旷，只有从地面上的那些白色线条和色块才隐约可以看出这里原来是一个篮球场。

场地被精心布置过，充满了浓郁的印第安风格。地面铺满了地毯和毛皮，上面绘有各种动物的形象，出现最多的是野牛，也有一些羚羊和狼。四周的墙壁挂满了饰品，就连玻璃门也用厚厚的兽皮裹住，透不出一丝的光亮，这让室内非常阴暗。为此，四周的角落里点起了火把，有些插在地上，有些架在墙上，忽明忽暗的火焰随着气流跳动着，投射在地面的人影也随之颤动，再现出非常浓厚的古代印第安部落氛围。

在进入场地之前，所有人都被要求脱掉鞋子。大家光着脚踩在地毯和兽皮上，再加上四周火把产生的热量，不但不觉得冷，还微微有些出汗。在此之前，项目的志愿者们告诉我们，"男人计划"课程鼓励大家坦诚相待，用真正的自我来面对其他人，所以每个参与者可以不穿衣服。但第一天的时候几乎没有一个人这么做，直到彼此慢慢熟络了起来，更理解坦诚相待的意义后，才慢慢习惯。到第二天活动开始的时候，大多数人就只穿着短裤过去了，有几个干脆真的"坦诚相待"。

当我们进入场地之后，很多志愿者穿着印第安人的服装，敲着鼓，载歌载舞，让参与的人非常有代入感。一个印第安部落首领模样的人走了过来，年纪大约60多岁，是位白人。他戴着眼镜，留着大胡子，穿着一套厚重的兽皮服饰，头上戴着用长长的动物羽毛做成的帽子，胸前挂满了饰物，我想，这应该是印第安部落酋长或者萨满的角色（我姑且称他为"酋长"）。他手里拿着一根权杖，当他握着权杖在地上重重敲击的时候，我自然而然地感觉他很有权威，也很有震撼力。每次权杖敲击之后，大家都会安静下来，听他讲话。

酋长给我们讲述了很多关于印第安男孩成长的故事。在这里，他运用到一个叫"原型"的概念。这个名词是心理学家卡尔·荣格（Carl Jung）创造的，指在神话、宗教、梦境、幻想、文学中不断重复出现的集体无意识。它被认为是人格或心灵结构最底层的潜意识部分，可能来自人类世代活动方式和经验库存，进而在人脑结构中形成的遗传痕迹。"原型"的表现形式可以是细节描述、剧情模式或角色典型，能唤起我们潜意识中的原始经验，然后让我们产生深刻、强烈、非理性的情绪反应。

举个例子，在很多故事里，我们可以把人分成不同类型，比如国王、勇士、智者和爱人。如果我告诉你，你就是其中一个角色，你拥有这个角色相应的独特能量，例如国王有权威和领导力，勇士则具备了勇敢和牺牲的特质，智者能够把握变化，爱人对世界充满善意。

这并不是说，你原本不存在的一些能力就突然间出现了。其实每个人都具备各方面的能力，只是在程度上有一些差别，平时因为我们的固定角色定位，所以只展现某一面，其他的能力都被隐藏起来，或者被忽略了。运用"原型"就是让你从日常生活中的状态抽离出来，进入某一个角色，唤醒那些被我们忽略的能量，释放被压抑的自我。

一个人平时胆小懦弱，我们想要改变他，可以从很多方面入手，比如我学习过 NLP 后可能会通过图像对他进行一些引导和调整，我们也可以通过不同的角度和手法去给他讲述故事，起到改变的效果。

假设这个胆小的人被告知，自己心里有一名勇士。勇士，顾名思义就是"遇到事情绝不退缩，能够勇往直前的人"，这是我们每一个人的共识，相信没有人会说勇士会逃走的。我们可以问他："如果遇到困难，你心目中的勇士会怎么办？"人们通常会回答："那他一定会冲上去，勇敢面对，并且解决问题啊。他怎么说也是一名勇士啊！"但是，如果你问他本人："如果遇到困难，你会怎么办？"他可能会不断找理由说："这个情况很复杂啊，的确比较困难啊，我真的做不了。"因为他还处于自己的日常状态，他给自己设定的角色就是胆小的。

还有些人和家人关系不好。假设他心里给自己定义的角色是爱人，那作为一个爱人，会怎样对待父母呢？他可能马上就像换了一个人，热情地说："我爱你们，爸爸妈妈。"但是如果你问他本人，他可能就会说："我爸妈讨厌我，他们对我这么不好，我一点都不爱他们。"这就是原型状态和日常状态的对比。

在印第安部落里，印第安人通常会把动物和颜色也作为一种"原型"。所以当我们运用"原型"的时候，除了赋予自己角色，有些时候也可以赋予自己动物和颜色。

在我们的传统观念里，很多动物本身就代表了一种意义，比如狮子象征权力，马代表速度，老鹰代表自由，猴子代表精明，蛇就和毒辣挂钩了。有一个很有名的印第安酋长的名字翻译过来应该就叫"坐牛"（sitting bull），另外还有叫"疯马"和"红云"的。在他们的名字里就包含着一定的意义，和我们中国人起名字差不多。

同样的，我们对颜色也是有感情的。为什么我们刚刚见面可能就会问对方最喜欢的颜色是什么？这是一个很奇怪的问题，人家喜欢什么颜色好像无关紧要，但由于我们赋予了颜色一些情绪关联，所以一个人喜欢的颜色往往能够代表这个人的一部分品质。例如喜欢红色的人，可能比较热情，性子比较急；喜欢蓝色的人，性格可能比较沉静和内敛，诸如此类。

当时，每个人都被问到了自己喜欢的颜色和动物。当我们说出答案后，酋长会告诉我们，各自代表了什么。比如说，有人说最喜欢红色，酋长会说他的能量是爱。有人说最喜欢的动物是老鹰，那么他的能量可能就是自由。

酋长介绍完之后，就要求我们跟着他一边念，一边做动作。我们就跟着他念，每种能量是什么，颜色是什么，动物是什么。这时旁边有人在用乐器给我们伴奏，嘴里还发出"呼哈"这种很原始的吼声，让人很有感觉。然后，当酋长说"东"，我们就朝东走，呼喊属于东方的能量、颜色和动物；当酋长说"南"，我们就往南走，大声讲出属于南边的能量、颜色和动物；当酋长说"下"，也就是指大地，我们就朝下指，说出能量、颜色和动物。

当时的场景很有拍电影的感觉，真的像生活在印第安部落里面，正进行一个神秘的仪式。我觉得挺有趣，但就是不太明白，做这些到底有什么用意呢？总不可能我吼了就真的拥有这些能量吧？

接下来，和之前的一些课程一样，我们也被要求讲述自己的故事。一方面，组织者可以通过我们的故事来了解我们的内心；另一方面，讲述也是具有挑战的，我们必须坦诚地讲述我们自己的故事，尤其是那些平时我们不愿意公开的事情，这能让我们进一步打开心扉，投入课程。

酋长说，男人需要真正做到的事情，首先就是诚实，而且说到就得做到。但在现代社会里，这好像很难实现。虽然企业界对于职业道德的要求越来越高，职业道德的首要标准也就是诚信。但是，当我们离开了工作环境，回到家庭或者处于一些特定的社交场合，我们就不那么关注诚信了。

第四章　谁在影响我们，谁在定义关系

在工作上，互相坦诚能够节省许多时间和精力，提高工作效率，这对大家都好。所以在企业中，诚信就成了明文规定的游戏规则，每个人都必须遵守。但是脱离了这个情景，我们就好像可以无所顾忌。事实上，也的确没有人能告诉我们应该怎么做，也没有什么可以约束我们的内心，我们也不知道应该如何坦诚。

为了解决男性在新时代所面对的这一大迷惘，接下来，酋长让每个人都站出来说说自己的真心话。

当时，有个人就站出来说："我一直缺乏的能量是爱。在我很小的时候，父母就离婚了，所以我一直感到很孤独。我很害怕被爱，同时，我也很害怕爱上别人，因为我缺乏爱的能量。虽然我现在已经有了两个孩子，但是我并不能做到真正地爱他们。但是今天，我要勇敢地说出我的真心话，我爱他们！"

酋长说："你说得很好，希望你可以通过这次尝试，认识到你的颜色已经出现了。麻雀就是属于你的动物，它会一直陪伴在你身边。你现在要努力，重新拥有这个能量。"

我也站上去讲了自己的真心话。我说："刚才大家上来说的内容，都让我非常有感触。我的父亲过世得比较早，所以我心里一直有一个缺失。我觉得自己不能真正爱上一个人了，因为我爱上了某一个人，这个人最终也会离开我，我怕再次面对这样一个缺失。"

酋长也同样告诉了我属于我的颜色和动物。他的话虽然还是那句"这个动物将会一直伴随你，爱的能量也不再会是一种缺失了"，但可能正是需要通过这样的仪式，我们才更能把自己的心里话讲出来。

颜色我记得很清楚，是红色。不仅仅是因为红色非常显眼，还因为它代表了生命和活力。但我现在已经完全记不起来酋长告诉我的是什么动物。并不是因为那个动物不好，是因为在我心里，龙才是真正代表我的动物。以中国的属相来说，我出生于龙年，我的名字"征宇"是爷爷给我起的。在中国的传说里，龙往往被

认为是神圣的、威严的、神通广大的。但在西方，龙的形象并不那么深入人心，甚至还被视为怪兽。尤其在印第安文化中，龙是不存在的。所以不是我对酋长给的这个动物不敏感或者不同意，而是我先入为主已经在心里有了选择。

在我看来，"原型"很有趣的一点是激发。每个人身上其实都具备很多不同的特征，而不是说只有一个人是勇士，或是只有一个人是国王，"原型"只代表了每个人不同的侧面。酋长给你一个"原型"，你就会格外注意这一点。尤其是在这方面你表现得不那么明显的情况下，它可以帮助你激发自己在这方面的潜力。

如果我心里没有龙的话，我想我会很高兴和另一个动物之间发生关联。一想到这个动物，我就会想到这个动物所代表的能力。一直以来，每当我想起龙，我都会感到自豪，龙给予了我力量。"原型"很重要的一点就是激发了人的内心潜力。可能这些潜力之前你自认为没有，可一旦你拥有的动物有这种力量，你的能量也就被激发出来了。

一整天课程结束后，酋长总结道：男性习惯于压抑自己的情感，因为在过去，这是男性的传统特征——隐忍、内敛、不善表达。但是时代的变化敦促男性用自己的方式进行表达。

在"原型"的影响下，我们受压抑的部分被唤醒了。我们首先被赋予了某一种特定的颜色和动物，激发出了某一种力量，摆脱了自身的困境，克服了原来的束缚，坦诚地表达出了自己的感情。在坦诚表达的同时，我们也获得了另一种力量，就是注重当下的身体感受，而不是沉迷于对未来的幻想，或者困在过往的遗憾和痛苦里。

在科技不断进步的过程中，这些古老的传统有些被我们视为迷信而取缔了，有些则因环境的改变而被我们淡忘了。但是在学了这么多之后，我发现古老智慧和现代科学在很多方面都是相通的，每个时代的根本问题是一致的。而这些仪式被重新启用，恰恰说明了这些古老传统是存在科学依据的。

第 3 节　共患难，成朋友

第一天的课程结束时已经很晚了，回到宿舍后，大家倒头就睡，为第二天养精蓄锐。

但是没想到，凌晨 1 点左右，突然有人把我们都叫了起来，告诉我们说要出去。然后，所有人都被蒙上了眼睛，只有走在最前面的那个是能够看得见的，后面的人都把手搭在前一个人的肩上，所以大家都要互相信任，互相依靠。

我们住的地方是一个小镇，旁边是森林，给人很荒凉的感觉。其实宾州秋天的景色是很美丽的，尤其在森林里面，落叶缤纷。但是我们几乎没有办法感受到那里的美景，因为我们是在凌晨来到森林的。森林和城市不一样，没有路灯，而且林木高大，浓密的树冠遮蔽了天空，森林中漆黑一片，伸手不见五指。

我们被告知，这么多人要从森林的这一头走到另一头。唯一能够看见的那个人也不认识路，他可能会收到志愿者给的一些灯光、声音或者别的提示，其余人就只能听到声音了。加上当时正好是秋天，大概是在十月份，晚上挺冷的，所以大家都有点害怕。

害怕什么呢？倒不是害怕有野兽冲出来，毕竟美国已经很少有大型野兽出没了，我们也不是在国家公园里。但我们是在晚上被叫出来的，可以想象，晚上的氛围总是比白天阴暗许多，而且大部分人没有任何心理准备就被突然拖出来了，身上穿的还是睡衣，风一吹，感觉很冷，身体也在瑟瑟发抖。

森林里的环境对我们来说是陌生的。你走在城市里面，起码你不用担心人行道上会有汽车行驶，因为城市里很多规则是大家都很清楚的。但是在森林这种自然环境里，什么都没有被规划过。路是不存在的，就算走的人多了，踩出了一条路，但这种路也是不好走的。你可能走着走着就磕到一块石头，一脚踩到潮湿泥泞的地方或者一条蛇的身上，也可能被旁边一棵树的枝条打到脸上。因为夜晚，因为寒冷，因为我们正闭着眼睛调动我们的想象力，这些潜在的可能性被不断放大，原本只是未知，慢慢就变成了恐惧。

我们40多个人就在荒山野岭中，在接近零度的寒夜里，搭着前面人的肩膀，朝着未知的地方前进。前面的人对我说："你要拉住，别脱手了。"我说："万一你跌倒了，我会扶住你的。"一路上，我们走得很慢，我也知道有人跌倒了，不得不停下来，但是大家都没有抱怨，而是帮助他。这一点让我感到很温暖。

一路上，我们都能听到敲鼓和吹笛子的声音。因为看不见，所以感觉有点莫名其妙，但总算是有人提示我们朝哪里走。也不知道走了多久，忽然间，我感觉到前面好像有光，一闪一闪的，像是一个火堆。这个时候，有人说可以睁眼了。我们扯下眼罩睁开眼一看，的确到了火堆前面。

然后，大家围成一个圈。组织者对我们说："恭喜你们！你们过了第一关，作为男人，你们能够肩负责任，互相帮助，才能走到这里。"

记得在行进过程中，我前面的人提醒我要拉住他，因为他觉得他对我负有责任，他既要跟着前面的人，又要带着后面的我前进，不然我就不知道要去哪里了。我对他说如果他倒下了就由我扶住，因为我对他和我后面的人也负有责任，我要引导后面的人前进，没有我，他们也不知道往哪里走。所以，只要前面的人倒下了，后面的人就没办法前进了，整个团队的人都很清楚这点。如果要整体到达目的地，只有保持互相支持的姿态才能前进，有人倒下了就一定要扶起来。这个时候，我们很明确目标是什么，也知道我们的责任又是什么。

我们在平时的工作和社交中，也是这样和团队其他人进行着配合的，但因为一直在做同样的事情，很容易就忽略为什么要这么做了，好像天生就应该是这样的。我们往往自觉或不自觉忽略了许多人生必备的本质，坦诚就是其中之一，责任感是另一个。

从森林返回后，兴奋感、成就感和巨大的刺激混杂在一起，使得大家一时难

第四章　谁在影响我们，谁在定义关系

以入睡，于是就开始闲聊。

我住的宿舍里一共有四个人，其中一个是看起来很友善的白人胖子，大概四五十岁的样子。他的长相很普通，身高大约 1.65 米，但体重将近 200 磅，头发修剪得很短，脸上总是挂着微笑，看上去就像一个和蔼的邻居大叔。

他主动告诉我："我跟你透露一件事情，其实我曾经坐过牢，罪名是猥亵儿童。"我听了之后很震惊，如果不是他自己说出来，我根本不会把他和"犯罪"两个字连在一起。一方面这样的行为是很为人所不齿的，另一方面我平时很少有机会接触到这样的人。在美国，犯猥亵罪的人是要被登记的，即使出狱了，仍旧要一直带着这个标签。这个标签显然是很坏的，所以会有很多公司拒绝雇用他，很多社区也不愿意让他居住。他也一直很自卑，沉浸在对过去的忏悔中，同时也在逃避现实，不想面对曾经犯过的错。

经过这一天的课程，他觉得自己应该要坦诚，活在当下。他说："虽然今天我没有讲出来，但是我决定了，明天一定要说出我的故事。"

我还从来没有遇到过犯猥亵罪的人，而且这个人现在就睡在我的下铺，心里有点接受不了，但同时也有些被他感动。老实说，如果不是他主动告诉我，没人会知道他是猥亵犯。起码在我看来，他就是一个比较亲切的中年男人。而且我对他来说是一个陌生人，虽然我们共同参与了第一天这个课程，实际上彼此之间说不上有多少信任，但是他居然就愿意坦承自己有过这样不堪的经历。我觉得这门课程还是蛮神奇的。

我另外两个室友都是工人。可以想象，这个社会里推崇男女平权，受到冲击最大的就是这些处于中下阶层的白人男性。

首先，他们身上许多原先被赋予的白人和男性的双重特权被推翻了，被剥夺了。其次，他们由于没有受过高等教育，并不能通过知识和其他资源树立新的优势，重新获得相对较好的社会地位和个人特权。再次，他们不是女性，也不

是少数族裔，意味着不是传统意义上的弱势群体，所以也享受不到特殊照顾。最后，他们还是从一个崇尚白人男性的旧时代走过来的，在别人看来，他们是理所当然的成功者，而不成功的白人男性是不符合社会期待的，甚至他们也很难向自己交代，这就大大制约了他们在新时代找到自己的新位置。

可能在他们小时候，父亲就是一个很传统的男性，多数时候都在保持沉默，也不善于表达情感，不会说"我爱你"，但是没有人会提出反对意见，他在家里说话掷地有声。这种一家之主的男性形象在东西方差异并不大，中国父亲的情况也差不多。

当时的男孩，也就是现在新一代的男性，肯定也是学着父亲的样子成长起来的，但是他们发现在当今社会，这种男性形象行不通了。大家都在反对过去的旧式男性形象，攻击他们身上存在的各种问题，但是很少有人会告诉这个时代的男人们，既然这些那些都是不好的，那么好的应该是什么样的？社会舆论一直在呼吁男性做出改变，那么该怎么改变？新时代的男性应该具备哪些素质？"男性计划"项目就是为了让每个人找到相应的答案。

第4节　赤条条共舞，坦荡荡分享

第二天，大家继续讲述自己的故事。

还是光线暗淡的空间，墙上安放着火把，地上铺着兽皮，场地中间有一个火堆，其实挺暖和的。"男性计划"在美国出名，有一个很大的原因就是参与者被称为"一群不穿衣服的人"。有些人比较放得开，连内裤都不穿就冲进来了。

旁边的工作人员有的在跳舞，有的在打鼓，有的嘴里哼哼哈哈地唱着古老的歌。扮演过去部落里的萨满祭司的人站在当中，他会指着一个人，问一连串的问题：你是谁，你站出来，你的颜色是什么，你的动物是什么，代表了什么，那你现在拥有这个力量,你会怎么表达你自己。

其实本质和第一天差不多,只是在形式上有些调整,但是因为有了第一天的铺垫,很多人慢慢从自己日常的状态中解脱出来了。

有一个人站出来说:"我是一个同性恋。很长一段时间里,我都觉得自己不是一个男人。"他看上去 30 岁出头,身高超过 1.8 米,非常瘦削。平时眉头紧锁,看上去内向而柔弱,脸上布满了不合年龄的沧桑和萎靡。我发现他站着的时候,身体总是有些伛偻,好像要把自己藏起来。

他说:"我父亲对我的性取向很反感。但是,我今天站在这里,我觉得自己可以做一个真正的男人。只要我诚实地活着,直面自己,那我觉得还是一个男人。"他说属于自己的能量是魔术,是一种改变的力量,可以治疗自己,也可以治疗别人。

然后,昨天在寝室里和我讲了个人秘密的胖子也上来了。他也讲了自己的能量、颜色和动物,然后果然就像他昨天说的那样,分享了他猥亵儿童的故事。他说:"我很惭愧,我做了这些错事,被判了监禁。在美国这样的事情是登记在案的,所有人都可以看得到,所以社区里没人愿意租房子给我,这是我的耻辱。"

他接着说:"其实,在我小时候,我也被别人性虐待过。"说到这里我就明白了,这显然影响到他成年以后的行为。他表示:"正如我刚才分享的,我的动物是熊,色彩是金色,我拥有内心的神秘力量,我是可以掌控自己的命运的。"在这个课上是没有鼓掌的,大家在他发言后通过吼叫和跳舞的方式对他表示鼓励。

接下去的环节让我深深地认识到,为什么这个项目如此出名。

组织者教我们一种印第安人的传统舞蹈,但随后建议我们脱光了衣服跳舞。他说:"我们生来就是赤裸裸的,如果要成为真正的男人,那我们就要像刚出生时那样坦诚相待。"于是,我们就开始脱衣服了。因为在场的都是男性,所以也没什么大不了的。

大家一起跳舞的时候，我就发现，在短短两天之内，大家很自然地形成了一个团体。而且这和之前在芝加哥经历的社群建设实验还不太一样，那个社群更多探讨的是规则，我们怎么样才能做好一个社群，是思维上、语言上的互动。现在这个群体从身体上就是自由解放的，给人的感觉是大家在一起，每个人对这个集体都有责任感。而且印第安文化氛围让我们感觉到已经和大自然融为一体，不需要什么现代文明规则，只要互相坦诚就可以了。跳舞的时候，我明显感受到了大家的全情投入。

我想这就是为什么一个公司虽然有很多规章、流程和培训，但更多的时候却是需要用公司文化所产生的凝聚力来团结大家的原因所在。很多公司都会做团队建设，就是为了把人心凝聚起来。员工进入公司，是为了什么呢？当然，首要的是拿到一份有报酬的工作，过上好的生活，在社会上生存立足；然后是为了获得更好的个人发展。但是在公司工作，作为社群动物的人是很需要归属感的，也很需要看到公司获得的成功是包含了自己的一份努力和付出的。

如果老板只是对员工说："你做得很好。你做得越好，我就给你越多的钱。"这其实并不能产生什么凝聚力，因为别人也可以用同样的方式，付再多一点钱，此时这个员工就会选择跳槽走人了。

所以，真正好的公司，不仅是给每个人一份不错的薪水，提供一个有前景的发展平台，而且有着强大的凝聚力，让大家都有归属感，有成就感。每一个人都觉得在这个团队里，可以做真实的自己，可以充分展现自己，又能帮助整个群体做得更好，这其实才是建立一个团队的精华。这也是印第安人部落的社群原则，虽然在那个时候，没有现在这么发达的科技和深入的理论分析，但其中的内涵和现在是一致的。

第 5 节　汗屋仪式

第三天的项目也很有意思，叫作"汗屋仪式"（sweat lodge），这在印第安人文化里是很出名的。

所谓的"汗屋"，就是一座外面覆盖着兽皮的、密不透风的小石头房子。他们会在晚上把大块石头放在火里烤热，第二天再把烤热的石头放到小房子里。因为房间里非常热，大家都得脱光了进去，有点像桑拿房，里面又黑、又闷、又热。人一进去，很快就满头大汗了。

进入汗屋后，就有人坐在那里，拿着杯子让我们每人喝一口水。原本在印第安部落里的这个仪式上，杯子里会放入含有致幻剂的饮料。但是我们喝的就是一杯普通的水，每个人喝一口就好。那人说："喝完之后想想，这几天你们上课有什么收获。"

讲话的那个人自然就是萨满祭司了，他说："这几天，你们经过了洗礼，这是一个仪式，也是一次重生。你们从这里出去之后，就是真正的男人了。"他又讲了一些印第安人传统的故事，然后就让我们坐在汗屋里，想想过去几天学到的东西和之后成为男人的样子。说完他就出去了。

大家在汗屋里闷着，也不说话，有些人干脆就闭着眼睛。其实睁开眼睛也什么都看不到，但是因为地方很小，你还是能够感觉到有人就在你周围。过了一会儿，有人觉得实在太热，忍受不住，就出去了。门帘掀开之后，一阵凉风吹进来，顿时给我们带来很舒服的感觉，就像大夏天路过商场门口感受到空调吹出的强劲凉气一样。然后，我们继续坐着。过一会儿，又有一个人出去了。

大概有一半的人离开的时候，我也出去了。昨天晚上烧石头的火还没灭，所以外面也不冷。组织者会提供一条很大的毛毯给我们裹着，还提供了一些水。大家就裹着毛毯围坐在火堆旁，一边喝水一边闲聊。

因为这已经是活动的最后一天了,仪式也终于结束了,所以大家真的就是在闲聊。很多人都说:"我很高兴,能有这样一次经历,还认识了这么多好朋友。"也有人说:"我原本希望逃离这个社会,但这次活动真的很好,我在这里想清楚了种种问题。我很希望尽快回到家人身边,把学到的东西用到生活里,成为一个好爸爸、好丈夫。"甚至有些人说某某就住在我家附近,开车回去的时候是不是能捎上自己。

三天之前,大家都是陌生人;三天后,大家坐在火堆旁边,穿着短裤,披着毛毯,就好像是一群战友,彼此多了很多亲近感。这也让人更好地理解为什么兄弟会在美国这么流行,因为它让一批人经历了一个相同的过程和仪式,大家有了共同的经历,就会产生一定的凝聚力。

结尾的时候,我对大家说:"过去我的圈子都是所谓的精英圈子,斯坦福、哈佛、白宫、华尔街,身边的人的学历经验都差不多。但是这次的活动,我碰到的人是来自各个不同的领域和阶层,甚至有犯过罪的。这些人平时我肯定接触不到,就算接触了也说不上话。这次竟然在一起经历了三天,让我认识到每个男人都有共同的东西,每个人都可以站出来说,去面对一些生活中共同的事情。"

现在不管在美国,还是其他国家,都说社会撕裂很严重,但是每个人所担心的东西都是一样的。虽然不同阶层在焦虑上的落脚点和表现形式都不太一样,比如精英家庭担心孩子不能进好学校,一般家庭担心没有时间去照顾孩子。可是焦虑情绪是一样的,故事也是相似的。

有时候,我们会觉得自己很难和其他阶层的人沟通。就像没上这些课之前,我也没想象过自己怎么跟和来自农村的老人家、工人以及有案底的人沟通。很多人都说:"他们跟我们思路不一样,讲不通的,就别讲了。"但每当我回想自己站在火堆旁边的一幕时,我都觉得没有什么不能说的,我讲的他们听得懂,他们讲的我也听得懂,只是取决于你愿不愿意讲,愿不愿意听。

第6节 真的男人敢直面真的人生

"男性计划"项目结束之后，我仔细地回想了一下：第一天，每个人经过了一次内心洗礼，通过"原型"把自己内在的能量唤醒，开始活在当下，不逃避现实；第二天，每个人能够为自己的行为和群体负责，而群体对每个人来说，在这次活动结束之后，就可能是家庭、公司和社区，自己要为别人负责；第三天，通过汗屋仪式，当我们在一起流着汗喝下一杯水的时候，就从一个男孩成长为一个男人了。

有时候，某一段经历虽然时间不长，但是给人的印象却很深刻。这短短的三天就让我认识到，男人是可以很好地表达情感的，男人也是可以很好地照顾家庭的，我对于男性的刻板印象也被打破了。最重要的是，我认识到怎么才能算得上一个真正的男人，那就是能够面对现实，真诚坦然，对自己和身边的人负责。

这不是说女性就不拥有这些优点，而更应该理解为优秀的男人就得做到这些。

传统意义上，不论是在东方还是在西方，沉稳内敛都是社会对男性的一个共同要求。男儿有泪不轻弹，是中国家长从小教育孩子的。但是当今社会，鼓励男性去做心理咨询，向别人表达情感，说我爱你，这不是所有男人都愿意接受的，也不是所有男人都应该接受的。而"男性计划"引导学员表达情绪和讲述故事的方式，都很有男人味道，例如吼叫、越野、汗屋这些方式是男人可以接受的，也能够引导男性把压抑的自我释放出来。这其实是现代社会男性最缺乏的。

另外我还发现，参加这个项目的大多数人都是很普通的男性，但是大家都十分投入，而且最后形成了彼此帮助和相互支持的团队。之所以要在一个印第安文化的背景下开展这个课程，其实是有原因的。印第安人过去就是以部落这样的群体形式存在，他们的人生在一起，死在一起，就像一个很大的家族，所以西方人都觉得团队精神体现得最好的民族就是以前的印第安人。

我之前参加过关于社群建立的活动，所以很清楚地知道，一群陌生人在一起逐渐形成社群的时候，必然会有种种矛盾。这很常见，其实我们每天都能遇到，在工作上、朋友间、家庭里都存在种种矛盾。但是"男性计划"并没有从建立制度和规则入手，他们会让这些人经历共同的事情，同甘共苦，这样就比较容易凝聚起来。这些人一起吃过苦，相互坦诚，就会觉得相同之处远远大于差异，即使彼此有分歧也是可以克服的。

和我一起参加这门课程的那些男人都是白人，块头都很大，从外表上看很多都是壮汉。但男人的定义不是指你有强壮的身体和雄厚的力量。"男性计划"告诉我：如果谁能突破自己的历史往事，敢于承担责任，为他人负责，学会坦诚直面自己的话，谁就是男人。

在很长一段时间里，我觉得失败是一件可耻的事情，把失败告诉别人就更加难以启齿了，感觉这么做就不太男人。完成了"男人计划"之后，我一直在思考一个问题：为什么以往我要用掩盖失败的方式来保护自己？

因为我害怕面对失败，所以说不出口。如果我说出来，我担心别人可能会看不起我，会担心被认为这是我软弱的一种表现。我想，很多人会有和我一样的想法。

我从"男性计划"中学到了：要拥抱失败，要能够把埋藏在心里的另一面说出来，这恰恰才是一个真正的男人。如果把失败、痛苦、迷茫和焦虑统统埋藏在心里，不敢说也不敢面对，那才是脆弱，更是失败。

传统社会赋予男人的意义是坚强和隐忍。人们也总是以此为借口，回避痛苦，不敢面对失败。而真正的坚强在于有勇气面对真实的自己，这其中包括自己失败和软弱的一面。更重要的是，男人必须要有责任感。那些对别人不负责的人，往往对自己也不负责。人如果一辈子都因失败而感到羞愧，或难以启齿，那他怎么能对他身边爱他的人负责呢？

就比如那个犯过猥亵罪的男人，假如面对他爱的人，却没有勇气说出自己的过去，他们会有很好的发展吗？即便有，当对方哪一天发现了他的过去，还是会毫不犹豫地离开他。

但如果他从一开始就很坦白地说："这件事是我过去犯下的错误，我已经没有办法改变。如果你现在愿意接受我并给我机会，我会非常开心；但如果你不愿意，我也可以理解。"如果这么说的话，别人会怎么看他？会不会觉得这个男人很有勇气？这是不是更代表着他会对自己和别人负责？

这就是我在"男性计划"之后的一个全新的认识。当我说出了自己的过往，尤其是失败的经历之后，反而放松了许多，而我也相信，别人并不会因此而看不起我，反而会觉得我有勇气面对人生本来的样子。

说到底，我无法控制别人的想法，我只能更有勇气面对自己，对自己说的话和做的事负责。这就是真正的男人，也是一位超越性别之分的真正的勇者。

第 4 部分
与命运有约

第 1 节　再遇托尼·罗宾斯

2016 年底，我参加了托尼·罗宾斯的另一门课程：与命运有约（Date with Destiny）。如果说，UPW 是托尼·罗宾斯课程体系中入门级的话，那"与命运有约"就应该属于进阶课程了。

这次上课的地点是在佛罗里达州一个名叫博卡拉顿（Boca Raton）的地方。众所周知，佛罗里达州是美国最著名的度假州，气候宜人，风景优美，物价也没有加州或纽约那么贵，所以有不少美国人在退休后选择移居这里。

博卡拉顿位于佛州南部，居民以白人居多。刚来的时候，这里给我的感觉有点像佛罗里达的"比弗利山庄"，走在街上，我总能看到很多打扮时髦、身材姣好的美女，而马路上的名牌跑车也比比皆是。后来我慢慢了解到，博卡拉顿的确与比弗利山庄类似，也是一个富人扎堆的地方。事实上，托尼·罗宾斯就住在佛州，我想，这可能也是他把上课地点安排在博卡拉顿的原因之一吧。

进阶课程和入门课程是有所不同的。在授课时间上，UPW 一共是三天，除了第一天和第二天的一半时间是由托尼·罗宾斯亲自主讲之外，其余都是在播放他的讲座视频。而"与命运有约"每年只做一到两场，每场授课时间是五天，全程由托尼·罗宾斯主讲。在互动交流方面，进阶课程更注重一对一的体验。因为学习的人都带着一些问题和困惑而来，托尼·罗宾斯在讲课之外，还会让学员更多地提出自己的问题，而他也会当场解决这些问题。

正因为如此，进阶课程的收费是比较昂贵的，五天课程的费用就要接近1万美元。参加的人数远没有UPW那么多，但仍然有接近三千人的规模。

上课的地点是在华尔道夫度假村布卡拉顿俱乐部度假酒店的剧院厅内。进场前，每一位学员都需要填写一份表格，里面除了个人基本信息之外，还包括各种调研问题，例如为什么要学这门课程、你面临的最大难题是什么，等等。

这次一起参加课程的，还有我的朋友伊恩（Ian）。由于之前大家都住在旧金山市，也很聊得来，渐渐就熟络了起来。

伊恩本科就读于美国的康奈尔大学（Cornell University），几年后又去西北大学的凯洛格商学院（Northwestern University Kellogg School of Management）攻读工商管理硕士学位，毕业后他曾在一家很有名的咨询公司工作，不久便转入了硅谷的一家高科技公司担任高管。从这方面来看，他的人生旅途可以说是一帆风顺。

然而，伊恩也有自己的苦恼。很长一段时间里，他总是会陷入深深的焦虑和恐惧之中，他说这可能与自己那段不算快乐的童年有关。

伊恩的父亲在他很小的时候就离开了，妈妈和外婆把他抚养成人。小时候的伊恩长得胖乎乎的，再加上单亲家庭背景，他总是非常担心会遭到同学或邻居的嘲笑。他当时想到的最好解决方法就是学习，他告诉我说，学习是一个很好的避风港。一方面，深入钻研往往需要投入更多的时间和精力，这样他就有理由不参加那些社交活动；另一方面，如果成绩优异，别人就会非常尊重他，母亲也会引以为豪。

虽然他一直觉得只有靠读书才能够讨人喜欢，但因为缺乏必要的社交，心里总是觉得空落落的。从职业发展来看，他无疑是一位事业成功的精英人士，而且由于常年保持健身，身材也练得很棒。但在内心深处，他仍然觉得自己是从前那个小胖子，没有人会接受他。

事实上，伊恩身上有很多优点，他不仅自身成功，而且乐于助人，大家都很喜欢他。但从另一方面看，他的乐于助人从某种程度上讲却是出自一种讨好别人的心态，他自己也深知这点，所以希望在托尼·罗宾斯的课上找到解决问题的方法。

我知道托尼·罗宾斯的课没有固定的作息时间，每天都会讲10—12个小时，当中休息的时间还非常短。有了上几次听课的前车之鉴，这次我们的准备就从容多了。一大早，我和伊恩就跑了一趟"全食超市"（whole foods），采购了一大包食品。为了不想错过任何内容，我们准备就地解决三餐了。

第2节　人生幸福感来自六个需求的满足

课程一开始，托尼·罗宾斯就预告："我想先和大家说一件事，在之后的某一天晚上，我会念一个词。听到这个词之后，相信在场所有的男士都会从椅子上站起来。"我听了以后心想，他到底要说什么呢？会不会是故弄玄虚，增加点现场气氛啊？这个念头一闪而过，很快就被忘了。

接下来托尼·罗宾斯进入主题。他讲到了人的幸福感来自对六个需求的满足。

- 人生的确定性：比如，你必须确定明天、后天以及若干年内还活着，如果这点都不能确定，那人生就会过得毫无意义。换句话说，虽然人生充满变数，但人需要有确定感。
- 人生的不确定性：人如果每天重复同样的日子，是不是会非常无趣？所以生活也需要一些不确定感，比如学一些新的知识，尝试一些新的技能，或是去一些不同的地方等。
- **个体的重要性**：只有觉得自己很重要，才会尊重自己以及更好地提升自己。于是，有些人努力赚更多的钱，有些人努力获得更高的学位，有些人努力成为更高级的管理者。
- **连接与爱**：每个人都希望与其他人连接，尤其是那些可以和我们相互关怀的人。我们付出了爱，也希望得到同等的对待。
- **成长**：原地踏步的人生是没有任何乐趣的，人真正感受到快乐往往是在获得成长的过程中。
- **贡献**：我们都希望过有意义的人生，也希望对别人有帮助。在真正帮助到别人的时候，我们都能感受到自己内心的喜悦。

需要注意的是，不同的人在这些需求上的表现是不同的；就算同一个人，在不同的年龄或人生阶段，他的需求也会不同。所以，其实每个人都要仔细考虑在这六个需求里，自己最看重的到底是其中的哪几个。

你看重的那几点需求，往往可以带给你更多的动力，但要注意也会同样带来一些负面影响，而后者通常是我们没有认知和注意到的。所以，我们需要发掘：我们的动力来自哪几个需求？这些需求反过来又会给我们带来什么样的限制？我们应该如何想办法突破这些限制？

拿我自己来说，我比较看重"个体重要性"和"人生确定性"。在求学阶段，我学习非常努力，因为我深知学历对未来发展非常重要；在工作上我也非常投入，因为事业的成功对我来说也很重要。我喜欢提前规划和事先制定目标，毫无疑问，这样的确定感会让我感到更踏实。

就像硬币总是有两面那样，这两点给我带来的限制又是什么呢？

比如"个体重要性"，它能带给我追求成功的动力，但就算我获得一定的成功，肯定还会有人比我更成功，这样的追求毫无止境，所以可能我永远不会快乐。尤其当我总是在和别人比较的话，就会发现"一山总比一山高"。

比如"人生确定性"，它可以让我很有动力做出最完善的安排和规划。但事实上，总会有人不按规划做事，或者有意外状况发生，这个时候就会给我带来很大的压力或担忧。

针对"硬币的两面"，托尼·罗宾斯给出了很好的建议：每个人都可以基于这六个需求，重新思考和定义自己到底需要怎样的人生。更重要的是，在此之前，我们需要认识和鉴别思考过程中的正面思维和负面思维，在重新定义的时候，尽量保留正面思维，远离或抛除那些负面思维。

什么是正面思维呢？积极、努力、进取，富有建设性。比如：学习任何知识或技能，无论失败还是成功，都是一种成长。这就是典型的正面思维。相反，我很想把事情做好，但万一失败，别人嘲笑我怎么办？这其实就是负面思维。

所以，我对压力和担忧进行了重新定义，那就是：我要积极做好我所能做的事情，也要正确认识到"意外"产生的必然性。既然意外是不可避免的，我就得坦然面对，积极处理，其实这何尝不是提升我个人能力的一种方式呢？

第 3 节　唤醒你内心的巨人

在这五天的课程里，托尼·罗宾斯并不只是教授理论知识。每当一节系统课程讲完后，他就会从与会者的信息表中抽出几个案例，进行现场分析和解答。当时给我印象最深刻的是一个名叫尼克（Nick）的男子的故事。

当托尼·罗宾斯把尼克叫到台上后，我看到的是一张非常帅气的脸庞。尼克身高 1.8 米左右，看上去并不强壮，脸色很苍白，还有些掩饰不住的憔悴，让人隐隐会生出一丝怜爱和同情。我想应该有很多姑娘会被他的英俊外形和忧郁气质

第四章 谁在影响我们，谁在定义关系

所吸引。

当尼克站到台中央后，托尼·罗宾斯说："来吧，尼克，讲讲你的故事吧。"

于是，尼克便说："我曾经自杀过三次。现在仍然活着并且站在这里，全是因为我的哥哥，他刚才就坐在我的旁边，这次也是他让我来的。"说到这里，他的哥哥从位置上站了起来。哥哥看上去和尼克有着很大的不同，虽然没有尼克那么高，但身形却非常壮硕，再加上浓密的毛发，让人感觉非常有安全感。

托尼·罗宾斯也让他来到了台上，并且问他："你为什么要让尼克和你一起来这儿？"尼克的哥哥说话又快又急，他说："我和尼克生长在一个不幸的家庭。童年时光留给我们的不是美好的记忆，而是一段被虐待和摧残的痛苦回忆。我非常喜欢阅读，常常窝在书店看书，就是因为您的书，才给了我很大的勇气生存下来。我告诉自己，一定要过得很好！但弟弟和我不一样，他一直没有走出那个阴影，好几次想自杀。所以，这次我把他带到这里，希望能够让他获得帮助！"

我当时心想这个故事倒还是挺感人的，不知道是真的还是假的？里面有没有什么水分？

这时候，托尼·罗宾斯转过身来问尼克："你为什么想要自杀呢？"

尼克脸上表情变换，缓缓地回答："因为我非常痛苦，也非常绝望！"说着，他举起了左手，衣袖随之滑下来，露出了前臂。这时，大屏幕上出现了一条布满了伤痕的手臂，密密麻麻的红褐色疤痕令人触目惊心。"我知道，哥哥非常爱我，也很想帮助我，但是我太痛苦了，只想尽快结束这一切！"说着，他哽咽了。

"好的，尼克，我知道了。"托尼·罗宾斯轻轻拍了拍他的肩膀，然后问他，"刚才，我们说到了人生最重要的六个需求。尼克，你觉得哪几点对你来说最重要？"

尼克想了想，回答说："连接与爱，这对我来说是最重要的。"

"非常好，尼克！那你觉得，在什么的条件下，你的爱会得到满足呢？"

"我不想再痛苦下去了。我知道自杀不能解决任何问题，也知道哥哥有多爱我，其实周围也有人爱着我，我真的很幸运。但是，我还是情不自禁会陷入我的问题当中，我想，当周围的人不背叛我，不对我说谎，他们都真心真意爱我的时候，我会感到非常满足。"

话音刚落，台下便有人忍不住笑了起来，应该是觉得尼克说的情况太理想主义了。托尼·罗宾斯也微笑着说："尼克，如果这样定义的话，你真的会觉得快乐吗？如果按这个标准的话，你可能快乐吗？"

这时候，尼克不说话了，他陷入了沉思。摄影机在这时候恰到好处地给了一个近距离镜头，我们在大屏幕上可以清晰地看到尼克的脸，他好像第一次认识到，自己所设的条件是多么不切实际。

就这样过了好一会儿，尼克原本低下的头抬了起来。这时候，我感觉那张原本充满沮丧的脸好像瞬间消失了，他整个人仿佛明亮了起来。托尼·罗宾斯也应该感觉到了尼克的变化，就问："那你想想，怎样重新设定你对连接与爱的定义？"

尼克说："每当我付出的时候，就会感觉到生命中有爱。我不求回报，只要每次都能给别人一些爱，我就会感到满足，这就是我对爱的重新设定。"

"如果有这样新的定义，你还想自杀吗？"

"不，当然不会了。我很想要活下去，因为我想每一天都过得充实，每一天都有机会付出更多的爱！"

这时候，台下响起了一片掌声，周围不少人甚至都哭了出来。我当时很惊讶，心想，这真有些神奇！

中午休息的时候，我在洗手间门口碰巧遇到了尼克的哥哥，便走上去问他："你们的故事到底是不是真的？"他回答说："当然是真的！事前我根本不知道托尼·罗宾斯会叫我弟弟，更不知道他会把我叫到台上去。"

这时候，尼克也正好走了过来。他身边围了一圈人，有的拍拍他的肩膀，有的笑着鼓励他。我说:"嗨,尼克,你现在心里什么感觉?"

尼克笑着说:"说真的,我从来没有像现在这样放松,就像心里有一块很大的石头被搬掉了。我看到了我的未来,我有太多的事情要去做了。"

第二天,仍旧是课程快结束的时候,托尼·罗宾斯又一次把尼克叫了上来,问他:"一整天又过去了,再大的冲动感也应该消失了。尼克,你说说现在你是怎么想的。"

"我发现今天和昨天一样,感觉自己拥有了一个全新的人生。"尼克回答道,"因为我认识到,我可以重新改写自己对人生的定义。"

"那你以前遇到什么事情时感觉最不开心?"

"当我的亲人或朋友不理睬我,不给我回应的时候。"

"那你岂不是常常会觉得不开心?因为你没有办法控制对方是不是理睬你?"

"是的。"

听着他们的对话,我深有感触。

我们总说要远离痛苦,远离麻烦,但事实上,很多人却在一定程度上把"麻烦"和"痛苦"当成了避风港。想想看,我们周围是不是总有一些人,他们不断诉说着自己的可怜境遇和痛苦?年复一年,他们的境遇没有改变,说辞也是一模一样。

为什么呢?因为从某种程度上来说,反复述说是解释现状的最好办法。如果不断说自己很可怜,那他现在的失败遭遇也就有了一个合理的解释。更重要的是,靠着这个理由,他可以收获很多的同情和安慰。因此,有很多人就不知不觉地陷在"悲惨遭遇"里面,无法自拔,也不想自拔。

生活中有很多像尼克这样的人,他们总是很被动,明知道别人不回应他可能是有各种原因的,但总是忍不住会产生悲观猜测和负面情绪。为什么有些人总是觉得不快乐?因为他无法控制别人给他想要的回应。

所以托尼·罗宾斯说，你需要重新给自己一个定义，比如当你没有主动和朋友或家人联系的时候，你才会不开心。那你想想，如果真的按这个方法去做，又怎会不开心呢？因为这次决定快乐的主动权在你自己手里，不再需要看别人的"脸色"行事。这就是化被动为主动了。

说到底，一个人最终的成就来自你能付出多少。试想一下，我们每个人都有想获得的东西，如果这些要靠别人的给予，那又怎么可能得到真正的快乐？相反，如果你想到的是付出，情况就会大不一样，因为在付出的过程中，你既帮助了别人，也会获得内心真正的满足。

当然，也有人会说："我也付出过，为什么没有满足感呢？"那往往是因为你的付出有个前提，就是想得到什么。比如，我的付出是希望收获别人的赞美，如果没有收获到，那当然就会不开心，这样你仍然是把快乐建立在被动的基础上。相反，如果你的付出只是为了帮助他人，或自我提升，而你内心的满足也源自于此，那你也就可以完全控制自己了。

到了最后一天的时候，托尼·罗宾斯第三次把尼克叫上台来，问了他类似的问题："五天过去了，你现在的感觉怎样？"

这一次，尼克笑着回答："我现在内心很平静，也很快乐。我希望在未来的日子里，能和自己心爱的人一起生活，并且拥有一个我们的宝宝，因为我现在有无限的爱要给这个未来的小生命！"

话音刚落，台下响起了一片掌声！

第 4 节　把对方的需求当作自己的需求

正如之前所提到的，我曾在宾夕法尼亚州参加过一场印第安人文化背景下的"男性计划"，三天的课程使我重新定义了"男人"这个词；而在"与命运有约"

的课堂里，托尼·罗宾斯则进一步讲到了男人和女人之间的关系，也让我受益匪浅。

他提出，男人和女人之间的关系可以分为三个层次：

- 第一层：人人为我；
- 第二层：平等；
- 第三层：你的需求就是我的需求。

我们可以看到，在现代的夫妻关系中，前两种情况非常多。尤其在讲究男女平等的当下，有家务大家一起做，家庭成本一起分摊，甚至旅游的花销也会AA制，这样的家庭越来越多。

与之相比，"人人为我"那就更普遍了。我记得非常有意思的一幕是，当时有很多夫妻一起来参加这个课程，他们的目的很明确，就是想解决家庭问题。托尼·罗宾斯讲完这三层关系后，就叫了几对夫妻上台，让他们谈谈夫妻之间出现的问题以及准备如何解决。我就发现一个有趣的现象：如果让太太来讲，她一般会数落丈夫的问题，而如果让丈夫来讲的话，他就会数落太太的问题。

要知道，那些愿意花费数万美金来到这里的夫妻，没有一对不是想改善家庭关系的，然而从他们嘴里说出来的，仍然只有对方的问题，而不是自我反省。他们也许并没有意识到这一点，但台下的人感受是非常明显的。事实上，绝大多数人在处理家庭问题的时候，也都会像这几对夫妻那样，都是要求对方去改变。

于是，托尼·罗宾斯随后就说到，理性地定位两性关系在哪个层次上显得非常重要。我们必须清楚地认识到，人是很难被改变的。尤其在家庭问题上，期盼通过对方改变来解决问题的可能性其实非常小。在这样的情况下，你唯一可以做的，只有先改变自己，然后邀请对方，让对方从你身上看到自身也有改进的机会和空间，而最终到底要不要改变，还得对方自己决定。

所以，要真正处理好男女之间的关系，首先必须要清楚定位双方处于哪一个层次，是都为了自己，还是强调平等，或者更多地想满足对方的需求。其次也要认识到，相比改变对方，更好的方法是先改变自己，给双方一个机会，让对方有改进的意识和空间。

与此同时，托尼·罗宾斯阐述的另外一个观点也很特别。他说在现代社会里，人与人之间的关系大多追求平等。但他却更倾向于我们中国人所说的"阴阳"。

他说，任何平衡的关系都能体现出这一点，而所谓的阴阳并不一定是男为阳、女为阴，也可以反过来，女的阳刚，男的阴柔。所以，并不是所有的两性关系都应该维持下去，比如当两个人都是"阳性"，都想成为家庭的决策人，那就必然会有不可调和的矛盾；相反，如果两个都是软弱和不想作决定的人，那也走不下去。

除此以外，还有些情况，比如两个人本来都是"阳"，但一方为了符合对方的要求而变成了"阴"。就好像有些男性为了迎合女方，刻意变得温柔了，虽然女孩子表面上觉得还不错，内心其实更偏向于喜欢阳刚的男人。这样的婚姻能维持吗？可以，但并不是真正的爱，因为这就把本性给抹杀了。事实上也的确有不少这样的案例，双方为此达成了一致，勉强维持下去，但到最后往往还是会出现问题。

讲到这里，托尼·罗宾斯对所有的男士说，虽然现代社会赋予男性更多的要求，但是在绝大多数两性关系中，女性还是更喜欢阳刚的男人。所以，你们一定要站出来，把男人的本性释放出来！

我当时就感觉到，这个观点非常有趣，与我们中国人所说的"阴阳"有很多共同点，其中最显著的一点就是"互补"。男女关系的平衡不是平等，也不是交换，而是我们怎么互补，更重要的是，如果双方都把对方的需求当成自己的需求，那这样的关系怎么会不紧密呢？

相信大家还记得托尼·罗宾斯在第一天开场说的话吧？他说会用一个词让在场所有男士都站起来。在课程的第三天晚上，他做到了。

那时已接近午夜12点了。托尼·罗宾斯刚做完一场演讲，这时候，场内的灯光逐渐暗了下来，开始播放缓慢而悠扬的音乐。托尼·罗宾斯说："请各位把眼睛闭起来。"于是我慢慢地闭上了眼睛。老实说，上了一整天的课程，人还是非常疲劳的，闭上眼睛听一段如此舒缓的音乐，感觉整个人都放松了下来。

在音乐声中，托尼·罗宾斯的声音再次响起："接下来这句话，我只对在场的男士讲，等我讲完，你们会感动得离开自己的座位。"

托尼·罗宾斯接着说："每个男人都有自己的故事，也都会受到故事的影响，所以，我们更需要找回自我。找回自我，只需要一个词，当我念出它的时候，你们自己决定将做出什么样的反应。"

说到这里，他停顿了一下，然后放大声音喊道："freedom！"（自由）。伴随着这声喊叫，原本舒缓的音乐也变了，剧场里响起了悠扬的苏格兰风笛声，一如电影《勇敢的心》里时常回旋的那样。这也是美国军队经常吹奏的音乐。风笛声一起，托尼念出了第二个"freedom"。也不知道为什么，在这个时候，我情不自禁地站了起来，大声喊道："freedom！"这时我再睁开眼睛，发现在场所有的男人都站起来，扯着嗓子呼喊着同一个词，这声音响亮而具有穿透力，整座剧场仿佛被点燃了一般。等到第三个"freedom"喊完，大家都仿佛被抽空一般，感觉有点筋疲力尽了。

这个夜晚对我影响很大。我回去的时候大概半夜1点了，但我一见到伊恩，就跟他讲这太不可思议了。他也是这样的感受，说他之前已经忘了托尼·罗宾斯讲过这么一件事，以为他最后要说"站起来"。当托尼·罗宾斯一说"freedom"，他也忍不住了，他觉得托尼·罗宾斯把他内心深处的一种企盼，一针见血地表达出来了。

大家可能会觉得，自由是一个很抽象的东西。其实，历史上很多时候，那些人聚集在一起搞革命，为的就是两个字，那就是"自由"。区区两个字，就可以让那么多人去革命，这真的很不可思议。但托尼·罗宾斯让我们身临其境地感受到了，当时的情景我至今依然历历在目。

第5节　下决心并付诸行动

托尼·罗宾斯对于故事的定义就是"念想"。有些问题，并不是客观的问题，而是"念想"的问题，而且是你制造了这些问题。这个时候，你需要跳出原本的情景，避免受到"念想"的影响。

我发现，其实很多问题的核心都是一致的，但是在不同的领域、不同的时代，有不同的说法。如果你没有系统研究这方面的东西，就会停留在纸上谈兵的阶段。托尼·罗宾斯所谓的"念想"，并不是实际存在的，而且是可以改变的，但是有些人就很单纯，他们相信冥冥中有一种神秘的存在，自己的所有问题都是因为这个存在。我们往往会把自己想象出来的故事，当作我们实际面对的现实。现实是不可逆的，但是故事是可以改变的。

UPW作为一堂入门课程，提供的是一些基本但重要的观点，比如"情绪就是动力"。针对这个水平的学员，托尼·罗宾斯教的方法既简单又实用，你可以随时随地地运用。到了进阶课程阶段，他更多的是要求你重新思考价值观，从而改变自己的固有思维。

这个命题很大，要知道，很多人可能一辈子都没有认真思考过这个问题。而在这五天里，你不仅要思考，还要重新构建你的价值观，并且花时间去想到底怎么改变自己。

当时课程有个环节是给一年后的自己写一封信。在这封信里，我需要写下自己目前面对的困扰，以及用什么样的方式去改变自己，还要写发生改变之后，接下来的一个月、三个月和半年之后会做些什么。一年之后，这封信将会寄给我，那时候的我再读之前写的内容，就会知道在过去的一年里，我到底付出了什么样的努力，成为什么样的人。

同时，我们每个人还做了一张自己专属的"大字报"，在一张海报尺寸的白纸上，写下个人的愿景和规划。我记得自己当时写的首要问题是：怎么给别人带来更大的价值。还写了自己最想改进的缺点：如何变得更有耐心。接下来我重写我的价值观：什么是让我开心的，什么是让我不开心的。

这张"大字报"后来被我贴在了旧金山的家里。每天早晨我都要看一遍，回想自己的人生目标、价值和展望是什么。同时在每天的工作中，我很有意识地去改变自己多年以来形成的固有想法。

很多时候我们不是不明白一些道理，只是不愿意跳出舒适区，因为改变往往需要经历一个痛苦的过程，而不改变的坏处又没有达到一个让人实在受不了的程度，于是也就有了忽视或者故意回避问题的存在。

我曾经看过一个"立雪断臂"的故事，说的是汉传佛教禅宗二祖慧可大师为了得到达摩衣钵真传，在大雪中立了一日一夜，但是达摩不为所动，还说："要我给你传法，除非天降红雪！"于是，慧可挥起戒刀，自断一臂，终于打动达摩，得传心法。

我当时看完这个故事的时候，心里觉得很奇怪，想学佛法为什么要断臂呢？达摩到底在考验他什么？既然慧可那么聪明，就该让他好好学啊。但后来我逐渐明白了，达摩大师考验的是一份决心！

决心有多重要？它决定了你能站在哪个层次。比如经常有人会说：你不要跟我讲什么健康，这些我都懂，但我就是喜欢吃，这对我很重要。你也不要和我说成长，我就是喜欢钱，因为钱能带来物质上的享受，这是我最喜欢的。换句话说，他在哪个阶段，就对哪种需求最有满足感，而获得了满足以后，他也很容易停留在那个阶段，举步不前。

当然，绝大多数人也会感受到满足感以外的限制和束缚。比如那些经常大吃大喝的人，他的身体状况不会达到最好的状态，只不过口腹之欲超过了身体的痛苦，问题也就被忽略了。比如追求物质的人，他也会时常感觉精神上的空虚，但物质带来的满足感超过了精神匮乏带来的痛苦，人也就麻木了。

想要跨越自己所在的阶段是很难的，最重要的是要有坚定的决心。尤其当满足感还在麻痹着你的时候，你如果还想往上走，那就得看自己的决心到底有多坚定。就像慧可，他幼年出家，通晓佛典，也是有一定成就的人，但为了获得达摩真传，竟然愿意自断一臂。做事有此决心，还有什么是成功不了的呢？

在上完这次课程之后，我便时常拷问自己：到底有没有坚定的决心，推动自己往前走？正如我当时写下的那样，在今后的一年里，我希望能够为他人创造出更多的价值，因为我不想只停留在原点，很想到达更高的阶段，这就需要脱离自己的舒适区，付出更多的努力。

我想，这也正是我写这本书的重要原因吧。

第五章

未来正在颠覆，事业如何掌控

引文
来自 80 多年前《思考致富》的启发

哈佛商学院是世界上最好的商学院之一。我在哈佛商学院念书的时候，学习和分析了上百个案例，里面包含了各式各样来自不同领域、不同企业的问题。我们针对这些案例和问题进行充分讨论，然后提出或找到相应的解决方案。

哈佛商学院的课程就是为了培养高级管理者而设置的，说白了是教授 CEO 如何解决各种问题。尽管我在哈佛商学院学习到了水平很高的前沿知识，分析解决了大量的商业案例，非常深入和充分地进行了各种讨论，但后来在自己创业的时候，总的来说还是遇到了三个新的问题。

第一个问题：我常常会碰到一些过去从来没有碰到过的问题，我甚至意识不到还会有这样的问题。

比如说，创业期间，我面对着机遇的海洋应接不暇，但是贪多嚼不烂，哪些应该抓在手里，哪些应该果断放弃？这些问题都非常实际，但在课堂和书籍的案例分析里却找不到直接的答案。

第二个问题：我发现自己有些力不从心，不知道怎样才能更好地成长。

公司从创业初期的两个人增长到了十几个人，再后来突破了 100 人，到后来有 300 多人。虽然规模越来越大，但我在公司的成长过程中，只是觉得每天都有很多事情要处理，变得越来越忙。

所以，我意识到：一定要有改变！公司规模可能会发展到 500 人、5000 人、10000 人，甚至更多，但我看不到自己怎样才能发展出相应的能力，去管理这么多人。我很清楚怎么去管理一家小公司，甚至一个中型的公司，但是对管理一家大型企业，仍旧存在很多迷茫和困惑。

在西方国家，一个创业公司在从小公司发展到大公司的过程中，有很多 CEO 都不再由创始人担任。因为当公司成长到一定阶段以后，如果创始人自己成长不了，没有能力再去打理一个大的公司，那就只能退位让贤。但也有不少优秀的公司就是一直由创始人带领着，不断突破和壮大。这两者的区别就在于，创始人以什么样的心态来面对自己的公司和自己的角色，以及有没有办法让自己不断地成长。

第三个问题：这个世界变化太快了，应该如何适应？

我们很容易看到这样的情况：因为市场突然发生变化，辛辛苦苦做出来的一个产品就被快速淘汰了；一项新技术的产生就让许多人下岗了。在这样高速发展的时代背景下，我们怎样才能精准地预测未来？还能不能构建一个基业长青的品牌或者平台？我们到底应该怎么做？

我想很多人都会遇到以上的三个问题，普通的人会遇到，企业的创始人也会遇到。很多人都跟我一样意识到，过去在书本上看到的成功案例、在课堂上探讨过的解决方案，对这三个问题都不大奏效。

很多人会说问题不难解决，找一个好的导师就可以了。没错，那些过来人很多都是比你更成功的企业家，的确能够提供相当多的帮助。但是这些导师和你一样，每天要处理一些重要或棘手的事务，或者你没时间，或者对方没时间，你也不可能每天去找他。

那么，除了找导师之外，还有其他什么方式方法可以帮我解决这些问题呢？读书是其中之一，毕竟我们可能会因为直接请教而打扰到一个人此时的工作和生活，却不妨碍我们通过阅读来学习作者通过文字向我们传授的知识。我在2014年读了《思考致富》（*Think and Grow Rich*）一书。这本书写于80多年前，作者是拿破仑·希尔（Napoleon Hill）。在活跃着福特和爱迪生的那个年代，作者采访了包括卡耐基、福特在内的300余位美国精英，向他们讨教成功的秘诀。

《思考致富》一书中提到了很多走向成功所需要坚持的方法，其中之一叫"大头脑"（mastermind）。在我看来，这是一种非常重要和有效的成长方法，它的意义在于：由于个体的头脑是有限的，而群体的智慧是可以弥补个人的欠缺的，所以如果你通过筛选而与一些优秀的人组成一个"大头脑"，定期聚在一起，针对某些问题展开讨论，大家分享各自的见解，就能够获得远超个体思考的效果。这颇似中国人常说的"三个臭皮匠，顶个诸葛亮"。

看完这本书之后，我深受启发。过去，我也认识了很多前辈、导师，自己遇到问题后可以向他们讨教经验。我也有好朋友，在做类似的培训或指导的事情。但是，我自己从来没有系统性地想到要定期聚拢一批人，通过群体分享的方式，解决这一段时间以来累积的困惑。

第 1 部分
我们都应该拥有"大头脑"

第 1 节　只谈经验的湾区 CEO 联盟

我一直坚信，一个人在职业生涯中会犯很多错，但是想犯一个从来没有人犯过的错误，也是挺难的。大多数人犯的都是同样的错误，所以他们分享的经验对我们将会有很大的帮助，也就是我们常说的"前车之鉴"。以前的教育方式都是直接教我们怎么做，而还有一种方式叫分享，这些优秀的人可以分享自己的经历，我们可以从中发现很多有用的信息，受到很好的启发。

"大头脑"就是这样一种很好的方式，它集合了一群优秀的人，用他们的经验，帮助你少走弯路。我在受到《思考致富》一书的启发后，就想找一个最好的"大头脑"组织。经朋友介绍，我找到了湾区 CEO 联盟（Bay Area CEO Alliance）。

在湾区 CEO 联盟这个平台上，大约有四五百位来自各行各业的 CEO。这个平台已经创办近 30 年，整个流程已经相当完善了，每个有意参加的人都要经过面试，筛选是非常严格的。

筛选标准大概有这么几条：第一，你必须拥有一家属于自己的企业，并且担任 CEO 的职位；第二，你的企业要达到一定规模，或者把企业做到一定规模后卖掉又重新创业，但规模是硬指标；第三，如果你在大企业中工作而没有自己创业，也是可以的，但是你一定要处于 C 层面，也就是 CEO 这种职位层面。

接下来是各种面试。当时我是被一个朋友推举过去的，一共经历了三场面试。我需要展示自己的经历和背景，让主办方知道我是否能够带来不同的观点。我讲述了自己是一个创业者，之前有过在英特尔这样的大企业的从业经验，还有过在白宫的工作经验，更重要的是我拥有国际化背景。最终，我顺利地被邀请加入了这一组织。

湾区 CEO 联盟也会像很多论坛那样，策划很多活动，请一些很高级别的人来演讲，比如思科的董事长，或是硅谷的一些大佬等。但让我心动的却不是这方面。比较特别的是，他们会把会员分成各个小组，通常以背景的相似程度作为分组标准。

我在面试的时候表达了对高科技和投资方面的兴趣，所以被分配到以科技和投资领域人士为主的小组里。组里共十人，还有一个专门的协调员，他是组织里的工作人员，负责组织、协调和联络等事务。我们每个月会定一个时间，一起度过四个小时，共同解决工作上的困惑。

任何人碰到棘手的问题，都可以在集会开始前先告知协调员，等协调员批准后就会获得一个小时左右的时间，可以一边放 PPT，一边分享自己的问题。在这四个小时里，手机是不允许使用的，大家就坐在一起，保持非常专注的沟通。其他九个人中如果有过相同经历的话，可以谈谈自己的经验。整个过程并非指导式的，而是分享式的。

我第一次参加集会的时候，有些惊讶。因为我没有想到，大家在这里讲话居然会这么直接。或许是因为签过保密协议，不能对外泄露交谈的内容，大家获得安全感，彼此都相当坦诚。除了公司业务，大家也会聊到身体健康和家庭生活，有人会谈及太太对自己的支持，也有人会倾诉家庭中存在的一些问题，很多连家人都不能诉说的内容都在这里讲出来了。要知道，一个人面临的社会问题并不限于工作方面，还有更多的是生活琐事。互相分享各自的生活经历，既展现了自己鲜为人知的一面，也促进了彼此间的感情交流。

当然，总的来说小组的话题还是偏重于工作和事业。通常在最开始的四个小时，每个人都会轮流讲述一下自己的发展近况。毕竟一个月没有见面，发生的很多事情大家是不知道的。接下来，有两到三个人会提出自己的问题，然后其他人就已有的经验，作分享和补充。

我觉得，建议和经验其实有很大的差别，建议通常是我觉得你可以怎么做，给你一个指导；而经验是我告诉你我曾经怎么做，给你一个参考。以往我们总是更倾向于获取别人的建议，而不是经验。但参加了湾区 CEO 联盟之后，我认识到这些 CEO 碰到的问题是差不多的，但每个人的解决方案都不一样，因为每个人的性格特点、能力擅长、过往经验、所处环境和所面对的问题的严重性都不一样，他人的建议往往带着很多只符合自身处境的主观判断，并不具有普适性。

我们的惯性思维之一就是在工作中如果碰到某个问题，肯定会有对应这个问题的一个标准答案、一个对的做法，所以最好有人能够直接告诉我们答案是什么。但是通过参加湾区 CEO 联盟，我认识到，其实在工作中并不存在一个所谓的正确做法。不同的人在相同问题上的处理方法和思路，会给你很多新的启发，而你可以参考这些经验，再结合自己的判断，然后做出自己的决定。甚至可能到最后，你不会采用任何人的方法，但是他们的思路的确是值得借鉴的。

记得第一次轮到我作分享的时候，我就说了自己当时碰到的一个问题——怎样才能找到好的人才。这其实是一个很大的问题，我以为自己已经动用了所有的资源，运用了很多方法去解决它。并且在我最初的想象中，我希望能够从这些 CEO 那里分享到一些资源，比如说他们介绍一些人才给我，或者介绍一些好的猎头给我，这些会对于我的问题有直接的帮助。但是让我收获最大的反而是他们对我思维方式的启发，原来我还可以用这种方式或者那种方式去做，而这些方式方法都是我没有尝试过的，实在太有帮助了。

参加了很多次活动后，我总结出自己在湾区 CEO 联盟的几点收获。

第一点，CEO 是孤独的。CEO 作为一家公司的最主要管理者，如果遇到了问题，通常大家到最后都是指望你拍板作决定的。但你不能两手一摊说："这个事情，我不知道该怎么办。"尤其在面对投资者与客户的时候，你仍旧需要保持相当程度的自信，即使你心里没什么底，也不能表现出来。

第二点，家庭是事业的基石。人生的意义并不是只有事业，在许多情况下，你的事业会受到家庭的影响。很显然，如果家庭关系很好，你就少了后顾之忧，家人将会是你事业成功的保障；反过来，混乱的家庭状况不仅会牵扯你很多精力，还可能会使你因为情绪波动而影响到工作上的判断。这一点是很重要的，但传统那些 CEO 俱乐部往往只谈事业，忽略了对家庭的关注。

第三点，放下面子，坦诚相对。很多时候我们都会这样想：自己怎么说都是个 CEO，身份不低了，所以很难放下架子，经常要照顾到面子。但是，如果真的想要进步，就得先放下架子，把心里最大的问题勇敢地分享出来。既然是寻求解决问题，那么只有你坦诚地把问题说出来，开诚布公，才有可能得到大家的帮助，进而解决问题。当然，这一过程当中肯定需要组织内成员之间高度的信任，所以说过的话都要保密，事实上，组织里的人也都做到了。

第四点，经验都是独一无二的。很多时候，我们有很多疑问想要向别人请教，比如说某件事情应该怎么处理等。从某种角度上来说，这是错误的。每一件事成形所需的条件都很多，即便是两个人面对同样一件事，也因这两人本身不一样，还有很多其他变量，诸如资金、技术、团队、思维、文化和市场等存在差异而不同。我们应该细心聆听对方原原本本地讲出自己的经历，拓宽我们的思路。

在中国也有很多总裁俱乐部或者企业家组织，我也参加了其中一些组织。比如说，我曾是斯坦福上海校友会的会长，在哈佛商学院的中国校友会里也很活跃，同时我还参加了罗斯福俱乐部——中国顶尖的私人俱乐部之一，这些都是不错的圈子和组织。我在里面认识了很多优秀的人，有些人可以在商业上有合作，交换资源和商机，甚至有一些人成了很好的朋友。但在"大头脑"模式里，和你在一起的人不仅很厉害，而且能互相信任，互相帮助解决问题。

第 2 节　YPO 救了创业者一命

参加湾区 CEO 联盟令我受益匪浅，但是我还想更进一步。我现在的业务横跨中国和美国，所以我希望找到一个更具有全球化视野的"大头脑"组织。毫无疑问，这样的组织首推"青年总裁组织"（Young Presidents' Organization，简称 YPO），它可以说是历史最悠久、成绩最突出、分布也最广的"大头脑"组织了。

在我参加 YPO 之前，我很想知道这个平台究竟是怎么样的，到底适不适合我，能够给我提供什么样的帮助。所以，我找人询问 YPO 的情况。其中有一个人的反馈给我留下了深刻的印象。

这个人事业成功，公司每年能有上亿美元的收入。经朋友介绍，我和他吃了几次饭，有一次他就提到了 YPO。他一说，我顿时来了兴趣，马上问他："我现在正申请加入 YPO，但是我对这个组织还不了解，所以我想问问你，它的价值在什么地方，到底值不值得去参加？"

他当时的反应很奇怪。他并没有直接回答，而是突然安静下来，什么都不做，定定地看着我。我不明所以，感觉很奇怪，就问他怎么了。他也不回答，继续盯着我看。过了一会儿，他终于开口了，一开口就让我很惊讶，他说 YPO 救了他的命。

据我了解，YPO 是一个 CEO 的精英平台，大家互相帮助和交流经验，提高各自经营企业和自我管理能力。但是他说能救命，就很奇怪了。YPO又不是一家医院，怎么还能救命呢？

他缓和了一下情绪，开始讲起自己的经历。他是一个事业心很强的人，当时公司正处于上升期，花在工作上的精力越来越多，根本没什么时间去照顾太太和两个孩子。渐渐地，他就和他的家庭产生了隔阂，和他太太越来越疏远。

直到有一天晚上，他回到家，他的太太突然很郑重地告诉他："我们离婚吧。我要离开你。"他当时非常惊讶，因为他一直埋头于公司业务，根本没有意识到家庭关系已经出现了很大的问题，而之前他的太太也没有表现出任何要离婚的先兆。

与此同时，公司也出现了一些问题。他的合伙人挪用了公司的资金，在财务账目上动了手脚，做假账。紧接着，美国政府介入调查，准备查账。要知道一旦被政府查账，公司势必会受到很大的影响。因为公司有很多大客户，都是很注重口碑的，如果公司出了什么丑闻，这些大客户肯定不愿意继续合作下去了。那么，他辛辛苦苦这么多年做起来的公司很可能就毁于一旦了。

一方面，美国法院一般会在离婚诉讼中把孩子的监护权判给女方，他的妻子有极大的可能带着两个孩子离开他。另一方面，公司出了那么大的纰漏，他一手带大的另一个"孩子"也将离开他。所以在同一时间段内，他遭受到了沉重的双重打击。

在很长一段时间里，他每天的状态都非常差，饭也吃不下，觉也睡不着，情绪很低落，甚至想过要自杀。说到这里，我就很好奇地问他，最后是怎么从这个坏情绪里走出来的。他说，是他在YPO里的小组救了他。

YPO到底是怎么做到的呢？

他说，其实成功的人，很难把自己遭受到的挫折和困难告诉别人。就算告诉了家里人，他们也不清楚公司是怎么运作的；心理医生也不成，因为他们没有管理公司的经验。但是在YPO的小组里，大家首先是公司的CEO，在经营企业方面都有着丰富的经验，其次大家的年龄也不会小，都有一定的人生阅历。所以，即便大家经历的事情不完全相同，但是很有可能这个人也曾经历过离婚，那个人在事业上也有过很大的挫折，还有人也遭受过合伙人的背叛，或者甚至公司也倒闭过。大家都会有这样那样的亲身经验，而不像家人和心理咨询师，对公司管理所带来的压力没有切身体会。

更重要的是，在这样一个小圈子里大家都非常坦诚。在他诉说了自己的遭遇之后，其他成员也分享了各自的经验。这些人有着这样或那样的相似经历，但最终都走过来了，所以对他来说也非常有说服力。在这些人的关心和支持下，他最终走出了低谷，打消了自杀的念头。这就是 YPO 救他一命这个说法的由来。

我听完之后，对 YPO 更加好奇了。这个组织究竟有什么样的能量，可以聚集这样一批人，还产生如此重大的影响？后来，我在亲身进入 YPO，有了自己的小组之后，才找到了真正的答案。

第 3 节　与最优秀的人坦诚相对

YPO 成立于 1950 年，在全世界有超过两万名成员，几乎每个国际性大都市都设有分部，其中也包括上海和北京。我在美国旧金山加入了 YPO。

之前提到的湾区 CEO 联盟是区域性的组织，只在硅谷一带有影响；YPO 则是世界性的，而且历史悠久。更重要的是，YPO 的筛选更为严格。虽然在每个国家的规定会有一些差异，但其筛选的严格程度远远超过其他的"大头脑"组织。

YPO 筛选成员的过程相当漫长，差不多有 6~9 个月时间。首先，你需要得到现有成员的推荐。接着，在通过三个人的面试之后，你还要参加一次他们举办的活动。然后，会有一个委员会对你进行又一轮的筛选，在此期间，你需要递交一份报告，说明你的加入会给组织和成员带来什么价值。最后，需要这个委员会全体成员一致赞成，你才能通过筛选。

筛选依据有一部分是硬性规定。比如年龄在 50 岁以下，所管理的公司业务规模要在几千万美元以上，申请时你一定要担任 CEO 等。所以，YPO 里的绝大多数人的年龄都在 35-50 岁之间，而且是各个国家、各个领域的精英。即使有少数人特别年轻，也通常都是家族企业的继承人。甚至有这样的说法：在一些小的国家，精华就在当地的 YPO 里，例如有人认为菲律宾 YPO 的成员控制了全国经济的 70%。虽然这个说法有夸张的成分，但是也间接说明了 YPO 成员的确都是精英中的精英。

在我通过筛选，顺利成为会员之后，我被安排到了一个 9 人规模的小组。绝大多数参与者会说，小组成员是他们在世界上最要好的朋友。因为大家都知道，你可以在自己的小组里说出在其他地方不能说的那些事情，小组的其他成员也都会守口如瓶。forum 这个概念其实特别有名，比如哈佛商学院现在也会给校友提供这样的小组，其理念就来自 YPO。

可能你的好朋友能够给予你充满义气的友情支持，你的家人能够给你温暖和陪伴，但是他们很少能在事业上直接给你实质性的帮助。而且很多时候，我们也不愿意把工作上的压力转嫁到他们身上，另外家人有时候又是最不适宜沟通的，因为很多事情说了会伤感情的。

你可以在小组里和其他成员讨论：父母年纪大了应该怎么办？孩子处于青春期该怎么管？和妻子（或者丈夫）之间有些矛盾该如何解决？财富如何管理？业务转型遇到阻碍该怎么办？濒临破产了要做些什么？或者年纪大了要怎么找接班人，等等。你可以分享任何问题，而且可以开诚布公毫无保留地说，不用担心任何东西会传出去，这些就是你在这个小组里的秘密。

我所在的小组加上我一共有 9 个人。有一位成员曾是上市公司 Trulia 的 CEO，也是这家公司的创始人。Trulia 是一个房地产搜索引擎，上市之后市价超过 30 亿美元。还有一位成员是一家投资公司的创始人，他的公司 2016 年被评为硅谷最优秀的投资公司。另一位成员管理的是湾区第八大私有企业，每年收入 20 亿美元。小组其他成员里还有已经上市的医疗公司及生物公司的 CEO。所以，小组里的每个人在自己的行业里都非常厉害。

我加入这个小组之后，发现这些人已经互相认识六七年了，早就成了很好的朋友。当时我一度很担心，作为一个新人闯进了他们的熟人圈子，会不会被排挤，会不会被接纳呢？而且，这些人都已经有了一定的成就，我在他们之间算是最年轻的，我还在创业早期呢，他们会不会看不起我？我心里打着鼓。

YPO 的模式和湾区 CEO 联盟的模式比较相似，频率是每月一次，每次也开 4 个小时。小组里会有一位主持人，由 9 个人中的一个担任。从工作角度来看，这位主持人有点像湾区 CEO 联盟的协调员，只不过是小组成员，每个月四小时的会面都由他来主持。

我第一次去的时候，大家为了欢迎我这个新成员，都分享了一件自己近期比较有感触的事情。具体内容不能向外界透露，因为大家都签了保密协议。我也非常尊重这样的规则，因此我只能单纯谈谈感受。

小组交流的整个过程比之前在湾区 CEO 联盟的时候还令人吃惊，我们的谈话相当深入，就像已经有几十年的交情，彼此高度信任，无话不谈。要想平日里能听到这些成功人士说出这些话，我觉得是绝不可能发生的事。

对他们来说，我是一个陌生人、一个闯入者。在此之前，我和他们素不相识，但他们居然都能在我面前吐露心声，可以说极为坦诚了。在大家的感召下，我也逐渐放开了，说出了自己的心里话。

我记得我当时说："我之前离开母亲回中国创业，这次回美国，很大一部分原因也是想多花一些时间陪伴她。其实，我现在是挺内疚的，虽然她是我母亲，但我已经很多年没有和她一起生活了。而且她的年纪越来越大了，我不知道怎么样才能好好地照顾她。"

其实这样的话通常我只会和最好的朋友说，甚至放在心里不说，但我居然讲出来了，所以我觉得我已经做到了坦诚。但是没想到其他人讲的时候更加坦诚，已经快到露骨的地步了。我听后感到非常震惊，他们真的是把藏在内心深处的东西都翻出来了。

其实说到底，一个人即使再成功，他也是一个个体。普通人会遇到的问题、面临的挑战，他都会遇到。但当一个人走向成功的同时，他往往越来越不敢展现真实的自己，因为害怕自己辛苦塑造的成功形象受到负面影响。

因此，能有机会在这样一个环境中自我表露，做回真实的自己，是一个难得的机会。湾区CEO联盟的做法是借鉴了YPO的，但是我觉得YPO成员的层次高出许多，他们的经历和经验更为丰富。我深刻地认识到，一个人总是有局限的，但如果有一个和你一样优秀甚至更加优秀的"大头脑"，那真的可以提高成功的概率。

YPO还是一个非常好的、世界性的社交网络。因为在各个国际化大城市都有分部，所以只要你是YPO的会员，去任何一个这样的城市都可以和当地的YPO取得联络。而且大家之前都签过保密协议，所以成员之间随便说什么都可以，大家不会把什么信息藏着掖着，所以可以得到非常多的平时无法接触到的信息。

YPO和湾区CEO联盟还有个不一样的地方。YPO筛选和吸纳了各行各业最好的CEO，所以会碰到各式各样很有趣的人，产生更加多元的价值观碰撞。这些人在YPO里会组织丰富多样的活动，你可以参加并学习各种你想学的东西。

我举一些实际的例子。比如说，你如果对健康感兴趣，在YPO里有一个专门的群体，他们会针对这类话题请一些最有名的健康大师，然后在夏威夷组织一个为期三天的会议，你就可以跑去跟这些世界知名的健康大师学习。又比如说，你对拉丁美洲房地产投资感兴趣，你会在YPO里找到拉丁美洲房地产的小圈子，他们会在美国的迈阿密组织几天的活动，有志之士都可以参加。还有，如果你对收集古董车感兴趣，美国最有名的古董车展览里有一个 YPO 成员聚会，在这三五天时间里，你除了参观车展，还有机会参加这样的特别活动。

这些活动信息都会不定期地在 YPO 的官网上发布。我们可以想象，这是多么丰富的资源啊！"大头脑"不只是一个概念，还是一个现实的手段。我不仅可以和一个 9 人团队组成"大头脑"，还可以和 YPO 在全球的两万多成员建立联系，这就相当于拥有一个世界级的"大头脑"，其中的价值是无法估量的。这和普通的私人俱乐部相比，意义完全不同。

除了 YPO 和湾区 CEO 联盟，美国还有许多不同的"大头脑"组织。有一个叫"企业家组织"（Entrepreneur Organization，简称 EO），很多人也称之为"小 YPO"，主要针对的是一些创业者或者中小型企业的 CEO。

几乎所有"大头脑"都有一个小组模式，EO 也有，大同小异。EO 聚集了很多刚刚创业的人和起步初期的企业家，并且为他们提供帮助。创业者都是很孤单的，因为刚刚开始创业的时候，往往只有你一个人，或者只有你和你的合伙人，两个人吃着方便面，在条件简陋的地方埋头苦干。这期间各种困难和问题可谓接踵而至，比如钱从哪里来，客户从哪里来，产品做不出来怎么办，与合伙人之间出问题了该怎么解决，等等，但这一系列的问题都可以在 EO 这个平台得到比较好的解决。

虽然，我现在每天仍旧会面对很多问题，受到相当多的挑战。但是我已经知道，有一批人在支持我，而且可以定期分享经验，给我提供参考和帮助。这些人不仅是我的导师，也在某种程度上成了我的朋友，能够在事业、生活和兴趣爱好等方面和我产生深刻共鸣。

第4节　一人行快，众人行远

参加了这些"大头脑"的各种活动之后，我从中发掘了几点共性，可以作为衡量一个"大头脑"优秀与否的标准，也可以为组建属于自己的"大头脑"提供参考依据。

第一条，保密性。

不论是 YPO 还是湾区 CEO 联盟，小组成员间的所有交谈内容都仅限于每月那四个小时和那个空间里，出了这个范围，大家都要对此保持缄默。保密是这个模式得以延续的必要基础。

毫无疑问，大家来寻求事业支持的时候，为了尽可能地解决问题，那就不得不一五一十地说个明白。事业上的问题在很多情况下就是大家都不愿意透露的企业现状，例如目前亏了多少、CEO 内心的焦虑、企业的前景问题，等等，而这些内容是在面对自己的董事会时都不会说的。因为这不是和别人报喜啊，你提出来的全都是问题，想象一下如果被其他人传播出去会产生什么样的负面效果吧，所以保密性是非常重要的。

第二条，没有建议，只有经验。

面对一个问题，如果有人对成功人士说："我来教你怎么做。"他的第一反应是回避和反抗。所以，在"大头脑"里，大家不会采用"我教你怎么做"的表达方式，讲的更多的是"我过去有一些经验，想分享一下"。

比方小组里有个人说："我的公司做得很好，但是这个市场有限，可能三年之内，就要被一个大公司吞并了。"他很清楚，如果一家公司的产品只是个功能性产品，而不是一个平台，那么平台竞争者很容易就能学习借鉴并融合到自己的服务里去。由于他的公司成长得很快，他预计平台公司在三年内就会注意到他，然后把这种功能添加进去。所以他知道，自己的公司成长得越快，越容易被别人注意到。所以他很焦虑，不知道未来会变成什么样子，自己又该做些什么。

另一个成员说他之前有一家公司，当时成长速度也很快，只不过当时同一领域有一个规模是他十倍的竞争对手。所以从一开始，双方就进行了一些互动，他尝试了解对方是不是有意愿收购他的公司。后来他就把公司卖给了对方，顺利退出这个市场。所以他认为，在一开始不妨和同领域的竞争对手建立联系，那样会更有可能在日后达成一些合作关系。

又有一个成员说："我之前有个公司，发展得很快，但是与此同时，我已经看到瓶颈了，一个功能性产品的市场往往是有限的。然后，我计划利用现有的资源，跨到相似的市场里，在两三年之后打造成一个自己的小平台。"

然后大家就开始表达不同的观点。其实并不需要评价这些观点的对错，只需要让各人陈述各自的经历和做法就可以了。相比于口头上的建议，这些已经付诸实施的案例有着更高的参考价值。我们会从这些人的经验里得到很多启发，意识到原来还有很多选择的余地。

有些人可能会担心，如果一开始就和竞争对手尤其是平台建立联系，可能会过早地暴露自己的产品优势。但是很多时候，"以为自己低调就会没人知道"是一种自欺欺人的做法，如果发展得好，无论如何都会进入别人的"雷达侦测"范围。与其这样，倒不如主动尝试获取一些接触机会，给未来的发展提供更多的可能性。

当这位小组成员被问到怎样和大平台的人进行接触的时候，他说："因为我们有一个共同的行业组织，我参加了一些相关的演讲，这些大公司也会参加，大家就认识了，就建立了一个良好的关系，他们也知道有我这个人。"

此外，大家还会谈到很多问题，如夫妻矛盾、子女问题、人生规划、自我提升、身体健康，等等，每个人都有着各式各样的烦恼和困惑，而这么多困惑一个人是解决不了的，很容易陷入一个死循环。"大头脑"就能提供很好的平台，让这些话题得到系统化的讨论。小组也可以请一些导师，帮助成员用不同的方式看待问题，找到适合自己的解决方案。

其实，不管是久经沙场的成功人士，还是初出茅庐的小"菜鸟"，每个人所面对的最基本的问题都是自己。虽然很多过来人的经验并不能对我们产生实质性的帮助，但很大程度上是能提供启发的。志同道合的一群人完全可以组成一个"大头脑"，然后互相帮助。

也许有人会觉得，"大头脑"只是针对优秀的人。优秀的人聚在一起会更加优秀，人与人之间的差距也就越来越大了。但其实，这是两码事。

首先，不论什么时代，和优秀的人交往并不仅仅来自他们精英的身份，更是源于他们对于优秀的追求。

现在，我们每个人都能找到一群人，一群和我们有一样的目标、都想要不断成长、彼此可以互相帮助的人。有个说法叫：两个人交换彼此的苹果，还是两个苹果；可如果交换两种思想，就不只是两种思想了。

我们假设每个人的成功概率都差不多，一群人的成功概率不能说是直接累加的，但的确能让每个人成功的概率得到提升。所以，"协同作战"反而是跳出现在圈子的最佳方式。

所以，尝试接触"大头脑"，甚至建立自己的"大头脑"，是非常有价值的。

在美国，你可以加入很多私人俱乐部，可以看到很多优秀的人，但是"大头脑"给到你的真正价值绝对不只是人脉。这方面的组织在中国目前还是比较少见的，但我觉得很快也会出现的，因为这样的模式对人的进步非常有帮助。

如果在中国没有找到符合自己需求的组织，那么就自己建立一个属于自己的"大头脑"。《思考致富》一书出版时是没有YPO这类组织的，拿破仑·希尔当时的建议之一就是自己去组建。

前段时间，我参加了朋友们组织的一个特殊的周末假期。假期在英文中叫

vacation，但他们改了一下，变成 mancation，意思是"男人的假期"。

这场活动的策划者是两位年轻的越南裔小伙，一位叫查尔斯（Charles），另一位叫汤姆（Tom）。在我看来，他们都是非常优秀的年轻人。汤姆从小生活在欧洲，之后考入美国的大学，毕业后便开始在美国创业。而查尔斯则是在很小的时候就移民到了美国。

我和他们的结识也很偶然，那是在一次聚会上，我的朋友将查尔斯介绍给我说："这个小伙子非常聪明，也很好学，你能不能带一带他？"我和他就这么认识了。查尔斯那时刚刚开始在互联网领域创业，手底下只有两名员工，每天忙得焦头烂额，每当遇到问题，他总会打电话向我请教，一来二去我们便熟悉了。

我发现，他虽然是个新手，但意志坚定，也很好学，除了向圈内前辈请教问题，还会花大量时间阅读，自己寻求问题的答案。他的想法也非常多，并且希望通过实践来验证这些想法，所以，我还挺喜欢这个上进好学的年轻人的。

他的朋友汤姆同时也是一名创业者。他设计了一款专门帮人提高效率的网站，并对网站细节精益求精，为此花了大量时间去阅读各类提高效率的书，并加以分析和筛选。

在我眼里，mancation 并不像是一场度假，而更像是一个小型的"大头脑"。一般来说，年轻人的度假方式总是约上三五知己或者男女朋友，找一个风景美丽的度假胜地，大家一起吃吃喝喝，甚至是谈情说爱。而查尔斯和汤姆的做法显然不是这样的。

在距离迈阿密市区不到一小时车程的一个海边小镇上，他们租了一间靠海的房子。查尔斯和汤姆一共召集了 8 位年龄在 25-35 岁之间、背景各异但都很好学的年轻人来参加这次活动。这其中一半是亚裔，一半是白人。在周末的两天时间里，每个人都会就一个话题作分享，大家一起探讨和解决问题。

一开始，大家分别介绍了自己的一些经历。正如之前所说，"大头脑"最重要的环节之一就是分享,无论遇到什么样的挫折和失败的经验,都可以开诚布公地说出来。

一位来自英国的年轻人倾诉,他的父母都是英国的农夫,所以他从小就很讨厌做农夫,一直想要离开故乡。后来,他终于进入英国广播公司(British Broadcasting Corporation,简称BBC),成为一名记者。但工作了一段时间以后,他逐渐认识到这可能不是他最热爱的工作。于是,他鼓起勇气辞职并开始创业,一边在网上学,一边做公司。也正因为这样,他通过网站认识了查尔斯。

另一位亚裔朋友说到他小时候没有目标,学习也很不好,毕业之后没有找到像样的工作,只能在一家超市里打工。有一天,他突然觉得自己的人生不能就这么一直过下去,于是就想尽办法学习。他的社交范围有限,也没有办法去结识很多优秀的人,但他知道书里有很多前人总结的经验和知识,所以就买了很多书来阅读。来到这里,是因为在互联网上看到了汤姆写的文章,于是写了邮件询问一些问题,这么一来二去也就认识了。

这时,汤姆笑着告诉大家:"我从来没有见过这样的人。很多人问我问题,我给他们一些建议,他们听过也就算了,未必会去实践。但他却很奇怪,我每次给他一个建议,他都会去实践,做完之后还会给我很多的反馈和过程中所遇到的问题。"

除了谈起各自的经历,大家还分享了不少近期学到的内容。我记得其中有一位说的话题相当有趣。他的肠胃病曾经很严重,十年前还差点因此送命。他只要吃东西,胃就很难受,跑了很多医院作检查。一开始,医生也不知道是什么问题,只是告诉他可能活不长了,后来他终于发现这是由肠道失调引起的。

人的肠道里有大量对人体有益的细菌,帮助肠道消化,但他可能是小时候生病吃了很多抗生素的缘故,肠道中的有益菌缺失得很厉害,所以只能通过补充益生菌的方式来调节肠道平衡。

他说大肠被科学家认为是人的第二个大脑。为什么我们吃了太多东西之后就会产生疲惫感？那是因为大量的血液会被输送至大肠，用于食物的消化。大肠还具有一些和大脑一样的神经细胞。

这时另外一个人接过话茬儿，就提到了大便。他说人的排泄方式很重要，而大多数人在这方面或多或少都有些问题。亚马逊网站上曾出现过一款产品，将它放在马桶之下，你坐上去的时候，整个身体会不自觉地倾斜一些。这样一来，就可以让直肠更为舒展，排便更为方便。我听了以后心里一笑，但相信这也是他花了很长时间得出的一个结论。

除了分享外，活动中还设置了健身的环节。他们特意请到了一位教练，花了半天时间学习冰人维姆·霍夫曾教过我的吐纳方法。所以，我当时也分享了自己的实践经验。这些人都很注重身体健康，不少人分享了自己在健身方面的经验和心得，比如补充合适的营养素，遇到瓶颈怎么突破，等等。大家的分享和讨论都做得非常认真。

通过几天的交流，我渐渐发现，在这些人里面除了我以外，可能没有哪一位拥有好的学历背景，也没有人曾在知名企业工作过，他们之间唯一的共同点就是好学。在互联网如此发达的时代，每个人都可以在网络上找到匹配的学习资源，并且找到和他们一样好学的人。他们也能找到那些优秀信息资源的提供者，向他们讨教更多的经验。

这让我真正意识到：在这样一个时代，只要自己想获得成长，学历和背景都不会成为阻碍你成长的因素。我同样从这些年轻人身上学到了很多。这些年轻人虽然不是学霸或精英，但我相信他们将来都是会很成功的，因为他们每一位都非常好学，也愿意坦诚地面对自己，面对他人。

对成功者而言，失败是未来成功的基础和动力，所以他们常常会很直白地分享自己从失败中学到了什么。而反观那些不成功的人，他们通常会选择隐瞒和回避，那也就更不会在失败中汲取经验了，以至于之后再次失败，重蹈覆辙。

"大头脑"的意义在于分享，而并不在于你当下的背景或学历。任何人都可以组建志同道合的大头脑，但一定要注意成员的筛选，确保大家有着共同的志向和品质，可以朝着一个方向前行。几个志同道合的朋友，加上我之前说的这些规则，还有一个固定的碰面时间，比如每月一次。那时候，大家可以互相探讨，互相帮助，互相分享自己的经验，共同一起想办法解决问题。

一个人再聪明也终究只是一个人，"人多力量大"很多时候是事实。虽然难点在于人，并不是每个人的身边都存在这类人，我们得有足够的判断力去筛选能够互相提供支持的人，而且这个人身上有值得你去学习的地方。只要肯花时间和精力，我们每个人都能找到或建立适合自己的"大头脑"，让自己受益无穷。

第 2 部分
用思维和心态掌控商业

第 1 节　横跨欧美的进阶学习

2015 年 6 月和 12 月,我再次参加了托尼·罗宾斯的两门关于商业管理的课程——Business Mastery I 和 Business Mastery II。这也属于他整个课程体系中的高阶课程,可能因为针对的主要群体是高级管理人员,所以收费也要略高于我之前上过的"与命运有约"。

这两次的授课地点分别设在美国的拉斯维加斯和英国的伦敦,每门课均为期五天。拉斯维加斯的这次课开在赌城著名的威尼斯人酒店内,有超过 5000 人参加,整个会议厅座无虚席,其中 70% 都是美国人。后一次课则移师伦敦,设在宜必思酒店(IBIS)的会议厅,这也是我第一次在美国以外的国家参加托尼·罗宾斯的课程。粗略估计了一下,学员有 2000 人左右,其中绝大多数人来自欧洲。

事实上,在哪个城市上托尼·罗宾斯的课程并没有太大的差别,因为从早到晚你几乎都得待在会议厅里,当中只有一两次短暂的休息时间,可以说每天都是早出晚归,所以地点设在哪里并没有什么意义,尤其当我多次参加他的课程之后,对他的这一特点更是有着充分的思想准备。

首先,课程的起始和结束时间并不是确定的。托尼·罗宾斯每天都会工作到很晚，所以虽然课程表上写着每天 9 点开始上课，但真正什么时候开讲还得看他当天的状态而定。通常情况下，学员早上九点进入会场，头半小时会放一段音乐，让大家一起跳舞热身，托尼·罗宾斯在 9:30-10:30 间会现身开始讲课。所以我一般都是先去酒店的健身房运动一下，然后 9:30 左右进入会场，到了那里就可以直接听课了。

其次，托尼·罗宾斯非常怕热。这一点很异于常人，所以一般会按照他的要求把会场的温度调到最低。当然，他也会提醒我们，无论夏季还是冬季都要带上外套，避免感冒。我记得上拉斯维加斯的那堂课的时候正值 6 月，是沙漠里最炎热的季节。但如果你仅穿着短袖 T 恤坐在会场的话，相信不出半小时就会冻得瑟瑟发抖的。

记得我第一次参加 UPW 课程时，最深刻的感受就是"饥寒交迫"。他在台上讲得很精彩，我一边听却一边忍不住打寒战；为了不错过任何一段内容，在没有准备任何食物的情况下，我只能忍饥挨饿一整天。所以自那时起，只要上他的课，我一定会带上一件厚外套，再备上一天的食物。

在伦敦上课也是这样。刚到酒店，一放下行李，我就出门到处找餐厅。我必须找到一家离酒店不远并且每天早上 9 点之前就开门营业的餐厅，最重要的是食品还得营养健康，这在伦敦还真是一件有挑战性的事情呢。

虽然酒店附近有不少餐厅，但 9 点之前就开始营业的大多是快餐店。我想去超市采购，但超市提供的几乎都是半成品，而我又没法在酒店里烧菜。在寻觅了一个多小时后，我终于找到一家加勒比风味的烤鸡店，不但提供烤鸡，还有沙拉。所以在伦敦的五天里，我几乎每天早上都要光顾这家餐厅，买上一到两只烤鸡，再打包一大份蔬菜沙拉。

大家可以脑补一下这样一幕颇具喜感的场景：台上托尼·罗宾斯正在激情四溢地讲着课，台下众多学员中一位穿着厚外套的亚洲人虽然也跟大家一样目不斜视，认真倾听，却时不时从纸袋中掏出一整只烤鸡来啃上一口，一边吃一边听课。

第2节　商业成功的七个要素

　　我曾经就读于哈佛商学院，也从事过多年的管理工作，所以我从管理的角度发现，无论在学校还是职场，大家都会频繁地谈到如何制定战略，如何布局和规划，以及如何配置资源或人力，等等，却很少会有人提及思维的问题。但事实上对于管理者而言，思维和心态更重于管理。就这方面来说，托尼·罗宾斯无疑是一位专家，所以我非常想听一听他会说些什么。

　　一开场，托尼·罗宾斯便给我们讲述了开设这门管理课程的原因。他说，作为一名潜能专家，他一开始专门教人们如何激发自己的潜能，让他们能更好地找回自我。在这过程中，他逐渐发现自己最大的付费群体其实来自那些企业的CEO和华尔街的投资人。为什么呢？原因很简单，那些精英们和普通人一样，也会在思维和心态上遇到各种问题和困惑，而且他们更愿意为此花钱寻求解决方案。

　　于是他便为一些企业CEO开设了专门的咨询服务，每年收取上百万美元的咨询费和一定比例的收益提成。后来，寻求咨询的人越来越多，而且他自己也先后投资了几十家公司，这让他再也没时间一一具体回应了。所以他就将这么多年收集到的企业管理问题，还有所学习到的公司运营方面的技巧全都汇总起来，开设了这两门商业管理课程。

　　刚上课，他便开玩笑地说："我向各位保证，接下来五天内所学到的内容，比你们上两年的哈佛商学院所学到的价值更高！"我当时听了暗暗一笑，心想：口气那么大！我在哈佛商学院实实在在地读过两年的MBA，我得好好听你到底会教些什么。

　　没想到，托尼·罗宾斯紧接着讲的一句话就直接切入了我的心底。他说，对职业生涯起决定性作用的众多因素中，硬技能（例如财务、人事等通过机械式学习便可获得的技能）只占30%，剩余70%都是由思维和心态决定的。尤其作为一名CEO，你的思维和心态往往决定了一个公司最终是获得真正成长还是走向失败。

当时我对这句话深有感触，因为在创业期间，我的大部分时间都花费在了调整心态上：失去一个重要客户，要怎样把低落的心态拉回来？找不到资金，要怎样去调整自己？管理层出现了分歧，又要如何去改变思维？所以听他这么一说，我顿时就觉得很对我的胃口。

那么，该怎么改变思维和培养心态呢？五天的课程主要是围绕"七个要素"展开的。托尼·罗宾斯认为，任何一家企业的成功都需要具备七个要素：

1. 优秀的企业文化
2. 具有前瞻性的战略
3. 不断地创新
4. 做好市场推广
5. 建立好的销售系统
6. 完善法律和财务体系
7. 不断改进和优化

对绝大多数人来说，创业是为了实现梦想、改变世界或是赚最多的钱，可能也知道要在以上方面做出成绩，但知易行难。决定成功与否的诸多要素中很关键的一点，就是创业者是否把自己创业的初衷和其他人的思维真正结合起来。换句话说，就是你的需求是否和员工、客户的需求在思维和心态上连接起来。

关于人在幸福感方面的需求，大家应该还记得，托尼·罗宾斯在"与命运有约"课程中曾具体谈到过，人的幸福感来自对六个需求的满足，那就是：人生的确定性、不确定性、个体的重要性、连接与爱、成长以及贡献。要真正地将别人的幸福需求和自己的创业初衷连接起来，就需要针对这六个需求进行深入研究。所以在那五天里，我们花费最多的时间就是去探讨和思考——如何针对上述的七个要素，再结合这六个需求，来制定不同的方案。

那时，我创立的第二家企业刚刚运营了一年，主营业务是帮助中国家庭到美国做精英投资和资产配置。创立这家公司其实有一定的偶然性。记得当时我在国内的表妹想要移民美国，计划办理美国投资移民（EB-5），让我帮她看一些投资项目的文件。所谓EB-5，是美国移民法中针对海外投资移民者所设立的移民签证类别，即美国基于就业的移民类别第五类。此类签证从1991年起实行，并于1993年特别增设了一种"区域中心"移民方案（Regional Center Pilot Program），将移民申请条件中对"须直接创造十个就业机会"的规定放宽为"直接或间接创造十个就业机会"。这使EB-5成为所有美国移民类别中申请核准时间最短、资格条件限制最少的一条便捷通道。

EB-5对我来说并不陌生。我结束白宫工作后，不少投资移民项目方都曾找过我。但当时我并没有特别关注，只觉得这是移民行业，提供的是中介服务。而当我为了表妹的投资项目去仔细调查研究之后，发现它并不像我想象中的只涉及移民这一个范畴那么简单。

简单地说，它至少有三个方面的特点或结合：

第一，这是一个移民项目，所以必须符合美国移民法里的各项法律法规，机构涉及美国国土安全部、移民局、国家安全中心和领事馆等。不过这一部分相对来说是最简单的，你可以比较系统和完整地规划出来。

第二，目前绝大多数的投资移民项目都是房地产投资，因此你需要对美国的房地产行业有比较深的了解和认识。却没有什么人去投其他前景很好的行业，比如教育、医疗。以此类推，如果投资其他行业，你必须是这些行业的专家，而且最好和有多年积累的顶尖投资机构合作投资。

第三，也是最关键的一点，虽然最终结果是获得了移民身份，但投资移民的核心本质是投资，申请者就是投资者。而任何一个投资项目都有自己独特的金融条约，里面存在很多变量，没有一个项目是可以直接套用到别的项目上的。但是没有人以基金管理的方式深入其中，包括调研、条款、谈判、监督、管理和退出等。

在美国，业内将投资额超过 50 万美元的个人投资者称为高净值人士，为这些投资者服务的专业人员都需要具有相应的资质，并且还要对金融领域以及相应投资项目有着深厚的了解和认识。这些投资项目也受到美国证券交易委员会（Securities and Exchange Commission，简称 SEC）的监督和管理。然而在中国，服务于这些高净值投资者的机构就仅仅只有简单的中介机构。说白了，他们最多只能在第一点做些按部就班的解释和操作，而在后面两点上，既不专业，也更不会负责任。

了解到这些后，我就产生了极大的兴趣和动力。因为在我看来，现今中国的投资者已经日益国际化，他们需要一个真正专业且可靠的金融管理者提供服务。而美国精英投资和金融管理一直是我的工作重点，处理这方面的事务也一直都是我的强项。

托尼·罗宾斯在台上讲课，我坐在台下却不禁再一次回想起那段经历，重新回溯自己创立公司的初衷来。我到底是想提供什么样的服务，满足客户什么样的需求呢？

具体到产品服务上，我是想帮助中国家庭完成资本国际化，以及为他们长期规划和打理人生财富提供最好的服务。在这当中，我们不仅要帮助他们做好在美国的投资，还要帮他们理解美国的文化、教育、税务、保障等。简单地说，就是从投资角度出发，带动并实现他们对未来国际化生活的美好梦想。

虽然在投资项目上，每个人的诉求不尽相同，但结合"六个需求"来说，确定性往往是最重要的，换句话说就是：投资一定要稳健，要确保客户能获得投资回报。这是主要需求，其他都是次要的。

了解了客户的需求之后，就可以给公司的投资产品进行定位。比如，投资者之所以投这幢楼，并不因为它在曼哈顿，也不是因为它美观，更不因为它有明星来站台宣传，而是因为这笔投资非常稳妥，能由此获得投资回报，包括身份。这就是托尼·罗宾斯不断强调的：要深挖六个需求点，直到你真正了解客户的需求。

而另一方面，企业管理者也需要花时间真正去思考自己的基本需求是什么。很多人会说，我先实现一个小目标，赚它一个亿！但钱真的能满足你的需求吗？其实并不一定。事实上，有些人专注于某个产品是为了获得个人的成长，自己可以从中不断学到新的知识；有些人开公司是为了让他和他的家庭过上安稳富足的生活；有些人从事某个领域的工作是为了能更大程度地帮助别人，让自己的人生变得更有意义。

从内心来说，我是想帮助中国家庭通过稳健的投资，来完成他们的国际化梦想的。那些致力于走向国际并投资海外的中国家庭，他们最终的愿望是什么呢？可以说，绝大多数家庭都是为了要给孩子更好的教育机会和发展空间。

三十年前，为着同样的目的，我的父母带着我来到美国。那时走出去的国人并不多，信息也相对闭塞，我们一路摸索，走了很多弯路，也交了很多"学费"。所以，我非常希望能用自己的经验去帮助那些想要出发或正在路上的中国家庭，成为连接他们和美国之间的一道桥梁。

所以基本需求的确立是非常重要的，奔着这个目标，你才可以决定一切。比如你想要的就是为客户提供安稳的经济保障，那你就不一定需要公司非常快速成长，也不需要制定比较激进的战略，你所追求的应该是稳健。

但如果你没有想清楚这点，当风投机构想给你一笔投资以使你的公司快速扩张时，这会带来巨大的成长机会，伴随而来的也有很多不确定性，也就和你的基本需求背道而驰了。

所以在这个角度，你必须要想清楚为什么要做这件事情，它是否符合你的需求。想清楚以后，你可能就会拒绝这笔风投，因为不是每个公司都需要做大。但很多人其实并没有想清楚这点，认为做企业的目标都是一致的，那就是做最大的企业，赚最多的钱，但事实并非如此。

建立团队文化也是这个道理。你需要了解你要招的员工，了解他们的个人需求是否符合公司的风格和文化。试想一下，如果一家公司的奖惩机制涉及的只是金钱，那你会招到什么样的人呢？只会是那些对钱最在乎的员工。而如果你设定的机制针对个人发展的程度较高，能让个人成长与团队成长直接挂钩，那你的员工则会更偏向于注重人与人之间的合作。

对 CEO 来说，这一点尤其重要。你想要一个什么样的公司，就得招什么样的人。如果你很注重团队精神，但招到的却是更注重金钱的员工，业务能力很强却未必能很好地融入团队，可能没过多久也就跳槽了。即便留了下来，他的个人风格也有可能会对团队造成一定的影响和破坏。

这些道理说出来可能人人都明白，但在平时的工作中往往会忽略。我们总是想着要招那些最棒的员工，"棒"的定义往往是业务能力最强、业务资源最多，在此基础上还会要求他们必须具有团队精神，能随时随地激发作战能力。如果什么都想要，最后往往什么都得不到。

第 3 节　时刻迎接七种变化

与"七个要素"相对应，托尼·罗宾斯在伦敦的课程中也提到了企业发展中遇到的"七种变化"：

1. 竞争变革

2. 技术革命

3. 文化更新

4. 趋势变化

5. 客户变化

6. 员工变化

7. 自我改变

为什么企业会遇到瓶颈甚至倒闭，就是因为这些随时随地的变化所带来的挑战。作为管理者，你必须提前思考如何应对这七种变化。不仅如此，你还要有积极面对的心态，因为这些变化是百分之百会发生的。

托尼·罗宾斯还强调说："你必须抛开乐观的想法，不要认为那些成功的过去是可以不断延续的，而是要思考和认识到，这七种变化随时随地都会出现。所以，除了积极面对以外，你还需要精准地抓住那些变化点，因为它不一定是件坏事，也有可能是好的机遇。"

一家公司从成立之初的几个人，发展到几百甚至上千人规模，会遇到什么样的变化？可能是大环境的变迁、人员的流动、产品的更新换代，甚至是核心技术的全面革新！

十多年前，我刚到英特尔公司工作时，便经常听同事说起英特尔 CEO 安迪·格鲁夫（Andy Grove）。大家都知道，现在英特尔最核心的产品是处理器。但在 20 世纪 80 年代，处理器在英特尔的产品列表中仅仅排名第 11 位，而排名第一的是一种名叫 EEPROM（Electrically Erasable Programmable Read-Only Memory）的存储器。80 年代中期，日本企业大举进入这一领域，将市场价格压得很低，导致英特尔无法与之竞争，存储器像山一样积压在仓库里，公司资金周转缓慢，危机重重。

1985 年的一天，安迪·格鲁夫与当时一位创始人，也是公司的董事长戈登·摩尔（Gordon Moore）讨论如何摆脱公司困境。他提出："我们假设一下，如果另选一位新总裁，你认为他会怎么对业务做出取舍，采取什么行动？"戈登·摩尔犹豫了一下，回答道："他会放弃存储器业务。"安迪·格鲁夫就说："那我们为什么不自己动手？"于是在 1986 年，英特尔提出了新的口号"英特尔，微处理器公司"，之后顺利地穿越了存储器劫难的死亡之谷，逐渐将处理器业务发展壮大起来。

变化不止发生在外部，也会来自内部。

一个员工，从刚刚入职，到工作了 5 年、10 年，他的家庭情况和个人需求又会有什么样的变化呢？或许年轻时，他愿意为了金钱或成长而努力打拼；有了家庭以后，爱与人际关系变得更重要，他也就不愿意频繁出差了，而是希望有更稳定的工作时间。

对管理者来说，总是希望自己员工的付出越来越多，责任心也越来越强。尤其在公司不断壮大时，更是希望员工也承担更多的责任，为公司奉献更多。但很多人没有意识到，这些想法多少有些不切实际，而且员工的人生轨迹也处在不断变化中，所以你一定要了解你的员工以及他的转变。最好的企业家一定是那些能适应员工变化和需求的人。

除此以外，你还必须认识到，自己也是一个不容忽视的"变量"。对创业者来说，初创阶段总是最拼的，但随着公司走上正轨尤其是自己有了完整的家庭之后，往往就会逐渐放缓脚步。这时候，你就得不停地追问，自己的需求点到底在哪里，以决定是否能"不忘初心，砥砺前行"。

托尼·罗宾斯的课程一贯具有实用性，"掌控商业"更是如此。拉斯维加斯和伦敦的两门课程虽然有些内容是重复的，但前者偏重于讲述公司成功的"七个要素"；后者则着重阐述公司发展的"七种变化"以及"影响力"。

关于思维和心态的内容，全程由托尼·罗宾斯主讲，涉及财务、销售或运营的部分则会请一些专家上台讲述。除此之外，他还会为学员现场解决一些公司管理上的问题。毫无疑问，不少人花一万多美元并长途跋涉而来，并不仅仅为了学习知识,他们也想通过这个机会来解决公司遇到的瓶颈或难题。

仔细观察现场提问的人群,我发现学员大致可分三类,而且需求特征也非常明显。简单来说就是:还没下水的,正在水里游泳的,游到了某个目的地然后想设立下一个目标的。

第一类人通常是企业的中坚力量,但很想出来创立一家属于自己的公司,来这里是想学习如何迈出这关键的第一步。

对这些人来说,托尼·罗宾斯的这两门课非常有价值。一方面,他们因缺乏创业经验而往往对应该以怎样的心态去创业一无所知。我们常常看到有些人会过分担忧,有些人则过度乐观。另一方面,对第一次创业的人来说,如何把控好财务数字也是很关键的问题。针对这两方面,两门课都邀请了相关专家进行讲解,无疑给初次创业者带来了很大的福音。

第二类人是那些正在创业者,他们在创业中可能碰到了种种不同的问题,所以想来寻求问题的解决之道。

这类人在托尼·罗宾斯的学员中占了很大比例。对他们来说很有帮助的一点是,课堂上集中了很多和自己有着相同经历的人,大家可以互相交流经验。比如,坐在我身旁的一位中年男性就拥有十几家牙科诊所。他的苦恼是,诊所越开越多,但管理却渐渐跟不上了。他原本也是一名牙医,从没上过管理学方面的课程,所以就想补充这方面的知识,托尼·罗宾斯的课正对他的胃口。

第三类人的事业已经达到了一定的规模,所以他们更想了解如何构建下一步的目标。

在伦敦和我一起参加课程的朋友约翰(John)就属于第三类人。他也是哈佛商学院的校友,几年前创立了一家公司,经营得非常不错,每年有一两亿美元的收入。他来参加课程的目的就是想进一步明确自己的下一步目标是什么。为此,他还每年支付七万美元,成为托尼·罗宾斯的"铂金伙伴"(platinum partners）。"铂金伙伴"有点像一个CEO的俱乐部，在一整年内，你除了可以上托尼·罗宾斯的所有课程，还能参加每年三次、每次一周的特别活动，其中包括托尼·罗宾斯专为他们而设的定制课程以及和其他铂金伙伴的交流机会。

在伦敦，约翰也为我引荐了几位"铂金伙伴"的成员，我发现他们大都属于"第三类人"。他们的一部分目的是为了向托尼·罗宾斯学习更多，另一部分目的则是为了拓展自己的人脉，以及交流各种信息和想法。

有趣的是，在每次提问环节，你都可以通过他们的问题，清楚地分辨出这三类人，尤其是前两类。

第一类人通常会问：我很想做这件事，但是没有经验，也没有资源，该如何开始和逐步拓展呢？针对这些问题，托尼·罗宾斯一般会引导性地追问，比如：你觉得你需要哪些资源？然后针对性地讨论获取这些资源的思维方式。

事实上，处在现在这个时代最缺乏的并不是资源，而是获取资源的能力。这个能力来源于我们自己。我们可以看到，所有成功的企业家都具有这样的特质。所以说到底，这还是一个思维和心态的问题，托尼·罗宾斯就是致力于推动他们做更正面和积极的思考。

第二类人常常会问一些涉及公司管理的细节性问题。就像坐在我身边的那位牙医，他不可能依旧用管理一家诊所的经验和方式去管理十几家诊所。在这个阶段，他就更需要一个好的系统和架构去制定战略，管理财务，建立公司文化以及设立目标。其实很多商学院都会教这些实战性的内容，但不少管理者未必能花两年时间去商学院上课，所以就会过来取经，而且这里的教学方式更为简单易懂。

托尼·罗宾斯当时请了这方面的一位专家，名叫基思·坎宁安（Keith Cunningham），他擅长帮助管理者将企业从初创型转变为爆炸性增长的高利润公司。基思·坎宁安60多岁，说话非常风趣。他认为，企业管理过程中对财务数字的把控是极其重要的，所以就着重讲述了这方面的内容。很少有人能像他这样把复杂的财务知识讲得浅显易懂的，所以台下大多数人都听得非常入神。

第 4 节　到底对事不对人，还是由人及事

除了实用性，这两门课的特殊之处还在于，让每个人都有充足的时间去思考和重新规划。一般来说，托尼·罗宾斯会先讲一些理论性的内容，接着便会给出一段时间，让你仔细考虑如何在管理公司时用这种方式去改变策略和心态。除此以外，每个与会者还需要在此基础上重新制定公司的发展目标，同时再根据"七个要素"来制定不同板块的发展战略。

正如之前所说，来参加课程的人分别处于事业发展的不同阶段。有想创业但还没有迈出第一步的（属于孵化阶段），有刚刚开始起步的（初创阶段）或是正在成长的（快速成长阶段），以及相对成熟并谋求更大发展的（攀高峰阶段）。

现状的不同，决定了每个人的想法也有着显著的差异。

如果你的公司正处于孵化阶段，可能就要考虑一些激进的发展战略。成长到一定的规模后，如何平稳有序且可持续的发展便成了管理者面对的最大难题。所以公司所处的时间点不一样，阶段不一样，面临的问题以及解决问题的方案也就不一样。

比如，在未来一年内你的目标是增加利润 1000 万美元。这笔钱从何处来？是将产品大幅度更新换代，做得更具有吸引力？还是立足现有系统，使其更加优化？基于"七个要素"，你可以积极创新，将具体的改进建议记录下来。

在这个过程中，托尼·罗宾斯也花了比较多的时间，告诉大家如何确保自己具备正确的心态去做这件事情，如何挖掘和找到那些可以和你一起作战的人，以及如何调整他们的心态。

第五章　未来正在颠覆，事业如何掌控

前后十天的课程，留给我印象最深的是以下几点：

- 对每个管理者来说，最需要重视的是心态，你必须以一种不断学习的心态去面对问题，去拥抱你的事业；
- 要清楚地思考和认识自己所能带来的价值和需求，然后根据不同板块列出你的目标；
- 积极深入地了解他人需求，在自我管理、员工管理和客户管理上，都需要投入相当的注意力，缺一不可。

每个公司的情况不一，每个人的需求不同。在这方面，托尼·罗宾斯拿出了一个框架，让你结合自身的情况，把这个框架填满。同时，他也提供了一个行之有效的系统，这样你就可以制定出相对完善的方案和战略。

当然，如果拿这十天的课程和哈佛商学院两年学习来进行直接比较的话，我觉得并不具有可比性，因为两者之间存在着非常大的差异。

在哈佛商学院，我们通常会遵守一个原则——就事论事。我们论事不论人，不把情绪放入考虑因素中。比如，这件事情如果没有处理好，我们不会纠结他这个人的情绪，而是只针对事情本身讨论出一个可行的解决方案。

然而，现实生活中这一点是很难实现的，因为只要是人就会有情绪。比如你手头上的事情一多，时间又很紧迫，就容易产生较大的情绪压力。这个时候如果别人来问你：为什么这件事没有完成？然后对方可能会帮你分析其中原因，做出一个方案，列出时间表，但此时如果你的情绪压力还是没有减少，就会依旧没有动力，也就仍然解决不了问题。

而托尼·罗宾斯则认为：不妨先论人，再论事。他会更注重个人的心态调整和情绪管理，这样就和哈佛商学院的理念形成了互补。

讨论人，其实往往就是在讨论人的心态。如何调整自己的心态，这一点非常重要。很多时候，一个团队会受到老板心态的影响，老板需要调整好自己的心态，员工也需要能够理解老板的心态。从自己的心态到别人的心态，一步一步循序渐进。当人的心态调整好之后，问题可能还是没能得到解决，但因动力提高了，原本棘手的事情也就会变得更容易处理。

让商业管理回归到人性的本质，我认为这一点是托尼·罗宾斯课程中价值最高的一点，也是我此次学习得到的最大收获。

第5节 授人以鱼不如授人以渔

从托尼·罗宾斯身上，我们可以看到一个"美国梦"实现的标准范本。年轻时的托尼·罗宾斯穷困潦倒，找不到像样的工作，只能在学校做清洁工。一次偶然的机会，他遇到了著名的潜能大师吉米·罗恩（Jim Rohn），并跟随他学习。经过多年努力，他最终也成为世界级的潜能开发专家。

当然，这条路并非一帆风顺。在课上，他常常会提及自己经历的几次大的失败。

一次是在他20多岁的时候，那时他有了人生中第一个100万元。他说："当我去找以前的朋友时，他们似乎都不太待见我，因为我看上去和他们有了明显的差距。为了不失去朋友，我就尽量回复到以前的生活状态，比如去做演讲的时候，我会故意迟到，也吃一些不那么健康的食品，就是为了让朋友们觉得，我虽然是百万富翁，但还是原来的我。然而没过多久，我的公司便倒闭了。"

托尼·罗宾斯说："一天早晨，我起床照镜子，看到镜中那个胖乎乎的自己后，一下子就清醒了。我突然领悟到，交友很重要，什么样的朋友决定了你是什么样的人。所以，我便决定去寻找新的朋友。"

第二次的挫折发生在他30岁左右的时候。那时，他东山再起，重新创立了一家公司，拥有了千万美元的财富。这时，有个朋友找他合伙办一家公司。托尼说当时自己很幼稚，没有仔细看合伙协议就签了字。结果，这份合约协议里有一条约定，大致意思是：如果公司负债，合伙人需要个人承担其中的债务，并不只是公司倒闭就结束了。

而在他不知情的情况下，他的合伙人欠下了一大笔债务。等到债主上门，托尼·罗宾斯才知道，这位合伙人给他留下了几千万美元的债务。就因为这些巨额债务，他原本的千万身家很快又归零了。

从此他就认识到，在公司里，不论是合伙人还是员工，都要经过严格地筛选和调查。所有的合同协议一定要仔细审核。

第三次的失败是因为他的婚姻。他的第一次婚姻是在24岁，当时娶了一位比自己年长13岁且带着四个孩子的女人。当孩子们逐渐长大并分别进入大学之后，两人由于性格原因离婚了。法院当时评估托尼·罗宾斯的公司市值达到5000万美元，所以必须付给妻子2500万美元。然而事实上，当年这家公司一年的实际收入才不过500万美元。他开玩笑说："法院的意思是让我不吃不喝，免费打十年工，供养我的前妻。"

离婚让他想到了这样一些问题：为什么有些人可以在婚姻中一直维持激情？那些年过花甲的老人们，携手走过了四十甚至五十年，仍然和谐而甜蜜，这其中的秘诀又是什么？所以，他就去全美各地拜访那些夫妻，学习他们的相处之道，最后将这些经验归结起来，做了"与命运有约"这门课程。

在课上，你会发现，每一次坎坷和失败都被托尼变成了很好的学习机遇。所以我们也要对自己每次的学习有一个很好的认识和定义。到底我们只是单纯地"头痛医头，脚痛医脚"，现场就有一笔"渔获"，还是说我们更应重视记录和积累所学到的东西，持之以恒地应用到自己每天的工作和生活中去，并且从中总结出真正属于自己的理念和最合适自己的方法？

第 3 部分
拥有事业，更要拥有个人品牌

第 1 节　常春藤名校和百年媒体的新研究

　　萨尔茨堡全球论坛是哥伦比亚大学新闻系和《纽约时报》的拥有者萨尔茨伯格家族合办的一个项目。众所周知，哥伦比亚大学有 200 多年的历史，其新闻系在该领域里被公认为是全美最出色的；始创于 1851 年的《纽约时报》也被认为是美国最好的传统媒体。由他们合办的这个项目每年选出 20 多个媒体行业最优秀的经理人，集合在一起，进行为期一年的学习。在这一年里，每个季度都有一个星期的课程。

　　我本身并不从事媒体行业，但我投资了一家新媒体公司，所以尽管属于这次受邀者中规模比较小的企业，却因为近年来新媒体的崛起，加上我有着多元化的背景，所以他们邀请我参加该项目。其他参与者一般都来自像美国有线电视新闻网（Cable News Network，简称 CNN）、美国广播公司（American Broadcasting Corporation，简称 ABC）、娱乐与体育节目电视网（Entertainment and Sports Programming Network，简称 ESPN）及《纽约时报》这些美国最大的主流媒体，基本也都是副总裁以上级别的人物。

　　这是我第一次去哥伦比亚大学。校园风景优美，建筑典雅，但是面积比起哈佛大学和斯坦福大学都要小一些。校园所在区域处在纽约曼哈顿的晨边高地，不是特别高档。

但是哥伦比亚大学的优点也很突出，那就是他们的新闻系很厉害，美国新闻界的最高荣誉奖普利策奖就是在哥伦比亚大学新闻系颁奖的。

这个项目的意义是帮助媒体从业人员提高管理能力。媒体行业的绝大多数管理层都是做新闻出身的，做内容是他们的拿手好戏，但很多人其实缺乏真正的管理经验。所以，这个项目之所以有哥伦比亚大学商学院的参与，请哥伦比亚商学院的教授过来授课，主要针对的就是媒体企业管理方面的需求。

主流媒体以前是我们身边最主要的媒体，像电视台、电台和报纸，在很长一段时间里都扮演着信息传播者的重要角色。现在出现了许多新媒体，新媒体虽然在权威性和真实性上还缺乏官方或公众的认可，但毫无疑问它们传播速度更快，传播渠道更多元化。于是，我们花了很多时间去讨论媒体的现状和发展趋势。

尤其在这一年，唐纳德·特朗普（Donald Trump）成功当选美国总统，有趣的是，这些主流媒体对特朗普都没什么好感，双方互相看不顺眼，但特朗普却成功树立起自己的个人品牌，为自己服务，他在新媒体上的言论更是吸引了万千民众的眼球。所以我们当时最大的研究课题就是讨论他是怎样建立自己的品牌的。

第2节　建立个人品牌的最好时代

现在，是一个前所未有的机遇期，人人都应该顺应这个最好也可能是最坏的时代，来树立个人品牌。

在托尼·罗宾斯的课上，我得到过一些启发。他请来讲课的一位专家告诉大家说，传统的个人品牌要建立在过硬的专业背景和个人实力之上，加上主流媒体的宣传，才算树立了个人品牌。托尼·罗宾斯自己也说到，现在的世界正在飞速发展，尤其是在技术变革和国际化的背景下，几乎所有的行业都面临着严峻的冲击和挑战。

在这样的环境下，个人只顾埋头苦干是不够的，更应该考虑创建长期有效的个人价值。在今天，传统媒体已经日渐式微，新媒体大行其道，这更让每个人有机会建立自己的个人品牌。

我们可以想象，过去我们是依靠什么渠道来实现传播的呢？基本是靠官方的、点对面的渠道及方式。历史上有很多这样的故事，例如第二次世界大战的战火快烧到英国国土的时候，丘吉尔就是通过广播发表了著名的演说，表明了抗击法西斯的决心，极大地鼓舞了英国民众。而普通人在过去很少有这样的机会，往往就是和身边数量相对有限的人讲讲自己的观点和经历，让对方认识自己，建立自己的个人品牌。

但是现在，这个传统局面被彻底改变了，信息传播渠道很多，甚至不需要提供专业背景。比如我们常说的"网红"（网络红人），你往往很难给他们定性，到底把他们定义为哪一方面的人才。很多人都没有什么特别出众的学历，也没有专业背景，如果处于主流媒体时代，他们几乎是永远红不起来的。但是受益于新媒体红利，这些人一下子就红了，获得了万千粉丝，而且是井喷式地增长。

这些网红谈论的主题，可能是怎么化妆，怎么搭配衣服，怎么玩某个游戏。时尚杂志和时尚节目过去可以塑造一个品牌，可以评价一个设计师的设计是否成功，他们是很权威的。但现在情况大不一样了。一个十五六岁的小姑娘，在新媒体平台发布她喜欢的各种款式、不同搭配的衣服，就可以获得相当多粉丝的关注，影响力特别大。同样地，她可以用她的影响力去打造属于自己的设计品牌。

可以说，"个人品牌的时代"已经到来。我深刻地认识到，品牌并不只局限于公司形象之类，也不再是一个存在既定标准的东西。我们自己就是一个个人品牌，而且它将会伴随我们终生。公司倒闭了，卖掉了，或者你离开了这个公司，公司的品牌就和你无关了，甚至不存在了。但是，一个人的个人品牌是永远和自己脱不了关系的。

过去，当你离开公司之后，作为前任 CEO 或者董事长，如果公司本身知名度有限，那么你很可能也就不再为人所知。但是现在，你可以把自己打造成一个行业专家。比如我从事的是投资领域的工作，那么我可以写很多投资方面的文章，发布在新媒体上，可能就有很多粉丝关注我。即使我离开了公司，这些粉丝仍旧是我的粉丝，他们支持的是我的个人品牌。如果我的个人品牌打理得好，所带来的效用将是持续累积的，不论我之后去做什么，都对我有帮助。

这就是新媒体给每个人带来的巨大机遇，但传统行业的很多人还没有把握住，甚至还没有意识到。抓住机会的是那些"敢吃螃蟹的人"，所以他们也早早得到了成功。比如特朗普，他的地产事业在主流媒体时代就获得了一定的成功，当时他就涉足电视领域，很早就推出了自己担任主持人的真人秀节目《学徒》（*The Apprentice*）；对媒体领域的良好嗅觉，使得他迅速赶上了新媒体的大潮，通过推特（Twitter）等新媒体平台很好地发展了个人品牌；进而在个人品牌的带动下又带动了事业，并且最终帮助他取得了美国总统竞选的胜利。

但是，社会上的大部分人仍旧没有意识到这一点。其中有不少人受过正统的高等教育，在企业里埋头苦干，也有不错的成绩，但是从来没有想过要打造自己的个人品牌，让这个品牌为自己服务。要知道，建立个人品牌，不仅仅对自己事业有一定帮助，对整个职业规划也是很有益处的。

第 3 节　运用新媒体打造个人品牌的四个要素

这些年新媒体迅猛发展，传统媒体也不甘示弱，很快进入状态。CNN 在脸书（Facebook）和很多其他新媒体平台上都有账号，在这些平台上的用户数量远远超过收看电视的观众数量。在此次论坛上，一位同班同学、CNN 的新媒体负责人就谈到了个人品牌和企业品牌。她首先总结了新媒体和传统媒体的四个差异。

第一点，跨平台。

在新的机遇下，不论是公司形象还是个人品牌，最重要的是要做到跨平台。一个品牌的价值大小并不是完全根据有多少人访问你自有平台来决定的，可能你自有平台的访问人数很少，但是在其他新媒体平台受到了很大规模的关注，品牌的综合知名度也会很高。

当时，好几家传统媒体，比如 ABC 和 CNN，都尝试在电视以外寻找新的传播平台。于是这些媒体就和刚刚兴起的"脸书直播"（Facebook Live）进行合作，让主持人脱离传统的"站桩模式"，而是拿着手机像普通人一样作直播，收视率反而比电视上的还要高。

在中国，目前用户数最多的可能就是微信，接下来是微博，平台数量相对还是比较少的；在美国则相对多元化一些，有 Twitter、Facebook、Instagram，等等。在不同平台的宣传，最终加起来，才组成了你的个人品牌，你自己的平台并不完全代表你的品牌。

第二点，差异化。

每个平台都有其特点：一条 Twitter 是 140 个字封顶，所以文字一定要简短精练，更注重即时性；Facebook 的文字可以写得稍长，就可以表达更多内容；Snapchat 受到很多年轻人喜欢，"阅后即焚"是它的精髓，看后一段时间就会自动删除；Instagram 主要是呈现图片的； WhatsApp 是点对点的短信息沟通。在中国，很多人都在用微博和微信，但二者用途不一样，主体人群不一样，用户习惯也有很大的差异。

因此，每个平台的长处不同，我们就应该以不同的方式和内容在不同的平台上打造品牌。传统的广告投放，目的其实就是放出来让人看到。但是CNN新媒体的负责人就告诉我们，她发现如果把现有的内容直接放到所有平台上去，未必就能引发别人最大的兴趣。所以，他们就针对不同的平台，特制不同的内容，去吸引每个平台不同的用户群。比如在Facebook策划一些小的竞赛，保持大家的互动性，在Instagram发一些图片，讲述图片背后的故事。

同样是点对点通讯，在不同地区，大家用的平台也都不一样。在美国是WhatsApp，在中国是微信，在韩国是Line。即使在同一个平台上，不同年龄和背景的人喜欢的内容和表达方式也都是不一样的。所以你不可能用单一内容或方式满足所有的人，而是应该有自己的取舍和内容特色，获得你最铁杆的粉丝。

与此同时，他们还发现，制作优质内容不仅仅是一个推广品牌方式，更是一个盈利方式。CNN第一年计划挣两百万美元，后来发现很容易就能挣几千万甚至上亿美元。他们会针对不同的平台，制定一些特别的内容，而且这些内容和CNN在电视频道上播出的内容完全不同。这样一来，很多平台都愿意合作。平台一向都对好的内容持欢迎态度，因为好的内容能吸引和维持更多的用户。

第三点，互动性。

传统媒体通常是单向的，颇有些高高在上的姿态。封建时代那些帝王的命令基本上都是自上而下的传播，近现代的广告、广播、电视和报纸也都是单向传播的。接收这些信息的观众无法反馈给制作者和传播者，或者这些反馈的渠道太隐蔽而难以掌握。

但是新媒体的一大特点就是极强的互动性。这一切都有赖于移动互联网的高速发展。首先，移动互联网极大地拓展了传播渠道，并且发放到每个人手里，因为每个人都拥有智能手机，信息不再是自上而下，也不再是从点到面，而是全方位的立体网状结构。其次，人们对于社交的需求在移动互联网技术的进步中得到不断满足，社交互动成为个人品牌非常重要的一部分，互动得越好，个人品牌的影响力就可能越大。最后，互动还有利于我们从人们的关注热点掌握传播趋势和内在规律，然后再产生更好的互动。

第四点，潜移默化。

传统的宣传模式就是拍广告片。一些演员拍摄一部短片，举着一个产品，告诉大家这个东西很好。但是现在，大家早就对这种方式产生了审美疲劳。

所以，潜移默化的影响方式就显得更加自然，也更加有效。在宣传推广的过程中，我们并不需要直接说某个产品好，而是在讲一件很有趣的、真实的故事，并且这个故事很吸引人，让大家都喜欢听，这才是最重要的。我们在叙述的过程中，适当插入一些内容，大家很自然地就能够接受了。那些不被认为是商业性质但又能被人记住的内容，才算是最成功的潜移默化。

对公司来说，塑造品牌形象可以通过更加真实的例子去打动人。比如联想计算机就讲了这么一则故事：有一位80多岁的老先生建立了一个慈善机构。他搜集了很多用旧的、用坏的或者被丢弃的计算机，仔细检修，再组装起来，让这些计算机可以正常运作。之后他把计算机寄到非洲的孤儿院，给那里的孩子使用——因为非洲很多孤儿院并没有钱采购计算机。

在这一群受到捐赠的小孩中，有一个女孩到美国读大学了。她说，自己小时候在孤儿院里收到了这位老先生寄来的联想计算机，所以她来到美国以后的第一件事就是要见这位老先生，告诉他——这台计算机改变了她的一生。

这个故事是真实的，很感人。虽然的确提到了联想这个商业品牌，但因为女孩真的就是用联想的计算机，所以她回忆的时候表情和动作一点都不刻意，娓娓道来，非常自然，因此格外能打动人。真正把品牌理念做深做好，就是要挖掘和品牌相关的真实故事，制作成具有新闻性的内容，让这样的内容直达人心。故事贴近生活，大家也就不会觉得里面的商业成分太过突兀，愿意看的人和主动传播的人自然就多了，所以自然而然就达到了传播的目的。

总的来说，跨平台、差异性、互动性和潜移默化，是新媒体时代打造品牌最重要的四个要素。掌握了这四个要素，就可能打造出一个好的品牌。这个模式在所谓的传统广告领域里面发展得特别快，目前在美国已经拥有上百亿美元的市场了。

第4节　特朗普如何成功打造个人品牌

在萨尔茨堡全球论坛里，我可以算是一个外行，对其他与会者相对陌生。经过一段时间的交往，我发现来参加萨尔茨堡全球论坛的很多人都互相认识。从事这个行业的人很多，但做到一定级别的必定都是非常资深的人，所以彼此并不陌生。而且有些人辞职跳槽，往往就会去对方的公司与其共事。

和很多人的想象不同的是，这些媒体人的穿着打扮非常普通，就像是普通的上班族，你无法想象他们竟然是那些可以左右美国社会舆论的人。但仔细想想这也符合实际，他们既不是明星，也不是主持人，不用每天穿得光鲜亮丽，以随时准备着面对镁光灯，他们就是公司里的管理层。

比如这里面有一位制片人，他是个白人，红头发，大胡子，戴眼镜，块头挺大，总是穿着深色的毛衣和皮鞋。如果不自我介绍的话，你真不知道他就是美国PBS电视台（Public Broadcasting Service）当红节目《News Hour》的制片人。除此以外，他还同时策划着两档有着超高收视率的知名节目。但在节目以外，他和普通人并无二致，有两个可爱的孩子和美满的家庭生活。我看到的其他媒体人大抵也是如此。

观察这些媒体人一段时间之后，我有几点发现。第一个发现，大家都非常热衷于社交。他们几乎每天都会喝酒聊天，到凌晨两点钟才结束，但是第二天早上八点钟又去上班了。我以为这是商学院的传统，没想到媒体界也是这样。

这些媒体人对一些事件有着敏锐的嗅觉，在社交过程中，他们并不只是随便聊天，而是在和对方的交谈中，获取更多的信息，找寻新的热点。

我们知道美国的政客都会接受采访，尤其是在总统竞选期间，媒体会更主动地对候选人进行追踪报道。不过政客不会讲私人的事情，可是大家又很想知道和确认，那怎么办呢？之前就有一个总统候选人有婚外情，记者试图去联系这个第三者，但是她坚决不承认。虽然这件事情已经在圈内尽人皆知，但是没有确凿证据，在美国就不能报道出来，所以这些媒体人就多方打探，希望不断找到证据。而在圈子里的交流也是寻找线索的方法之一。

第二个发现是他们并不排斥新技术，而且踊跃尝试新技术。

2016年总统竞选是美国最大的话题，媒体会访问和跟踪政客，报道政客台上台下的故事。在竞选期间，每个候选人都会去不同的州，参加很多活动，宣传造势，媒体也会争相报道，毕竟这是传统习惯。

Fusion，作为一家在美国新兴的电视台，当时觉得这样的报道并没有什么新意，就想到和Facebook live合作，让一个主持人拿着手机，去候选人办活动的一个小镇，采访当地人对候选人的了解和看法。结果，播出来的效果非常好，因为这不像以前的模式，大家觉得就和自己作直播一样，很有代入感。而在传统的新闻直播模式里，大多数情况都是一个记者站在那里，另一个人扛着摄像机对着记者，记者讲一些精心设计过的话，所以其真实性是受到质疑的。

其实，一件事情的真相究竟是什么，可能需要深入探索和长期验证，很多时候大多数人只是追求观看这件事情的真实感，也就是在意一种感受。这些媒体人很聪明，他们很快发现了新科技对传统媒体的冲击和影响，就做出了一些应对，希望跟上时代步伐。

除此以外，我还会细心聆听他们的个人观点。传统意义上的媒体人，除非是专门的评论者，通常都要采取中立客观的态度，不会发表个人观点。但这不代表他们没有个人观点，只不过你在电视上和广播里是感受不到的。私下里他们都会分享自己的观点，在竞选期间，我发现一个很有趣的共同观点——他们非常痛恨特朗普。

在竞选期间，媒体界不停地谈论特朗普，也谈到了他个人品牌的打造。可是私底下，媒体人一直在说，媒体被特朗普绑架了，他的政策实际在让美国倒退，同时他还公开指责媒体制造假新闻，是公众的敌人。媒体人自然相当愤怒，因为媒体在西方社会被誉为第四种力量，是除了行政权、立法权、司法权之外的第四种重要政治权力。这种权力现在竟然被他说成是公众的敌人，引起的业内反感就可想而知了。

但即便如此，因为特朗普本身的话题性能够引起足够高的关注度，这些媒体人又不得不持续跟踪报道他。他们感到很矛盾，特朗普虽然很讨厌，明知报道他就是在给他增加曝光度，但他们还是要这么做，还是被牵着鼻子走。

另外，确实有一部分媒体人专门搜集了特朗普讲过的大话和谎话，经过仔细地分析调查之后，得出了一个准确的结论去反驳特朗普。要在过去，哪个政客被发现有这样的情况，很快就会混不下去了，但是特朗普好像一点事也没有。

这些媒体人就觉得很奇怪。一开始，大家都以为特朗普是个傻子，是当时竞选者里面"负责搞笑的那一个"，那我们只需要看戏就好了；后来他们又觉得这个人是骗子，专门说大话，要是把他的假话和空话爆出来，他就没戏了；再往后，他们又觉得这个人非常危险，他不仅不受负面报道的影响，还攻击我们，说我们做假新闻，影响到了我们的正常工作。

媒体是可以有所不为的，他们不报道特朗普就可以了，但是这又和媒体的职责相违背，所以也做不到。于是，他们一方面非常讨厌这个人，一方面又得到了这个人带来的好处。

之后，他们就去分析特朗普这个人，为什么传统媒体在以往政客身上的强大影响力在特朗普身上消失了，模式被打破了。过去的媒体舆论可以决定一个政客的未来发展，一桩丑闻就可以让一个声名显赫的大腕倒下。但是在特朗普身上究竟发生了什么？

就像那句俗话所说"时势造英雄，英雄造时势"，这里面固然有特朗普很独特的个人原因，还有这个时代带给他的独特机会。

首先，传统媒体已经不再是唯一或者绝对控制着舆论的媒体了。移动互联网打破了传统媒体的垄断，时效性更强、信息更丰富的新媒体可以更快地提供更多内容，事情变得更加复杂了。如果传统媒体还停留在过去"我说什么，大家就得听什么"的传统思维，那么很难不被时代所淘汰。

其次，人们在意真相，更在意真实感。以前也有政客说假话，那个时候传统媒体还能够控制舆论，而且政客们也表现得很专业。特朗普看似表现得"很不专业"，完全不像一个政客，但他让人感觉到"很真实"。现在人们获取信息的渠道太多了，所以大家可以通过众多渠道来判断到底什么是真相，而"真实感"是人们判断真相的重要依据。

民权运动后建立的"政治正确"，在特朗普时代被打破了，而且特朗普运用的最大武器就是新媒体，就是通过塑造鲜明的个人品牌，吸引了很多支持者。我们现在还很难去评价政治上的这个变化，但从个人品牌角度而言，特朗普无疑是实现了巨大的成功，影响了数以亿计的美国人。

第 5 节　瞬息万变，但品牌不变

经过这一年在哥伦比亚大学新闻系的学习，我认识到过去的很多观念要开始转变了。在打造个人品牌的过程中，传统观念所做的无非是和主流媒体建立联系，获得在上面的自我展示机会，但新媒体打破了这一传统格局。

一方面，我们的内容可以呈现在许多不同的平台，而这些平台大多数是免费的，这种粉丝资源是向我们完全敞开的。另一方面，人们基于对"真实感"的追求，对内容制作的要求不是太苛刻，大家不用再像过去那样去摄影棚录制一档精美的节目，而是可以拿着手机上街随时随地作直播。

当然，传统媒体仍旧有着很大的优势，这是不容忽视的。而且新媒体进入的"容易"不代表你可以随意。建立一个个人品牌之初，就先要想清楚使用哪一个平台。在国内，微信、微博和视频是目前最主要的平台，但也许未来会有新的模式，例如音频。企业打造公司品牌的时候，也应该摆脱传统的宣传思维，做广告、贴海报、喊口号、请明星、搞促销，等等。这些传统方式的效果已经越来越差了。

Buzzfeed是现在在美国做得比较好的新媒体品牌之一，它为用户提供新闻聚合类服务。在一开始，它主要通过自己的网站把网络上的热门话题和相关内容集合起来，推送给用户，用户们都很乐意使用它。Buzzfeed越做越大，现在已经提供包括政治、商业、文化、娱乐、旅行甚至像手工工艺等为主题的新闻内容，这些内容目前在全球30多个社交平台上同时进行推送。根据数据统计，其中70%的流量来自移动平台，每月浏览量超过90亿，仅美国国内就有超过1.6亿人次的访问量，远超老牌新闻媒体《纽约时报》。

对现在美国很多年轻人来说，他们绝大多数都不会从电视上看新闻，也不会上CNN这类网站看新闻，而是打开手机从Buzzfeed那里看。如果你去问美国20岁左右的年轻人，他会告诉你，很多新闻他都是从Buzzfeed那里看的。

对Buzzfeed而言，他们在打造一个品牌，而不是在打造一个网站。为什么这么说？传统上，我们通常会拥有一个自己的平台。就比如CNN，它有自己的APP和网站，在Facebook和Twitter上也有所谓"官方注册"的账号，它在这些社交媒体上运营的最终目的是希望将粉丝引流到自己的APP或者网站上。

但Buzzfeed却不是这样，他们认为，Buzzfeed是可以"活"在其他大的平台上的，无论网友在Facebook上还是Twitter上进行浏览，都可以看到Buzzfeed提供的新闻，用户甚至不需要回归到Buzzfeed自己的网站上。

Buzzfeed的CEO当时想到这个点是很有创新精神的。一般来说，很多人都认为：用户都留在别人的平台上，不是为别人创造价值吗？你自己怎么掌控这些用户呢？如何去产生利润呢？但是他当时的认识就是：只要用户喜欢Buzzfeed，只要Buzzfeed能在别的平台上建立起品牌价值，照样可以想办法赚钱。

果然，那些大的平台为了支持这些可以帮助它们凝聚人气的媒体品牌，不断加深双方的合作，比如共同分配广告收益等，而Buzzfeed还会根据不同平台的特点对内容进行调整，然后才予以发布。

我非常清楚地了解到，在现在的媒体环境下，无论是新媒体还是传统媒体，相比平台而言，内容反而是最重要的；以前主流媒体的报纸一天出一份或一周出一份，但是现在，几乎每小时各个媒体平台都在不停地更新内容，它们对内容的需求量也就非常大；所以像Buzzfeed这样，以"读者最大"为核心，以社交平台为基础，专注于研究用户内容分享及病毒式扩散传播，不断获取受众。它的成功为我们提供了一个很好的参考和范例。

个人品牌的建立和成功，很多时候就要展现自己的独特性，而且不断打造自己成为这个领域的权威。现在很多年轻的"意见领袖"已经开始改变各个行业了。

最突出的例子就是时尚行业。从传统来说，时尚的圈子很小，很少的一部分人控制着全球的时尚趋势。每年在巴黎、纽约以及米兰都会有时装周，以前这些时装周邀请的嘉宾大咖都是各大时尚杂志的主编、明星或是上流人士，但近年来这些时装周上出现了很多时尚博主（fashion blogger）。

这些时尚博主有着与众不同的时尚嗅觉和穿着品位，在人人都是自媒体的今天，他们通过自己的专属频道，与网友分享时尚方面的资讯和自己独特的意见。逐渐地，他们拥有了很多忠实的粉丝。

那些时尚品牌发现，这些时尚博主的影响力一点都不比传统的时尚杂志小，有的甚至更大。所以现在时尚品牌越来越多地邀请这些时尚博主来参加各种时尚聚会。在中国，这样的时尚博主也比比皆是，他们的"穿衣经"潜移默化地影响了很多年轻人的时尚观。

在这个方面，不管是中国还是美国，都已经有不少先行者。现在需要有更多传统行业的人意识到这是一个时代的转变，要把精力放在这个方向上。这个未来是一定会到来的。

然后，正如很多媒体人所谈到的，怎么把个人品牌的价值转化成现实的经济收益，这也是一个非常重要的点。品牌塑造的过程中，公司或者个人的知名度一定是在不断提升的，这样就会产生价值。有些价值很容易就可以转化为直接的收益，甚至在过程中就会转化，比如直播里的打赏。也有一些会形成长期的收益，例如企业的品牌做得好，会有更多人愿意购买企业的产品或服务，甚至付出更高的溢价。

为什么说我们现在这个时代每个职业人都需要建立个人品牌？因为这个时代瞬息万变，企业、岗位、财富和关系都可能随时消失，但是个人品牌不会轻易消失。建立品牌很不容易，也不是一朝一夕的事情，但建立之后对人们思维和观念的影响是非常深远的，是如影随形的。如果品牌塑造成功，在一定程度上，完全能够帮助企业和个人抵御一些不稳定的因素。

第 4 部分
在不确定的未来如何获得事业成功

第 1 节　如果计算机有了自我意识

今天，科技的不断发展已经让计算机与人类生活密不可分。然而，计算机是否会拥有"自我意识"这个话题一直困扰着我们，我们对于人工智能的恐惧也在不断增加。

1993 年，美国圣迭戈州立大学教授、著名科幻文学作家弗诺·文奇（Vernor Vinge）发表了一篇富有影响力的论文——《即将来到的技术奇点》（The Coming Technological Singularity），主题是探讨计算机是否有自己的认知，以及如果计算机有了自我意识，将会发生什么。

到今天为止，计算机都没有自我意识，不知道自己的存在。我们人类，不仅知道自己的存在，而且会有动力为自己的生存作斗争。因为计算机没有这个认知，无论它有多牛，只要把开关关了，它也就停止运行了。

但是，如果计算机能够知道自己的存在，我们还能随意掐断它的电源，关闭它的运行吗？恐怕不行，因为计算机的自我意识会反抗，就像它是有生命的，会拼命挣扎。

弗诺·文奇教授还提出了一个细思极恐的观点——要计算机永远没有自我意

识，是不太可能的。单纯从智力上来说，计算机的进化速度比人类快很多，人类经过一百万年才进化出现在这样的大脑，而计算机加上互联网这个利器，从发展起点、信息量、信息处理速度等方面来说，都远远超过人类。未来某一天，某一刻，它可能就会拥有自我意识。那一刻，所谓的"奇点"就会发生，整个人类的历史就会随之改变。

我们可以设想，在那时候会出现以下这几种情况。

第一种情况，计算机可能会因为它们觉得人类是"害虫"，是对它们的一种威胁，会把人类消灭。《终结者》系列电影从 1984 年拍摄第一部的时候，就开始预测未来，当时就认为人和机器之间必有一场战争，机器将凭借高超的运算能力和毫无情感波动等绝对优势，想方设法消灭人类。

第二种情况，计算机可能会把人类当作动物豢养，就像现在的自然保护区、国家公园里的动物或者身边的宠物一样。乐观的情况是计算机和人类各过各的，互不干涉；悲观的情况是就像电影黑客帝国那样，机器将会控制人类的意识，通过虚拟空间来囚禁人类，让人类以为是自由地活着，但最终却被当作能源蚕食掉。

第三种情况，人类和计算机有一定的结合。

无论怎样，人类围绕这种恐惧产生的争论从未停止过。早在 20 世纪 50 年代，计算机之父约翰·冯·诺依曼（John von Neumann）和数学家斯塔尼斯拉夫·马尔钦·乌拉姆（Stanis aw Marcin Ulam）就在对话中提出了"技术奇点"的概念。曾参与过扭转第二次世界大战历史的曼哈顿计划的两人事后回顾那段对话，谈道："我们的对话集中讨论了不断加速的科技进步，以及其对人类生活模式带来的改变。这些发展及改变似乎把人类带到了一个可以被称之为人类历史'奇点'的阶段。在这个阶段过后，我们目前所熟知的人类的社会、艺术和生活模式，将不复存在。"

他们的这段描述，之后被诸多科学家、科幻作家和预言家不断地引用。如果科技的进步已经不可逆转，并将以指数型的速度飞速前进，那么我们是否能够找出一切开始的节点，从而推断人类的命运呢？

第 2 节　比藤校还难进的奇点大学

的确，技术进步注定会影响和改变所有的行业。天才发明家、未来学家和创业家雷·库兹韦尔（Ray Kurzweil）就对此深信不疑。他 12 岁时就开始对计算机非常痴迷，15 岁就写出了他人生第一个计算机程序。17 岁时，他凭借包括音乐合成器在内的多项发明，获得了极负盛名的青少年科学奖项——西屋科学奖（Westinghouse Science Talent Search），还因此受到了时任美国总统林登·约翰逊（Lyndon Johnson）的接见。

2005 年，雷·库兹韦尔在他的畅销书《奇点迫近》一书中谈道：在未来某一个时刻（且这个时刻会不可避免地到来），机器可以通过人工智能进行自我完善，从而超过人类本身。这样一个时刻就是人工智能超越人类智慧的历史性时刻，称为奇点。这本书被《纽约时报》和亚马逊网站评为最畅销读物。

2008 年，在谷歌和美国国家宇航局艾姆斯研究中心（NASA Ames Research Center）的帮助下，雷·库兹韦尔在加州硅谷心脏地带创立了奇点大学（Singularity University）。

奇点大学拥有非常多的特别之处。这所大学的录取率极低，仅为 2%，比任何一所常春藤学校都低。它的学制极短，才 10 周，却收取高昂的学费，高达 3 万美元。这还不是最让人惊讶的，更奇葩的是这所学校没有考试，没有答辩，没有设立学位，但从这所"三无"学校毕业的学生却往往备受瞩目。

而且，你在奇点大学还能见到互联网之父温顿·瑟夫（Vinton Cerf）、特斯拉创始人埃隆·马斯克（Elon Musk）、好莱坞著名导演詹姆斯·卡梅隆（James

Cameron）等著名人物。奇点大学的使命中是这样写的："旨在通过跨学科的、全新的方式，去培养未来科技领军人物和领袖，并试图以颠覆性的技术革新来解决人类在未来的重大难题。"

我好几次见过奇点大学另外一位创始人皮特·伊曼彻斯（Peter Diamandis），他很健谈，喜欢到处演讲。他毕业于麻省理工学院（MIT）的航空航天专业，然后去了哈佛大学读了一个医学学位，学历背景非常好。在高科技领域，他也有很多发明。皮特·伊曼彻斯曾经在谷歌工作过一段时间，谷歌后来也成了奇点大学最大的赞助者，谷歌公司的两个创始人都很支持创建奇点大学这个主意。

奇点大学里的人是一群技术乐观主义者，对于未来科技非常痴迷，而且只相信技术会解决一切问题。面对能源短缺问题，他们说通过技术寻找新能源；面对人口爆炸问题，他们说那就去征服外太空；总之，各种问题都可以通过技术来解决。因此，他们会请来许多技术领域的大咖，探讨计算机、人工智能和基因技术等问题。

谷歌为什么会那么支持建设奇点大学呢？第一，当然是他们的创始人对此很有兴趣。第二，谷歌有一个Google X，就是专门研究那些看似很疯狂的、很荒诞的科技想法，一旦这些技术实现了，绝对会颠覆世界的。

如果是一个风险投资机构，他们可能想要做的就是投资一项可以马上投入商业使用的技术，希望三五年后这个技术得以实现并且创造商业价值，然后就能获得很好的投资收益。奇点大学的眼光则更加长远，这里所讨论的往往是，从今往后十年、二十年，世界会有什么样的变化，会产生什么样的新技术。

第3节　什么是未来的好专业

2017年8月，奇点大学在硅谷召开了一场面向全球的"奇点峰会"，旨在将最近一年的研究成果和创新项目呈现在大众面前。那些与会精英探讨的一个核心话题就是——未来我们将迎来怎样的世界。除了科技界精英齐聚硅谷，很多投资人也会参与这个盛会，这次我也前去参加了。

和招生入学一样，奇点大学秉承一贯严苛的风格，对参加峰会的人员也设立了相应的门槛。首先，你必须是一位创新领袖；其次，你必须附上一封申请信，内容除了自我介绍，还必须详述你所创新的项目和未来的发展；最后，收取一定费用，为期三天的峰会费用接近 3000 美元。全球共有 1400 多人来到硅谷参与了这场未来科技的盛宴。

在奇点大学里，有不同的课程专门讨论技术怎样颠覆各个行业，例如金融、医疗、交通等。更重要的是，如果你能学会这些技术，它可以帮助你的企业改变你所在的行业。这是一个千载难逢的机会：和一些行业尖端的专家互动，从而了解这些技术会怎么推动行业的发展，并进而改变人们的生活。

在科幻电影中，经常出现这样的画面：某功能芯片被植入人体，使人类变得异常强大，瞬间获得常人不具有的脑力和体能。这本质就是生物黑客（biohacking）。今天，我们在嵌入技术（embedded technology）方面，已经有了相当的成就，就是把芯片植入人的身体。这方面的一位先驱也出席了这次大会。欧洲一些私人健身俱乐部，通常进入者就是出示会员卡，但在他的俱乐部里，如果你身上有一个很小的芯片，例如植入在你的皮肤里的那种，只要扫描一下就可以把芯片激活了。在无线网络环境下，你可以随意进出，任何证件都不需要，省去了很多麻烦。你回到家，门会自动为你打开，去任何一个俱乐部会员专属的地方，直接走进去就可以了。

其实，嵌入技术并非是全新的发明。心脏起搏器也是一种嵌入技术。很多人的心脏力量不够，把人造起搏器植入体内以后，就可以帮助心脏工作，这种技术已经很普遍地投入使用在这类特殊人群里，只是其他人还没有意识到。

这位来自欧洲的先行者认为：未来，这项技术还会不断衍变。一开始，技术主要提供辨识功能，一些辅助功能逐渐也会出现。比如，把芯片嵌入靠近耳朵的部位，所有声音都可以放大，相当于现在的人工耳蜗或助听器，但体积比现在的小很多，维护成本也会不断降低。这是必然的发展趋势，还会在很多行业得以应用。

这次参会的经历让我感觉非常有趣。这些科技先驱者让我认识到，那些以前从未想过的东西，或者不可思议的东西，都是很有可能出现的。在和他们交谈之后，我也认识到，技术发展过程中一定存在很多问题，例如芯片植入的效果好坏、产生的生理反应甚至副作用等。当这些问题不断被解决，或者情况不断被优化，这些技术就离我们的日常生活越来越近了。

在所有对未来的预测中，令我感受最为深刻的，就是科技对于未来行业和职业的改变。

首先，科技会颠覆我们的职业规划。由于我是哈佛大学的校友面试官，许多年轻人都会来问，什么是好的专业，未来的职业规划应该怎么做。可能今后二三十年，很多职业都会消失掉，那该怎么办。来到奇点大学后，我发现这种问法某种程度上是错误的。

过去，在工业时代，产品的制造过程被流水线精细地划分成很多个环节，于是就有了所谓的"专业"。其实就是让我们对一个生产环节或工种进行深入学习，再高效地投入生产活动当中。但今时今日，"去专业化"的需求可能出现在各个方面。作为一个年轻人，包括年轻人的父母，我们要意识到以下四点正在发生。

第一，不管选择哪个专业，你都要学习人工智能。今天人人都要学习人工智能，它改变的是所有的行业。它就像是一门非常基础的课程，但又能够从很高的高度去颠覆任何一个传统行业。我们必须意识到在未来的很多工作当中，都渗透了人工智能这个"专业"。

第二，职业一直都在不断消失，不断产生。今天，我们很难判断未来 30 年哪些工作是最好的，甚至连未来 10 年都难以预测。因为哪怕是最热门的专业，都有生命周期。金融业貌似一直是最热门的行业，但金融从业者的工作模式，已经被计算机彻底颠覆了。过去，在纽约证券交易所进行股票交易，都是先有电话指令，再由大厅的交易员去执行。现在你已经看不到以前那些穿着红马甲、举着交易报价单的人出现在大厅里，这样的景象我们或许只能在电影中才能重温。现实中大多数工作都已经由计算机程序操作完成了，无论是交易频率还是交易效率都得以大大提升。

第三，任何专业都能成才。哪个专业能够在未来获得成功，说实话真的没人知道。在今天的互联网创业成功者当中，很多人是理工科的，也有很多人不是理工科的。以 **Airbnb** 为例，这是一家典型的运用了互联网技术并在共享经济方面取得巨大成功的企业。它的两位创始人，布莱恩·切斯基 (**Brian Chesky**) 和乔·杰比亚 (**Joe Gebbia**) 都毕业于罗德岛设计学院，乔·杰比亚毕业后就在旧金山的编年史出版社从事设计师的工作。他们看似从事的是和互联网技术毫不相干的职业，但在今天这个时代，有能力敏感地发现商业需求、生活需求的人，就能创造新的商业模式，就更有机会获得成功。

第四，新机遇也是在不断诞生的。在未来，无人驾驶汽车必然会出现，但在今天，我们很难预知未来哪些新的专业和职业会出现。但毫无疑问的是，传统行业会被颠覆，然后我们就可以进行对未来机遇的一些揣测。可以预见，城市规划将发生质变，停车场的需求量减少，富余的地产就会多很多。这样，就会有很大的空间可以拓展新的业态。另外，对汽车本身的架构也会产生巨大影响。一旦采用无人驾驶，没有了驾驶室，也可以腾出空间，车厢可以改成房车、健身房或餐厅，等等。它会主导未来二三十年交通行业的演变，而我们要抓住这样的发展机遇，学习什么知识，这就是奇点大学所关注的。

第 4 节　职业规划还需要吗

在工业时代，一个专业消失了，我们会找另一个专业。但是在信息时代，尤其是未来二三十年，我们很多以前对于专业的认识都被打破了。一项新技术就可能会颠覆很多行业，我们所处的行业和企业也在发生翻天覆地的变化。有统计表示，1955 年，一家世界 500 强企业的平均寿命是 75 年，而到 2015 年，这个数字就下降到 15 年，未来可能更短。所以，我们应该非常系统地去想职业规划这件事。

谈到职业规划，很多人的第一反应就是要找一个比较稳定的专业。但是，所谓稳定的专业现在一个都没有，这个思路从一开始就错了。所以，我们要去想这些新技术的来临将会怎么改变我们的空间和生活，越早洞察，越有利于我们做好发展规划。

未来 30 年里，哪些行业值得做，哪些会消亡，我们需要从现在就细心观察。未来发展如何，我们是没有办法依靠现在哪个专业的报考火热程度来判断的。在传统工业时代，只是一项新技术替代了旧技术，行业并没有什么改变，但现在整个模式甚至整个行业要被改变了。我去奇点大学，也是希望通过跟这群技术先驱们学习、交流和互动，更好地观察和分析未来会发生什么，然后提高和完善自己的能力。

企业家想要在未来获得成功，了解未来 10—20 年的趋势，将是至关重要的。作为一个企业的管理者，他们通常首先思考的都是怎么维持好公司的现有业务。但是渐渐地，他们对于前沿科技就不那么了解，世界变化这么快，落伍是很可怕的。而那些创新型的小公司，可能一开始举步维艰，但他们知道唯有创新才能让自己有更多机会获得成功。所以，如何在公司进行创新，如何把大公司当成小公司进行管理，这是非常有意义的话题。而在 10—20 年里，哪些东西会改变，哪些行业会变化，奇点大学让我很好地弥补了这方面的认知空白。

在事业方面，决定一个企业家能否成功的最重要因素就是思维和心态，以及和周围什么样的人合作，而能够改变未来世界的则是技术。所以如果既拥有很好的思维和心态，又有自己的个人品牌和"大头脑"的协助，还能洞察和掌握未来技术发展，这样的企业和企业家获得成功的几率是非常大的。

第六章

塑造创富思维比创造财富更重要

引文
那些"财务自由"的人怎么过

绝大多数人对财富都心怀梦想。于是，你常常会听到有人说："如果有钱了，我要买私人飞机，买游艇，环游世界！"也有人会说："设个小目标，先赚它一个亿！"到底一个人拥有多少财富才能满足自身的需求呢？

理财专家认为，人们对财富的需求可以分为四个阶段：

1. 财务保底（financial security）；
2. 财务蓬勃（financial vitality）；
3. 财务独立（financial independence）；
4. 财务自由（financial freedom）。

最底层的需求是"财务保底"，也就是维持日常开销所需要的财富值，比如衣食住行的基本开销，还有子女教育每月所需的固定费用等。如果连维持基本生活的资金都没有，那你的财务状况就非常危险了。而经过仔细计算就会发现，这一阶段所需的财富值对大部分人来说都不是很高，通常是一个合理并且可以达到的数字。

在"财富蓬勃"阶段，刨除日常开销以外，你的财富值还可以满足其他方面的小需求，比如：朋友间的互动和应酬，看几场自己喜欢的电影或话剧，学一门外语等。这些开销加上财务保底的数字，就是"财务蓬勃"应该达到的数字。

到了"财务独立"阶段，你的财富值就更为宽裕了，除了满足前两个阶段的需求外，还有能力满足一些大的需求，比如可以承担跨国旅行的费用，换一辆心仪已久的车等。如果把这些需求和数字都列出来，你会发现，这一阶段也并非遥不可及，很多人也能达到目标。

最后一个阶段才是我们常常提到的"财务自由"。它的定义是你所拥有的财富已经可以让你或你的家庭一辈子生活无忧了。在这个阶段，你可以买几乎所有你想要的物质化产品，比如私人飞机、游艇、豪华别墅等。很显然，要达到这一阶段是有难度的。

人们对财富通常有两个很深的误解。第一个误解是一谈论到财富，动辄便是"财务自由"；而事实上，人对财富的需求是分阶段的，并不是每个人都可以并且达到最高需求，也不是每个人都需要达到最高需求。

空谈"财务自由"的人往往对"钱"没有明确概念。他们不知道自己应该有多少钱才行，总是觉得钱是赚不完的，也是永远不够花的，因此就很难开心起来；而另一方面，他们往往没有阶段性的目标，也缺乏详细的规划，又永远达不到所谓的最理想状态——"财务自由"阶段，因此容易长期处于不满足状态之中。这就是为什么那么多有钱人都很焦虑，而且越来越焦虑的根本原因。

所以，理财专家建议大多数人在考虑财富问题之前，先就财务保底、财务蓬勃和财务独立三个阶段作一个计算，结合自身的情况，看看分别对应的财富值应该是多少。对绝大多数人来说，达到财务独立阶段，就已经可以过上高质量的生活了，并没有达到最高需求的必要。

人们对财富的第二个误解是"有钱就会快乐"。很多人说，财务自由就是不用再为钱发愁了。我觉得这个说法是错误的。因为再有钱的人也会为钱发愁，说到底，这是人对于金钱的心态问题，和你拥有多少财富值并没有任何关系。

就算世界级大富豪，他也会每天担心钱的问题。与此相反，有的人可能只有

第六章 塑造创富思维比创造财富更重要

几万美元的存款就可以过得很好。因为他的需求不高,除了日常开销以外,满足旅游或个人爱好并不需要太多钱,如果再加上他从事的工作又是自己喜欢的,有目标有激情,你说他的生活质量会比赚一亿美元的人差吗?

我曾就读于斯坦福大学的计算机系。记得临近毕业的那一年,恰好是互联网泡沫的最高峰时期,我们系的应届毕业生也就成了各大IT公司的争夺对象,甚至有多家公司的招聘经理到校园招人的时候,只知道我是计算机系的毕业生,连简历都没顾上看一眼,就对我说:"你来我们公司吧,我们给你10万美元的年薪,再加上足够你退休过一辈子的股份。你就为我们工作4年,然后就考虑30岁退休之后做什么吧!"

这样的事例不在少数,以至于我们一群同学还真的专门讨论过30岁退休后的具体计划,梦想着"财富自由"之后,是该去享受蓝天白云、阳光沙滩,还是去一个贫困的国家帮助那里的人。

几年后,一些同学真的实现了"梦想",早早迈入了"财务自由"的行列。但他们在度过了一段"退休生活"后纷纷觉得无聊,嚷着要"重返江湖",所以很快又开始重新努力,向下一个目标冲刺。所以到目前为止,我那些同学们没有一个人再提退休,而是各自做着自己想做的事情。

"财务自由"固然是每个人对于财富的一个终极梦想,但事实上到了这个阶段后,它能带给你最重大的意义可能只有一个,那就是:你在一定程度上拥有了真正的自由,可以有时间也有选择地做更多自己想做的事情了。

在这个阶段,做自己想做的事情能实现收益固然好,但如果没有任何回报也无所谓,比如有些人几年如一日做义工,虽然没有经济收益,但内心很快乐和满足。而对那些虽然拥有很多财富却依然在做着自己并不喜欢的工作的人来说,他们就很难通过财富来实现自身的快乐。

当我深刻认识到这一点后,再回首往事,才发现当年的自己多么幼稚。如果现在的我能够乘坐时光机回到当年，我想我会问当年的自己："有钱固然很好，但你要这么多钱干什么呢？为了满足自己和家人的基本需求？为了自己的乐趣和喜好？还是让自己有真正的自由来做想做的事情？"只有把这些问题考虑清楚后，才会明白自己真正的需求是什么。相反，如果一辈子都不考虑清楚这四个需求阶段，那就有可能一辈子都是金钱的奴隶。

也许有人会说："达到前三个阶段的话，我需要赚很多钱。"这没有问题，因为你至少想清楚了自己的需求，也明白到底需要多少钱才能让自己快乐。要不然的话，我们又会碰到另外一种对待财富的心态，那就是无论拥有多少财富都不会令自己快乐。因为你很容易会把目标想成——有了游艇以后想要更大的游艇，有了私人飞机之后想要更好的私人飞机。这就和四个需求阶段没有关联了，你追求的是一种"炫耀式消费"或"攀比式炫富"所带来的内心满足。

所以说到底，每个人拥有多少财富，其实和自己的心态有关。清晰地理解财富需求的四个阶段之后，你可以清楚了解自己对金钱的看法，在此基础上设立财富目标，才能一步步稳健地向前。

第 1 部分
财富管理——重要的是你的财富观

第 1 节　了解理财师

关于如何打理财富，相信很多人会引用美国著名经济学家、1981 年诺贝尔经济学奖得主詹姆斯·托宾（James Tobin）的那句名言：不要将你的鸡蛋全都放在一个篮子里。但事实上，绝大多数人就是这么干的，这个篮子往往叫"储蓄"。

拿我自己来说，五年前，我也是一名不折不扣的理财"门外汉"。除了对公司的投入之外，其余的钱大多都存进了银行。我当时的想法是，既然没有时间打理，最好的办法就是像父母那样，把钱存进银行。这样的做法虽然传统，但好在没有风险。

后来我发现这样的方式并不可取，它只会让财富变相地减少，还是需要做合理的规划才行。正所谓"你不理财，财不理你"，所以从 2014 年开始，我对美国的理财行业进行了深入的了解，我陆续接触了近 50 位专业理财师，一一听取他们对财富管理的看法。

在美国，理财师大致分为两类，一类是受雇于大型金融机构的理财师，比如银行、理财公司等，当你走进花旗银行或者摩根大通银行，就会发现他们有专设的理财顾问办公室，为财富达到一定级别的客户提供理财咨询服务；另一类则是独立理财师（Independent Financial Advisor），他们不依附任何机构，自行开拓和维护客户资源。

理财师这一职业在美国至今才走过七八十年。无论哪一种理财师都需要经过严格的考试才能获得相应的从业资质。在执业过程中，理财师也需要接受金融行业管理局（Financial Industry Regulatory Authority，简称FINRA）的考察和监管。一般来说，大型金融机构会专门设有监管部门，对自己雇用的理财顾问进行定期巡查；而独立理财师一旦被发现违规操作，就会面临被勒令停业的风险。

理财师在美国属于高收入群体，其收入来源大致分为三块：基金管理费、所销售产品的佣金以及其他第三方费用。经营模式不同，其收入结构也有很大的不同：

- 受雇于机构的理财师：机构工资＋少量佣金
- 独立理财师（收佣金）：无底薪＋基金管理费＋全部佣金
- 独立理财师（不收佣金）：无底薪＋基金管理费

从这个角度来看，作为一名客户，你在挑选的过程中可能需要摒弃90%以上的理财师。为什么呢？因为受雇于机构的理财师以及大部分独立理财师都是收取产品佣金的，这就导致他们在为客户挑选产品的过程中，免不了会以产品为导向，而不是以客户为导向。

理财师一旦收取产品的佣金，那就不能确保他是绝对地以客户利益为出发点来替你考虑。换句话说，他向你推荐的产品就不一定是最好的。比如有一个理财产品特别好，却没有佣金给理财师，那理财师就有很大可能不会向你推荐；而一个佣金很高的产品却往往会被理财师推荐给客户。

还有一个潜规则就是"羊毛出在羊身上"，基金公司既然在大型金融机构和理财师身上付出了佣金，就肯定会想办法从客户身上赚回来。所以对客户来说，理财成本也就水涨船高，只是你看不到而已。事实上，这种情况在中国更为普遍，所有的理财顾问都会不遗余力地推销他们代理的金融产品。

因此，假如你要挑选一位真正为顾客利益着想的理财师，最好的选择无疑是找那些只收取基金管理费的独立理财师。而事实上，这类理财师在美国的数量非常少。据我了解，只收取基金管理费的独立理财师占比仅5%，其中还有三分之二的人是可以在一定程度上收取其他第三方费用的。这么算下来，真正坚持只收取客户的基金管理费且不收取任何第三方费用的独立理财师在美国可谓是凤毛麟角，连2%都不到。

这些独立理财师需要尽自己的义务为客户提供更为客观的理财规划方案。一方面，他们要根据客户的情况和需求制订个性化的理财计划，确保从市场上找到适合客户配置需求的产品；另一方面，他们不收佣金，也就不受产品驱使，能真正确保客户的利益。

举个例子，一名普通的理财师代理你的基金交易，面对同样表现的两只基金，他一般会选择有佣金的那只，只要在他买进的时候觉得这只基金是赚钱的就可以了。也许在他所知的范围内，另一只基金更赚钱，但他并没有义务一定要帮你买进。而那些不到2%的独立理财师就不同了，同样是基金交易，他有义务帮你选择和买进他所知道的、回报率最大的那只基金。如果不这样做，那他就有可能会收到监管机构的质询。

当然，很多人不禁质疑，这种独立理财师，赚得没别人多，技能倒是需要比别人强，接受的监管也更为严厉，这样的傻事谁会干？我想，这可能也正是这类独立理财师人数特别少的原因吧。从某种角度上来说，他们是真正将自己的利益和客户的利益捆绑在一起，他们并不急于赚快钱，或者只做一票买卖，其身上多少会有一些独特的理念或情结。

第 2 节　选择适合自己的理财师

正如之前所说，我前后共接触了近 50 位独立理财师，有的是通过电话交流，也有面对面的交流，最终我挑选出了两名理财师——布拉德（Brad）和艾勒（Ira）。

这两名独立理财师有一个共同点，他们都曾是心理学家，之后才转行成为独立理财师。他们从心理学的角度出发，对财富管理做了一番深度的探究。

布拉德在业界被称为"十亿富翁的专门投资人"，他和父亲曾花了很长时间研究人对待金钱的思维问题。他们最终得出的结论是：不同的人对于金钱的思维有着很大的差异，那些不能凝聚财富的人，并不是没有能力赚钱，而是他们对金钱的思维方式不正确。

这种说法听上去非常新鲜。一谈到钱，大多数时候我们讨论的是如何赚得更多，相比之下较少谈及如何守护和管理财富，对钱究竟有什么看法那就更没有想过了。而布拉德的观点是，看待金钱的态度决定了你能拥有多少财富。他当时也举了几个例子。

有一些人觉得，赚钱就是为了花钱。他们觉得钱如果不花出去就不是真正属于自己的，所以这些人在拥有了一定的财富以后，便会起劲地消费。

另一些人具有典型的赌徒心态，在投资过程中如果亏了一笔，便会想要冒更大的风险把失去的钱尽快地赚回来，但往往此时可能输得更多。

还有一些人总觉得自己不应该拥有这么多钱，所以当他们在做一些投资的时候，往往会冒一些不应该的风险，即使输掉了也不会很介意。

听他这么说，我心里禁不住开始想，自己对于钱的态度又是怎样的呢？

我当时的想法是，创业公司的经营风险是比较大的，既然在事业上投入了很多，那我在理财方面就要更稳健一些。当然，无暇顾及也是一个方面，所以我干脆就把钱存进了银行。

如果再往前追溯，如此传统的"中国式理财观"和我从小的耳濡目染不无关系。小时候长辈们总是会告诫我说：钱得来不易，要谨慎使用，拿到先要存好。所以，对于我的父母来说，他们的理财方式就是储蓄，并且常常告诉我——钱放在银行里总是没有错的。我想，这可能也是我潜意识里对钱的态度。

布拉德告诉我说，他们也发现绝大多数人对金钱的态度源于自己的上一辈。虽然大多数父母对钱的思维并不完善，但人们仍会将这样有缺陷或者陈旧的思维继承和延续下去。

布拉德说："作为一名独立理财师，我要做的不仅是帮助客户更好地投资，而且还应该让他们对金钱的思维更加完善！"

听完他的一番话，我心里有些触动。在此前接触的几十个理财师里，不乏业绩非常优秀的，但很少有人谈及金钱和思维之间的关系。更重要的是，他让我有机会重新审视自己对金钱的看法。为什么那么多年来我会选择如此传统的理财方式？原因就在于我在金钱方面的思维和心态并不完善。

很多理财师会说，我们的工作就是帮助客户设定符合他们的理财规划，然后一步一步地朝目标迈进。说起来容易，真正要实现目标却往往任重道远。为什么呢？这其实和每个人的思维及心态不无关系。

拿中国人来说，我们代代相传的理财方式有两种：省钱和储蓄。可以说，中国人是世界上最擅长储蓄的。但你能说中国人的理财观保守吗？中国也可能是世界上个人炒股数量最多的国家。为什么中国人热衷于炒股？因为股票交易的回报率比其他理财产品的回报率高很多。我们总是先看回报率，再谈风险。等赚到钱了，可能才会考虑规划的问题。

在这方面，美国人和中国人之间有着显著的差异。美国人不擅长储蓄，有数据显示，超过20%的美国人在银行账户里的储蓄金额不足100美元，超过40%的美国人的储蓄不超过800美元。因而，当美国人拥有了一笔足够用于理财的储蓄之后，通常会对理财规划寄予厚望。所以美国人往往会先谈理财规划，降低风险，再考虑怎样组合，以提高回报率。而一名真正能帮助你的理财师，能做到的并不仅仅是设立预期目标、制订理财规划、帮你达到财富需求的四个阶段，更重要的是充分地了解你并完善你对金钱的思维方式。

但最终我并没有选择布拉德。虽然我很认同他的观点，但我发现他属于一个团队，布拉德负责从心理方面拉近与客户的距离，另两位合伙人负责具体投资。虽然这也是一个不错的搭配，大家各司其职，专注于各自擅长的领域。但对客户而言，我就可能会面临和不同的人重复沟通的问题，所以我最终选择了艾勒。

和布拉德一样，艾勒以前也是一名心理学家，后来转做独立理财师。除此之外，他还是位大学兼职教授，教理财课。同样地，他也和我谈到了理财和心理学之间的关系，在这方面，他和布拉德的观点是非常相似的，认为要完善人们对金钱的思维方式。

我之所以选择艾勒，除了他将理财和心理学相结合以外，还有两个原因：一是他的公司架构相对简单，具体对接客户的人除了他，还有他的一名学生；二是他的公司和布拉德相比并没有那么出名，这就意味着我可以有更多的机会跟他交流。

事实上，理财师和处理税务问题的会计师一样，在一定程度上也是我们的"终身朋友"，因此我更想挑选一位能在我身上投入更多时间和精力的人。相比而言，布拉德的公司已经规模化，这也就代表着我可能分配不到太多的时间。

在做了合作决定之后，我对艾勒和他的理财公司进行了详细的背景调查，同时也找了他的客户了解情况，发现反馈都很好。对所有接触过的理财师，我都会问他们一个相同的问题："2008年金融危机发生的时候，你当时的思维是什么样子的？你投了哪些项目或产品？回报率是多少？"我发现，艾勒在这一行做了二三十年，最顶峰和最低谷的表现都是不错的。所以综合上述种种，我最终选择了艾勒作为我的理财师。

第 3 节　德州扑克——打牌如做人

我们知道，主流经济学通常有两个基本假设：第一个是假设所有人都是理性的；第二个是假设只有一个变量，而在其他条件都不变的情况下来研究问题。

通过这些假设条件，经济学家才得以构筑理论，但事实上，这两个假设是非常理想化的，跟现实情况有很大的差异，所以难免存在缺陷。面对越来越多元化的世界，忽略人性和其他复杂的变量肯定是脱离实际的。

自工业时代以来的一两百年间，整个科学研究的进步其实都建立在一系列假设的基础上。我们假设那些非理性的、不可捉摸的东西都不存在，只要研究看起来可以被量化的东西就好了。但我们逐渐发现，事情可能并非如此，并且非理性部分的重要性正日益凸显。

2017 年年底，诺贝尔经济学奖颁给了理查德·塞勒（Richard Thaler）——一位行为经济学的奠基人。要知道，将"行为"这一心理学概念与经济学相结合，在一开始是很不被看好的，很多传统经济学家对此更是嗤之以鼻。但事实上，如果我们不必假设人都是理性的，而是更为深入地了解个人或群体在经济行为中的意义，或许更能贴近现实。

通过反思自己对金钱的态度，我认识到另外一个"我"，完善了对自我的认知。而接下来的问题是，如何在财富方面更进一步地了解自己和认识别人呢？我的决定是——去赌城。在休假的那段时间里，我特地去了一次赌城拉斯维加斯，花了整整一个月的时间练习德州扑克（Texas Hold'em poker）。

近些年，德州扑克逐渐热门起来，对美国投资界而言更是如此。在他们眼里，玩德州扑克是认识自己和他人的一个最好方式。所以，几乎每个投资人都能玩上几把，有些甚至成了这方面的资深玩家。

我在赌城的那段时间，正值每年一度的世界扑克系列比赛（World Series of

Poker，简称WSOP）开赛。这个业界最权威、最负盛名的赛事每年都会吸引一两万人参加。其中最重要、奖金额度最高的项目就是无限额德州扑克比赛了，在这场比赛中，所有参赛者都需要花费1万美元买入参赛权才可参加。经过几天厮杀，比赛决出的前十名赢家，共同瓜分超过6000万美元的奖金。

每到赛季，你总会在赌城看到不少投资机构合伙人或者影视明星等上流人士的身影，不用问，他们都是为了WSOP而来。

为什么做投资的人都喜欢玩德州扑克呢？

在说起这个话题之前，我先介绍一位朋友，同时也是我的德州扑克教练布兰登·亚当斯（Brandon Adams）。

我和布兰登·亚当斯同是哈佛商学院的校友，他比我高出几届，那时正在攻读工商管理博士学位。身处单调枯燥的科研生活和浩如烟海的论文堆中，布兰登·亚当斯唯一的爱好便是德州扑克。为此，他几乎每周都会从波士顿打"飞的"去拉斯维加斯玩上几局。慢慢地，他发现自己在牌类游戏上有着独特的天赋，于是便刻苦训练牌技，逐渐在各类比赛中崭露头角并收获颇丰。后来，他便终止了学业，从哈佛退学，成为一名德州扑克职业玩家。

经过数年的努力，布兰登·亚当斯在全美德州扑克排名榜上已经攀升到第四位。2017年更是获得了扑克大师赛第四项赛事的冠军，并揽下了81.9万美元的奖金。除了比赛之外，他还经常担任各类扑克牌赛事的分析师，同时也是一位顶级的德州扑克教练，每小时收费超过500美元。

我和他既是校友也是朋友，一直都保持着联络。所以，当他在拉斯维加斯参加WSOP的那段时间，我便乘机飞过去向他请教提升德州扑克水平的技巧。

关于德州扑克的具体玩法我就不赘述了。在互联网高度发达的今天，相信每个人都可以随时在网上收集到相关的信息。在这里，我重点想分享的是布兰登·亚当斯在交流过程中和我谈到的几点，这给我的印象非常深刻。他向我反复提到的一点便是：在德州扑克游戏中，一般来说，第一个小时是玩牌（play cards），第二个小时之后就是玩人（play the person）。

对普通玩家来说，大部分人只会盯着自己手里的牌，同时单纯地考虑每一轮到底该下多大的注。而真正的高手却不是这么做的。当真正进入状态之后，他们便会将注意力从牌上转移到人的身上，进行全面而细致的观察——审视大环境，观察对手，包括他们的肢体语言、说话速度、不经意的表情，等等，与此同时也不会忽视对自己的检视。

对于新手来说，当他手里拿到一副必赢的牌之后，通常会很兴奋。这一情绪会忠实地通过其微表情和肢体语言反映出来。你会发现，他的呼吸稍有急促，整个人也会有些微微颤动。我刚开始练习的时候也是如此，不但兴奋，语速也会不经意地加快，并且会不假思索地将手里的筹码快速地投进去。

但真正的高手并不是这么做的。对布兰登·亚当斯这种顶级选手来说，上了牌桌以后最重要的事情只有两件：第一，找到对方的马脚（可以理解为隐藏不了的惯性动作）；第二，随时检查自己，不要把自己的马脚暴露给对方。

布兰登·亚当斯会像猎手一样频繁地观察牌桌上的每一个人，并敏锐地捕捉到对方的马脚和每一轮的下注情况。比如，有的人拿到好牌以后，便会时不时翻开看上几眼，有的人则不自觉地耸一下肩膀，而这时候，这人一般会下比较大的注，反之亦然……当这样的数据收集工作完成之后，他便会在心中进行推演，判断对方手里到底有什么牌。

而更重要的一点是，你也必须了解自己有哪些马脚，然后收敛起来或加以利用。毕竟高手对决的时候，并不只有你会"收集数据"，对方同样会通过观察来推演牌局，所以你首先需要非常清楚地了解自己。要做到这一点并非易事，当我第一次从录像回放中看到自己时，心里非常讶异——原来自己有着那么多的不经意的小动作。

正如之前所说，通过反思对金钱的态度，我认识到了另外一个"我"；而通过德州扑克，我仿佛又见到了一个完全陌生的自己——在拿到好牌的时候，手指会不经意微微地动，拿到不好的牌时脸便会紧紧地绷着，嘴角也会有些下垂。这些惯性动作和面部表情毫不掩饰地显露出来，分明就是送给了对方很好的机会。

在完全了解自己的马脚之后，如果不想让别人找到你的马脚，那就需要不断训练来做出一些改变。布兰登·亚当斯告诉我，真正的高手看上去就像是一块坚硬的磐石，你根本无法从中读出任何信息。就算有，那也很有可能是引你上钩的诱饵。

从这个角度来看，玩德州扑克的确是一种观察人的最好途径，不仅能够观察别人的思维方式和身体动态，也能够观察自己的。在一定程度上，这等于是把我之前学习的知识统统融合起来，运用于实践中。

在判断方面，布兰登·亚当斯提到说，最简单的方式是可以把周围的人分成两类，一种是攻击型，另一种是保守型。绝大多数人都在这两个类别之中。

攻击型的人风格比较激进。在牌局中，他们常常会以小博大，虚张声势，总是会下很大的注，让人感觉他手里有大牌，从而让对手望而却步。保守型的人则趋向于稳健，手里如果没有十拿九稳的牌，绝对不下大注。

如果想要进阶成为真正的高手，就得在一定程度上模糊风格，让你的对手摸不清底细。

跟着布兰登·亚当斯训练了一段时间以后，我很快便找到了一次实战机会。

那一天，我在牌桌上注意到一位很有特点的玩家。他看上去似乎是一个有着欧洲血统的白人，打扮非常"土豪"：穿着名牌服饰，带着昂贵的手表，脸上架着一副黑漆漆的墨镜。他的坐姿随意而松散，人总是习惯性地往后靠着，下赌注的时候也和一般人不同，常常提起一沓筹码，"啪"的一下随意地丢入筹码池中，好像对钱毫不在意的样子。

在玩牌的过程中，我发现他常常会下很大的筹码去压制别人，让其他玩家不敢往下跟。有那么几次一些人想挑战他的时候，他开出的牌倒真的挺大，但我知道，这仅仅是他的运气，大多数时候他手里的牌并不大。他豪放的做派和气势也的确震住了一些玩家，这种方式让他在不长的时间内赢了不少钱。

在观察了他接近两个小时之后，我心里确定这位"土豪"属于典型的"攻击型"选手。我当时想，观察得差不多了，就跟他玩玩吧。

在接下来的一局里，一上手我就拿到了两张不错的牌。于是我观察了一下其他对手，发现那位"攻击型"玩家一上来就玩得很大，第三张牌还没有发出来，他就已经随手扔出了厚厚一沓筹码。在这种情况下，不少人都不敢往下跟，纷纷弃牌。

此时除了我和"土豪"之外，牌桌上只剩下了两位玩家，我们都跟着下了注。

当第三张牌全部派完之后，我仔细一看，手里的牌并不好。再抬眼看了看"土豪"，发现他飞速看了一眼就马上把牌盖上了。通过之前的"数据收集"，我心里非常清楚，这是他的一个马脚，表明他手里的牌也并不好。此时频繁地下大注应该是他一贯"以小博大"作风的体现。

这时候，我脑海里飞快地推演起来：

战术一，跟着他下注，他下多少，我跟多少。这样一来，主动权仍在他的手里，他有可能会在牌局的后半段丢出更大的筹码来逼迫我做抉择。

战术二，抢占先机，在下一轮下注过程中放远超过于他的筹码，趁机引起他的注意，也为牌局后半部分赢得主动。

很显然，既然大家手里都没有什么好牌，那第二个战术方案于我来说更为有利。于是，在新一轮的下注过程中，我放下了比他足足多了一倍的筹码。

老实说，这是我第一场"实战"，心里多少有些紧张，但仍保持着脸部的平静以及磐石一般的坐姿。坐在两边的对手看了看筹码池，弃掉手里的牌。我直视着对面的"土豪",发现他的身体终于离开椅背,缓缓坐正,深深地看了我一眼。

要知道,在此之前,我在牌桌上的风格表现颇为"保守",常常在手里有好牌的情况下才会翻倍。因而这次的"信号"也就成功吸引了他的注意。他盯着我看了几秒以后,拿着筹码的手就有些迟疑了,当下一张牌发出的时候,他并没有率先下注。

这个表现让我心里再次确定,他手里并没有大牌。我接着下注,而他在此前已经投入了很多的筹码,所以也就不得不跟。

很快,最后一张牌发出来了。只见他随意地翻看了一下牌,便"啪"的一声率先将筹码投入了池中。

到这个阶段,其实我手里仍旧是一手"烂牌",但我记得布兰登·亚当斯说的话:从始至终考验你的都是心态。所以我想也没想,就把面前的所有筹码全部推了出去。

牌桌上明显变得安静了下来。"土豪"两眼直直地望向我,他带着宽大的墨镜,我无法完整读出他的表情,只能一边回应着他的目光,一边回溯着刚才的过程。

他可能想从我脸上找出一些答案,也可能在飞快地盘算着到底跟还是不跟。这时候,牌桌上大概有超过2000美元的筹码,已经算是一场比较大的牌局了。我心里有点想笑,但又不得不极力地控制着自己的表情,时刻注意着让身体不要出现任何多余的动作。

漫长的三四分钟之后,"土豪"终于将目光转回到自己手中的牌,然后又看了我一眼,轻轻叹了口气,把牌丢掉了。这时,我长时间紧绷的神经才终于放松下来。

可以说,这是我记忆最为深刻的一场牌局,也是我第一次真正运用高手的心态来"打牌"。在过程中,你必须全副武装,让自己无懈可击,同时又要细致地观察对手的方方面面,从而抓住对方的马脚,一击即中。

布兰登·亚当斯的指导让我的牌技有了很大的飞跃，在一次次的实战中，我也逐渐了解到投资界人士对德州扑克痴迷的真正原因。

如果把玩德州扑克当成是财富管理的"游戏版"，你就会发现两者之间有很多共通点。

第一，我们并没有想象中那么了解自己，而玩德州扑克便是一个可以深入了解自己的好方法。通过它，我们可以挖出自己的另一面，这对投资来说是一件很有意义的事情。在投资风格上，几乎所有人都能分为两种类型："保守型"和"攻击型"。你得知道自己是哪种类型，并随时做出调整。作为保守派，当市场疯狂的时候，如果我相信自己手里的牌，那就下定决心一跟到底；如果是攻击型，就得考虑一下，看看手里的牌是不是值得玩那么大。

第二，观察和了解你的对手也同样重要。当市场一下子丢进来一注很大的筹码，把股市拉得很高的时候，你需要判断市场到底是哪个类型。如果它是"攻击型"，那现在营造出来的就未必是真相。我们要审时度势，不能头脑发热，盲目乐观。

很多时候，我们常常抱怨自己深陷人生这个牌局里，手上的牌有多么的不好。如果上天能给我更好的出身、更好的机会，再加一点运气，那我一定可以成功。但事实上，无论你手中有怎样的牌，最终决定胜负的可能只有两点：做好自己，观察别人。你可以控制和改进自己的情绪及思维，也可以观察认识别人的情绪及思维。胜利的信号不一定来自对手的多犯错，而更多是来自你的少犯错，更要尽量以平等心去面对自己投资中的起起伏伏。

第4节 分清事业执行与事业拥有

我们常说，心态决定财富。但事实上，我们总是意识不到心态所带来的"威力"。为什么总有些人挣了一大笔钱以后，过几年又统统赔个精光？这其中自然有技术方面的问题，有市场波动的影响，更重要的是心态的问题，这是我在学习和交流中感受最深刻的一点。

财富心态，其实可以体现在人们对于财富的观念和规划上。当一个企业家把公司运作得非常好，积累了一定的财富之后，从某种程度上来说，他就应当把个人和公司之间的财富进行一次分离。这时候，他会同时具备两种身份，一个是"事业执行者"，另一个是"事业拥有者"。作为前者，他是公司的一个员工，为公司创造价值；作为后者，他拥有属于自己的部分。

两者的差别在于，事业执行者"需要不断工作，为公司创造价值"；事业拥有者"享有公司带来的利益，不用工作也能有所产出"。而造成很多人破产的原因之一，便是不能很好地把这两个身份分开。

对创业者来说，这一点尤其重要。当公司的发展趋于平稳之后，你需要逐步将钱投入到"事业拥有者"那个部分。这样一来，就算作为"事业执行者"，你在未来遇到了一些困境，比如个人离职、资本入侵甚至公司破产，也能保护个人财富，为今后的生活提供有力的支撑。

在这方面有个做得非常不错的例子，那就是雅虎的创始人杨致远（Jerry Yang）。1995年，他和大卫·费罗（David Filo）一起创办了雅虎，在一段时期内也曾担任过公司的CEO。20多年来，雅虎总共有过六任CEO，经历了几度浮沉。在巅峰时期，雅虎的市值一度超过1250亿美元。直至2016年，其核心资产的出售宣告了雅虎自营时代的落幕。

而对于杨致远来说，他在两个身份的把控上就做得非常好。在很早之前，他已经将自己一部分的财富从公司抽离出来，通过投资的方式不断地保值增值。所以，虽然他后来离开了雅虎，但自身财富并没有受太大的影响。正是因为他的未雨绸缪，让"事业拥有者"的身份保持得很好，从而就可以完全摆脱"事业执行者"

身份遭遇不顺时所面临的困境。

相反，如果将两个身份混为一谈，就难免在主业遭受冲击的时候，自己也陷入困境。

托尼·罗宾斯也在演讲中曾提到过一个真实的案例。有位朋友事业经营得不错，后来把公司卖掉赚了2亿。托尼·罗宾斯建议他拿出一笔钱做财富管理，这位朋友摇头说："不行，等我赚到5亿再说吧。"于是，他去了拉斯维加斯，把所有的钱投入到当地房地产中，那时候是2004年，房产形势一片大好，他很快赚到了5亿。

这时，托尼·罗宾斯对他说："既然目标实现了，那你要不要拿出一部分钱放到个人账户上，做一下财富管理？"这位朋友说："不，我下一个目标是十亿富翁，我要为此而努力！"这时候，托尼·罗宾斯问他："那你到底还需要多少钱？"对方回答说："我其实不需要那么多钱，我想要的东西，都已经有了。"

换句话说，他很早就达到财务自由阶段了，但是他为什么还要一个项目接着一个项目去做呢？因为他没有自己的规划，也没有想清楚目标，所以觉得这件事情就是这样的，做完了一个项目做下一个，赚到了一笔钱再赚下一笔，永无止境。没有目标也就没有终点，永远在路上奔跑。

当时他对托尼·罗宾斯说："我想成为十亿富翁，那时应该就足够了。"于是，他向银行借了很多钱，开始在拉斯维加斯的赌场旁边建立起一些非常漂亮的高层公寓。然而没多久，到了2008年，次贷危机全面爆发，美国的房地产业遭到沉重打击。

他的财富从2亿美元、5亿美元，最巅峰的时候近9亿美元，到后来一下子归零，还欠了银行1亿美元的债务。在美国，从事房地产开发往往需要个人连带担保，因此债务也都需要由个人承担，所以他的房子、车子都被收走用于还债了，真正从富翁变成了"负翁"。

这个例子很好地说明了在财富的规划上，我们至少需要同时拥有两个身份，也需要设定阶段性目标，不能过于盲目地全部投入事业，而忽略了自己的那部分。很多人往往注重于如何有能力去赚取更多的财富，却没有真正意识到如何管理好自己的那部分财富。事实上，公司或事业都只是代表了你的一部分财富，而你更需要经营好的是这些范围以外的、完全属于自己的那部分财富。

这点对于中国人来说尤其重要。在过去的三四十年里，得益于中国经济的高速发展，很多人的事业都发展得不错，公司业务越做越大，但不知不觉中就把公司、事业和自己的财富完全画上了等号，而且很少去想自己事业万一发生问题的时候，我们的个人和家庭生活会受到什么影响。我们既没有仔细对财富需求进行分析，也没有合理看待事业发展和个人财富之间的关系，而往往一味地追求更多的财富。

其实我们在各个阶段都可以对财富做出很好的分析和区分，永远要记得留出一部分作为完全属于自己的财富，然后逐步地抽出这笔钱投入到个人的财富规划中。这样即使未来在业务发展上遇到困境，你仍然可以拥有一笔能够满足自身需求的财富，既能让自己立于不败之地，又解除了后顾之忧。

第 2 部分
风险投资——寻找独角兽之路

第 1 节　投资人的黄埔军校——考夫曼基金会

工作能够为我们带来报酬，事业做好了也会让我们生活更加富足，日子过得宽裕。但是在以上两个方向上，我们都需要付出相应的时间，如果我们因为某些原因（例如生病、失业）不能工作时，这些报酬和收入可能就随之终止了。于是很多人为了以备不时之需而储蓄，但储蓄带来的财富增长程度是很有限的。那么，如何在不受时间约束并降低个体影响的前提下让财富获得可观的增长呢？这就主要靠投资了。

从被投目标的阶段来看，投资通常分两种：一种是企业已经上市，可以在公开的证券市场上交易其股票、债券等，通常称之为二级市场投资；另一种是针对没有上市的企业进行投资，通常称之为一级市场投资。从事一级市场投资的机构主要是风险投资和私募基金，他们主要投资那些未上市的企业。

我在医药行业方面的一位投资人、同时也是哈佛商学院同学的推荐下，参加了考夫曼基金会（Kauffman Foundation）组织的一个学习项目。这个项目为期两年，主要教授学员如何在一级市场中成为顶尖投资者。考夫曼基金会是美国最大的私人基金会之一，也是全美唯一一家致力于推动创业投资的大型基金会。

这家基金会在创业投资方面非常有名，云集了风投行业中最知名的一批人物，所以整个申请流程比较严格。我被会员推荐之后，还需要通过一系列审批才能获得加入机会。

首先，我需要填写一份很长的申请表。表格涉及的内容非常多，除了个人基本信息之外，它还对申请者在投资方面的很多情况进行询问，比如为什么要参加这个项目，在此之前有过哪些投资方面的经验。

接下来，就是严格的面试。面试官会进一步考察面试者的投资理念，比如对什么样的投资感兴趣，为什么要做这样的选择，为什么不是其他的，之后想要做什么，等等。

最后，我很幸运地被选中了。我们那一届有 40 个人，其中有不少是硅谷最有名的投资机构的经理人，更多的是自己拥有风投基金的投资人，后者占比过半。

其实，风投是一个相对封闭的行业，从业人员很少透露他们在做什么和怎么做，平时我们也没有办法深入接触到风投行业。更重要的是，这个行业一般是那种传统的"师傅带徒弟"的学徒制学习模式。所以，考夫曼这样能帮助投资人学习成长的基金会是唯一的，也非常受欢迎和认可。

基金发起人考夫曼先生最早是一个企业家，在堪萨斯城创立了一家很不错的公司并在几十年前以数十亿美元的金额售出，之后他转型从事慈善事业。他觉得，社会上有很多组织会帮助企业家，教他们如何创业，连大学里都开始设立这样的课程，但是从来没有人教怎么做风投。

考夫曼认识到：如果美国真的要引领世界创新潮流，不仅是需要很多好的创业家、企业家，还需要很多好的投资人。过去在这个领域里，大家互相之间是不沟通的，也没有形成一个发展系统。风投这个行业是要满足创业者需求，与创业者并肩前进的，而创业本身就充满着创新和演变，所以风投行业本身也应该不断创新和演变，而且要用系统的方式培养出更好的从业者。

考夫曼基金会成立的初衷，就是想要聚拢整个风投行业里最优质的资源，不断培养优秀的投资人。于是，考夫曼就筛选出一些有意进入风投领域的好苗子，并且联系硅谷的优秀风投机构，把这些人推荐到这些机构里工作，工资由考夫曼基金会负责。这些人可以在这些机构工作两年，同时上两年课程。这是一个理论与实践相结合的人才发展模式。迄今为止，在美国还没有第二个机构能有这样的实力去做类似的事情。

最近这些年里，基金会也发生了一些改变。参与者从有意加入风投行业的新人渐渐变成了业界里的资深人士——有些人已经拥有了自己的风投基金，有些人则是一些大型风投机构的管理者或者合伙人。新人需要培训，资深人士也希望得到系统的学习和集体智慧的帮助，更加重视创新和探索。因此，基金会在筛选的过程中也逐渐提高了对候选人级别的要求——至少要处在管理人的位置。这个项目还加入了研讨内容，如研讨风投未来可能演变的趋势等。另外，考夫曼基金会不再提供工资，反而收取 8 万美元的学费，俨然成为权威的"风投提高班"。

培训地点也从硅谷扩展到了全世界，参与者可以有机会去到硅谷、纽约、伦敦、堪萨斯城、新加坡和以色列等地方参与培训。伴随着世界创新潮流，大家在每一个创新者云集的地方聚会学习，还和当地最好的风投人士进行讨论分享。

所有的投资项目都是有风险的，而我看到了最优秀的投资人及机构能从市场上获得很好的成绩，于是也很希望通过考夫曼基金会的这个项目了解到风投行业里最先进的做法是什么，希望有机会能向其他优秀的投资人学习，了解他们是怎么看待风险和控制风险的，并从他们多年来各种成功和失败的经历中获得经验和启发。

第 2 节　风投本质是大满贯生意

风险投资，顾名思义是有风险的投资，你并不知道投资后的这家公司最后是否能成功，或者就此破产了。考夫曼基金会的这个项目向学员们讲解了许多颠覆我观点的内容，尤其是在很多本质问题上，例如风险投资是什么、风投从业者是做什么的，让我有了更加清晰明确的认识。

传统意义上，我们都会认为投资一定要求稳，而且尽可能规避风险。当风险被控制在一定范围内之后，这笔投资才是安全的，很多人也会在这样的前提之下才愿意掏钱投资。但事实上，这在风投界并不是最好的做法。

我们先要了解到，几乎所有成功的风险投资基金都是这样经营的：比如说投资者投入 1 亿元，基金管理者每年会收取 2% 的管理费，投资时限大概是 10 年。这么算下来，你就很容易发现即使基金管理者什么都不做，也有 2000 万元进账，但是你的实际投资金额就变成了 8000 万元。

我们再来往后推算，假设这个基金投资了 100 个项目，那么平均每个项目的投资额就是 80 万元。我们对结果的假设再算得理想化一点——80% 的项目最终都能获得翻倍的收益，而其他项目都赔光了本钱。所以，0.8 亿 ×80%×200%/1 亿 =128%，也就是 28% 的回报率。看起来是不是很不错？

但是，当我们把这个收益率平摊到十年里，每年的回报率其实不到 3%，相比于一些好的债券的收益，并没有什么特别的优势。但你要知道，80% 的项目都赚钱，这是一个非常了不起的成功概率了，而且投资一块钱能获得两块钱的回报。如果是成功概率比 80% 低，单项投资回报率比 2 倍低，岂不是更不赚钱？

事实上，风投高手的目标和我们想象的不一样。风投高手所追求的并不是大面积的成功，也不是翻倍的收益。他们只盯着一个目标，那就是基金投资回报，这是他们最重要的决策逻辑。

通常来说，一只一亿美元的风投基金平均可以投 15–20 家创业公司，如果从其中一家公司里产出数百倍甚至上千倍的利润，这就是一项非常好的投资，对整只基金的回报带来非常好的帮助。即便其他的投资项目全军覆没，本金都亏没了，这 1/20 的投资能翻 100 倍，这一项的收益就等于原始本金的 5 倍。这个数字远超我们刚才算出来的 28%，不仅回本，还赚了很多。

正如传奇风投家比尔·格利（Bill Gurley）所说：风投并不是全垒打生意（数倍的回报），而是大满贯生意（数百倍的回报）。

这也很好地解释了风投为什么都爱找独角兽（指市值超过 10 亿美元的初创企业）。那些顶尖的风险投资人并不在意十个投资里面成功了几个，失败了几个，因为一个项目最坏的投资结果无非是血本无归（即本金全部亏损），但最好的结果是没有上限的，你可以赚回多于本金的很多钱。

我们总认为，风投是不理性的，甚至还有人说做风投的家伙都在烧钱，在胡乱投钱。其实，这是因为大家对风投的投资逻辑有误解。风投不求稳，追求的是巨大的基金投资回报。他们寻找的就是一两个能够彻底回本的独角兽，而不是追求投的项目都赚钱。这样的误解是很正常的，许多知名投资人一开始也犯过这样的错误。

我在这段时间里认识了戴维（David），他是 Uber 的早期投资人之一，既做风投，又是 LP（有限合伙人），还是一位出色的企业家。他的公司做的其实是一门"小生意"——在网上卖定制袜子，乍听起来像是开了家"淘宝店"。

为什么戴维会选择袜子生意呢？

首先，在美国定制一双袜子的成本是 2–3 美元，但售价却可以超过 10 美元。而且由于是网店，所以起步成本就更低了。于是，他卖出去的袜子的净利润可达到 70% 左右。

其次，袜子是典型的易耗品，通常几个月就要换一双，做得好也就不怕没有回头客。加上现在的年轻人喜欢翻花样,并不喜欢一成不变的东西,在袜子这种小物件上尤其希望与众不同,特别舍得花钱定制一些有自己特色的东西。所以,虽说是"小生意",他这家公司每年的销售额居然超过了 1 亿美元。

刚开始做投资的前几年,戴维对自己的要求和很多人一样,是求稳的。因为他非常了解自己的优势:既有创业经验,又有判断力。因此,他可以很好地挑选出那些自己认为具备成功特质的创业者:他们应该擅长于市场分析,执行力强,又有风险把控力。他也并不贪心,在筛选出那些不赔钱的公司之后,觉得投资之后翻两三倍就可以了。所以,戴维一开始就是按照这样的投资模式运作的,几年下来成绩非常不错,投资成功率很高,很少有人会有他这么高的投资成功率。

但是,戴维投资了优步(Uber)后,除了获得丰厚的回报,他的投资理念也随之被颠覆了。他想:投资成功率重要吗?当然很重要。市场分析和风险控制重要吗?也很重要。但除此以外,普通风投和顶尖风投的差别在哪里呢?

差别就在于,有没有真正投到一家独角兽公司。我们如果去看那些成名的顶级风投,他们往往只会列出几个投资成功的大公司。有人可能会说,没有列出来的公司就是因为名气不大,别人不知道,所以也没必要列。其实原因不完全是这样,顶级风投就靠这几家公司的成功,才能给投资者巨大的回报。

第 3 节 独角兽的魅力

独角兽本身就是存在于神话传说里的动物,就是一个珍稀物种,甚至可以被称为怪物。独角兽企业也是如此。

那么,我们应该如何找到这个怪物呢?

这是一件很难的事情,也是风险投资人真正需要不断学习的事情。相对于当下,独角兽的成功是属于未来的,因此观念也是超前的,对我们而言会觉得这些想法是疯狂的。

所以，我们要去找一些现在看起来很疯狂的想法。这些疯狂的想法分成两种：一种是想法本身天马行空，极端脱离现实，是一个非常纯粹的疯狂想法；另一种则是基于现实的超前想法，在当下看起来确实很疯狂，但是隐隐有一个线索可以延伸到未来，等真的到了实现的那一天，世界会随之发生颠覆性的变化。后者的超前程度可能是五年、十年，我们不容易看清这个趋势，所以也会认为是疯狂的。但回想一下互联网、智能手机，我们就不难明白这样的疯狂想法不是毫无根据的，而且它们最后都真正地改变了我们的世界。

顶级的风险投资人并不求稳，而是不断追求独角兽，当我们了解这一点后，就很容易理解，那些很多人都能想明白的创业想法，其价值并不高。比如那些整合资源、优化改善的新想法，是很不错，对社会进步有一定推动作用，而且也会赚钱。只不过，这不是顶级风投的追求，因为这种改进型创新可能会带来两三倍的回报，但是长期来看却挣不了大钱。

对于一个好的风投基金来说，一般每年要给投资者 20% 以上的回报。也就是说，十年下来，整个基金要翻两三倍。如果要达成这个目标，只能寻找疯狂的想法，追求能带来颠覆性创新的创业者和企业。

通常情况下，如果有一个人跑来告诉你："我有一个想法，别人都不待见，觉得很疯狂，我想讲给你听听。"我想，通常情况下，你即便耐着性子听完，之后也不会放在心上，或者认定别人说得很对，他就是个疯子。

但是硅谷顶级投资人迈克·梅普尔斯（Mike Maples）则会留心一下，他的第一反应是先不相信别人对这个想法或者这个人的评价，反倒觉得这个像神经病的家伙提出来的疯狂想法是挺有趣的。在最开始，如果听都不去听，投资人也就根本无从辨别，这个点子之后是会产生金子，还是永远不会实现。如果这个人的确就是个疯子，我们最多也就听了一段不着边际的废话，没什么大损失，但如果这个想法真的可以成就一只未来的独角兽，那还是相当划算的。

迈克·梅普尔斯会让有想法的人解释一下，这个想法变成现实之后，整个世界会发生怎样的改变。这一点很重要。如果这个人的描述并不是因为他的满腔热情或者良好口才让你觉得未来无限光明，而是当这件事发生后，世界真的会发生改变，那么这将会是一个伟大的想法。

如果这个想法真的那么伟大，接下来，迈克·梅普尔斯才会去评估风险。他会查一查这个人的背景和经历，看看他是不是靠谱；还会考察一下他是否有其他的经验，综合能力如何，以及他的团队能否很好地实现这个想法。在了解并认可了这个疯狂的想法之后，他会去考察一些要素来降低风险。

事实上，一个想法在诞生之后就不会完全如最初所想那样发展。规划得很好的道路，也许在后来的过程中会发现是行不通的。创业者通常会花很多时间去摸索，毕竟这是一条没有人走过的路，大家都得摸着石头过河，而且创业者所经历的挫折和困难是外人无法想象的。所以，投资人着重考察的是这个人是否具备足够的毅力，能不能坚持到底，不忘初心地实现改变世界的"疯狂想法"。

迈克·梅普尔斯当年虽然没有投资优步（Uber），但是投资了它的竞争对手来福车（Lyft）。来福车出现的时间比优步还早，而且一开始的模式就是让私家车主接单子。

对于这个想法，很多人在当时是接受不了的。大家的确有各种各样的顾虑。比如说，对私家车车主来说，让一个陌生人坐上自己的车，万一对方是坏人要实施抢劫怎么办呢？对于乘客来说，我怎么知道这个司机是不是危险人物，会不会把我劫持到什么地方去呢？

因此，大家从一开始就对这个想法持有很大的顾虑，尤其是在人身安全方面，都觉得实现起来比较困难。但这是表层的阻碍，并不能彻底否定这个想法拥有极大市场机会，也不能影响这个想法实现后对世界的颠覆。如果你问创业者，这些问题怎么解决，怎么打消人们的顾虑。他们也没办法一下子给出很好的回应，因为他们有的只是想法，没有实际尝试过；即便他说了一些解决方法，你也不一定相信。在这个阶段，迈克·梅普尔斯只关心这个想法是如何颠覆世界的，至于具体执行，另作他论。

如果想法实现了，世界会变成什么样子？来福车的创始人是这样说的："如果我做到了，这个世界的改变就太大了。第一，人们不需要拥有自己的车子，随便到哪里都可以叫到车，汽车就从一个产品变成了一种服务；第二，我们的出行规划乃至日常生活都将发生翻天覆地的变化。"

这是当下情景下的简单回答。而现在我们完全可以想得更加具体：我们的交通环境会有很大的改善，私家车拥有量会下降，因为我们不必拥有实实在在的一辆车，我们可以轻而易举地得到汽车服务。同时，城市交通拥堵和停车位稀缺的问题也将会被这样的变革所解决。这样一来，城市将会进行全新的规划，人们的出行也将更加自由和便捷。这是大家都愿意接受的好结果。

到这个时候，迈克·梅普尔斯再把诸如安全问题抛出来，听听人们的解决方案。但事实上，他并不关心具体方案，因为到解决实际问题的时候，自然而然就会有所改变了。他所想要看到的，只是创业者的思维方式和个人品质而已。所以，他最终投资了来福车，大概获得了 1000 倍的回报。

风投筛选出来的项目只要有一个获得巨大成功，其产生的回报也将是巨大而丰厚的，远远超出风投的投入。或许失败数量比较多，成功率不高，但只需投中少数几个大项目，就能确保整支基金取得成功。这就是独角兽的独特魅力，也是它被疯狂追逐的最重要原因。

第4节　用风投思维拥抱时代变化

这个世界的变化越来越快，不确定性也越来越大。在狩猎采摘时代，人类社会经历一万年都不会有什么大变化；在农耕时代，我们的经验可以上千年都管用；在工业时代，短短一百年间我们就已经实现了现代化；而到了信息时代，我们可能感觉天天都有变化。到现在，我们别说做三十年的规划，可能五年之内会发生什么事情都看不清楚了。所以，就算我们继续求稳，这个稳定的期限其实也越来越短，传统的求稳已经渐渐失去了意义。那么，如果我们"与时代共生"，随着变化而变化，达到一样的频率，也就形成了另一种"稳定"。

在财富规划和创造财富这些方面，风投行业寻找独角兽的这个思维对我们来说是很有参考意义的。

在职场上，从前有很多行业壁垒、专业限制，但现在已经被削弱了很多。托移动互联网的福，你现在可以尝试去做很多事情，跨专业也没什么不可以。在过去，这些都是难以想象的，以前没有人想过专业能够更换。你进入一个行业，可能就是做一辈子了；在一个企业里，你其实就是一颗螺丝帽，拧紧之后就不能随便换地方了。这样的过去离我们并不遥远，三四十年前的中国和再早一些的欧美都是如此。

如今，我们可以做自己人生规划方面的风投，时刻准备找一个独角兽出来。我们可以允许自己有一些疯狂的念头，在业余时间实践一两年，如果有不错的成绩，说明这笔"投资"很成功，如果做不下去了，那也没关系，另起炉灶再做一个。

马云参加过三次高考，做过英语老师，背着麻袋卖过小商品，倒腾过翻译社，然后是中国黄页，最后做起了阿里巴巴。褚时健曾经是烟草大王，70岁后转型成了种橙子的老农。橙子作为一种农副产品，人力投入大，种植周期长，而且看上去没什么技术门槛，农民们谁都可以做，这和烟草行业实在有天壤之别，但褚时健以非专业的门外汉角色杀进来，却偏偏能够做得与众不同。在现代社会，跨行业的成功已经比比皆是，这些成功者都不是循规蹈矩前进的，看似不按常理出牌，却能抓住事情本质，结合不同行业的优点实现创新和跨越。

　　一个疯狂的想法才是有可能改变世界的，也就有可能带来巨大的收益。风投是一种投资，更是一种思维。传统的投资理念是：想投资回报越大，赌的也要越大。而风投思维则是说我们用篮子里小比例的资金进行投资，获得的回报是上百倍甚至上千倍。有了这种思维，我们能得到的不只是财富的创造、保障和增长，更是一种与时代共同进步的"共振能力"，甚至有机会超越当前时代。在风云莫测的未来，能够敏锐地把握住这个世界前进方向的人，永远不会成为被时代淘汰的人。

第 3 部分
证券投资——质疑和自信的矛盾统一体

第 1 节 本·特拉克的基金跃升记

美国拥有全世界体量最大的证券交易市场，也就是我们常说的"二级市场"，由于制度健全、包容性强和公开透明，受到全球金融投资者的认可和参与。2017 年，纽约证券交易所（NYSE）成立恰好 225 周年，以 21.3 万亿的市值位列全球第一。2000 年以后，中国企业不断走出国门，争相来到美国上市，包括我们所熟知的阿里巴巴、百度、京东和新浪等代表性企业。

我创立的第一家企业是做金融服务的，通过它我接触了华尔街很多顶尖的投资机构，也和 300 多位投资人有过直接合作，并深受启发。我发现，成功投资人之间还是有不少差异的，但那些共性给我留下了更深刻的印象。这一切要先从我的朋友本·特拉克（Ben Truck）讲起。

本·特拉克是华尔街一位小有名气的基金管理人，我最初认识他是在哈佛商学院的时候，他是个少言寡语的人。波士顿很冷，我们都喜欢运动，常常一起打壁球，慢慢就熟悉了。我非常敬佩他，因为从他身上我看到了成功投资人所具备的基本特质。

和我哈佛的许多同学一样，本·特拉克年纪轻轻就非常成功，35 岁前就做到了米尔盖特基金（Millgate capital）的合伙人。这是一家管理着20亿美元的基金公司，是与鼎鼎大名的老虎基金有渊源的众多"小老虎基金"之一。本·特拉克从哈佛毕业后，就在那里工作，从一名研究员一步一步做到一个合伙人的位置。

某一天，米尔盖特的老板突然决定退休。这对本·特拉克来说是一个沉重的打击。他当时面临两种选择：第一，他可以再加入其他大的基金公司，凭他多年在华尔街的经验，这是毫不费力的；第二，创业，建立一家自己的基金公司。最后，他选择了后者，决定自己做一个基金，于是就有了后来的特拉克基金（Truck capital）。

起初，他的老板也表示很支持他的决定，并承诺会先提供一笔创始资金。然而，这笔资金却迟迟没有到位，本·特拉克开始茫然了，假如拿不到这笔启动资金，就无法推进他的创业计划，那么后面的一切都要泡汤了。他最后决定，既然要创业，无论资金是否到位，都先做起来吧。于是他拿出了自己的积蓄，加上朋友提供的资金一共200万美元，特拉克基金就这样成立了。

要知道，在华尔街以200万美元起家，那简直就是一件很荒谬的事情。一般的种子基金，规模最少也是1000万美元，因为一般来说，私募基金管理公司的收费模式是"2-20"，2是指公司收取基金规模的2%作为管理费，20是指收益部分的20%作为佣金收入。大家可以想象一下，如果是1000万美元的一个基金，管理费在20万美元左右，你才可以刚刚应付一个公司的日常运作成本。所以1000万美元以下的基金在华尔街几乎是不可能的。

但是本·特拉克决定，租一间小的办公室，自己不拿薪水，慢慢做起来，从200万美元起家。一开始他见了很多投资者，他们都说，你的经验不错，但规模太小了，等你做出了一些成绩再来找我吧。

通常我们判断一个基金管理人优秀与否，会采用这样几个标准：首先看基金的规模，我接触过的优秀基金公司都是10亿美元以上的规模，跻身行业前

10%；其次看基金经理的业绩，业绩好的也往往是规模大的，因为他们业绩好，投资者才会更放心把资金交给他们管理。毫无疑问，基金行业里的头部效应非常明显。

基金在二级市场里是很容易从体量看出好坏的，因为股票每天都有涨跌，是可以直接看得到的。哪怕一些基金要做长线投资，就像封闭式基金，每年至少都有一次机会让投资者套现。所以，一只基金每年的表现很重要，每个季度大多数基金机构都会向投资者发布报告，表现好就容易得到更多追加投资，表现不好就会造成资金撤出，这个效应非常明显。

由于市场信息非常透明，整个华尔街都很容易知道任何一家基金公司的业绩如何。通过基金的量级和每年回报率等公开信息，任何人都能直接定义基金的好坏，投资者在选择基金前也一定会索要这些关键信息，甚至是连续五年或更长时间内的业绩。

众所周知，华尔街的竞争异常激烈。基金公司再大，基金经理再有名，如果一年做得不好，投资者就要把钱拿出来了；两年做得不好，可能就再也没有投资者愿意来了。所以，摸爬滚打多年并且一直能跻身前列的基金公司和基金经理，肯定是精英中的精英，基金规模和投资水平都是超一流的。

本·特拉克就是要以 200 万美元起步，在这样的竞争环境中杀出一条血路。我和他谈过这个话题，虽然当时我们都是创业者，但在一定程度上，他的失败概率比我更大。如果一开始募不到钱，如果一开始这半年或者最多一年没有找到很好的投资机会，交出让人满意的成绩单，那他就永远没有翻身的机会了。

但是我每次见到他，他都很平静。我说，你为什么能保持这样的心态？他回答说："如果我坚信自己的观点，坚信自己的理念，那为什么不坚持做投资？而我本身也是一名投资者，我有我自己的钱，为什么不拿自己的钱来投资？"

我觉得，这是一位真正的投资人，他是真正相信自己的理念，真正相信自己的能力，才会坚定不移地做这个事情的。后来，他就有了非常好的投资成绩，一年后，他老板承诺的资金也到位了，他的基金规模一下子从200万美元做到了5000万美元。第二年，他管理的基金规模已经达到2亿美元。

第2节 用质疑去了解，用坚信来获利

在华尔街，如果和最优秀的对冲基金从业者接触，你就会发现他们在许多观念上是相通的：时刻保持怀疑的态度，非常坚守自己的理念。能完美地同时做到这两点的人中就有一位投资界的传奇人物——股神沃伦·巴菲特（Warren Buffett）。我在哈佛商学院读MBA的时候，就听过巴菲特关于"价值投资"的现场演讲，后来我又参加了他掌管的伯克希尔·哈撒韦公司（Berkshire Hathaway）的股东年会，再次近距离向他学习。

每一年的那一天，全球财经界的焦点都集中在美国中西部内布拉斯加州的小城市奥马哈，数万名外地访客突然造访这个安静的、常住人口仅40多万的美国小城，来参加他们心目中的金融投资界盛典。这可以说是世界上最著名的投资公司年会，迄今为止已经举办了50多年。

巴菲特掌舵的伯克希尔·哈撒韦公司股票账面价值从1965年的19美元，增长到2018年1月的32万美元。与此同时，公司每年一度的股东年会，也从1965年的几百人规模且仅限于在公司所在地奥马哈小圈子的年度聚会，慢慢演变成每年全球几万名企业家、高净值个人投资者、金融机构高管、投资经理以及众多知名媒体等慕名而来的投资盛典。

在我与巴菲特的几次相遇中，他多次提到两件事，也是我认为投资者都应该学习的两件事。他说他一辈子只做两件事："第一，我只投我知道的公司；第二，市场疯狂的时候我冷静，市场绝望的时候我反而兴奋。"听起来很简单，但其实

这是非常难做到的。

巴菲特在哈佛商学院演讲的情景我至今记得很清楚。当时他拿着一瓶樱桃味的可乐站在那里，穿的衣服也有些随意，你根本感觉不出他有什么特别，完全不像我在华尔街见到的那些锋芒毕露的投资人，看上去反而更像是一位和善的老爷爷。

他的演讲语言简洁，也很风趣。别人问他："你为什么投资这么成功，能成为投资之神？"他说："我只投资我知道的东西。这听起来非常简单，对不对？但其实一点都不简单，因为我们对很多东西都不真正了解，而是要问很多为什么才知道。"当别人继续问他的时候，他就说："对，我就会针对一件事情不停地问为什么，直到我觉得我真正已经没有问题问了，而且我会去找很多不同观点的人，让他给我解释这件事情。我会不停地挑战他们，问他们为什么会有这些观点，直到最后我觉得，我已经问了所有能问的人，他们给了我所有能给的观点，而且我也真正思考过和考察过，并跟内心中的自己说——我了解了这个事情，了解了这个公司。到这个时候，我才会认为这是我该投资的。"

如果你觉得他说的这一点已经很难做到的话，那第二点就更难了。因为当市场疯狂的时候，并不是一两个人疯狂，是有很多资深的、高学历背景的人一起疯狂，那时候你能坚持自己的冷静吗？而当市场绝望的时候，也是很多非常优秀的人同时绝望，齐声哀叹，那时你能兴奋得起来吗？

伯克希尔·哈撒韦公司是上市公司，有数量庞大的股东群体，就像大多数对冲基金，拥有很多忠实的投资者，但他们也难免会跟随市场起起伏伏。市场疯狂起来，压力就会从四面八方接踵而至。投资者会说，追涨杀跌是天经地义的，今天股市大涨就该重仓，如果你不赶紧帮我赚钱，那你在干什么？或者，市场悲观起来，也会有人指责股市跌得这么厉害还买入，你就不怕继续跌到底吗？甚至投资者会威胁要撤资，因为现在你不值得信赖。这时候，你还有没有信心能坚持自己的想法？

遇到这样的情况，巴菲特会表现得非常有耐心，他会说："因为我知道这个市场像一个疯子，它有时候会疯狂地来跑过对你说，哎呀这个东西太好了，你要高价地买，过了一段时间，同样是这个东西，一点没有改变，它会疯狂地去把它丢掉，说这个东西太差了，不管什么价钱都要丢给你。针对这样的疯子很简单，当它疯狂要丢掉东西的时候，其实是买进的最好时机，而我所做的，就是花时间去了解和真正地去认识一个行业、一个公司。等这个疯子先生拼命要卖的时候，我就买那些我已经知道的好公司或者好行业，所以我赚钱的方式就这么简单。"

在巴菲特说的两件事上，我自己深有体会。

当我在华尔街洽谈的时候，经常会被问到对中国市场的看法，那些最优秀的投资机构每次都会先报以置疑和不信任的态度。一开始，我很诧异，毕竟以我的身份背景和专业认知，对这个市场肯定比你们更加了解，凭什么质疑我呢？

不过，我后来发现，在提出质疑之后，他们都很愿意坐下来认真倾听，这是他们习以为常的工作方式。作为优秀的投资人，在没有得出结论之前，他们对所有人的态度都是质疑的；不仅如此，他们自己也会质疑自己，因为他们建立信任的过程，就是获取更多信息和不断修正的过程。

然而，一旦真正做出决定之后，他们是不受外部环境动摇的。无论市场发生怎样的波动，他们都会坚持下去。如果他们确定一支股票的价值比较低，公司没有实力，就会毫不犹豫做空。即使股票违背预期地上涨，他们还是可以顶住压力坚持抛出的。

每每谈到中国，即使华尔街很好的投资人，都会面临一个难题，就是如何正确评价中国市场。忽冷忽热、过度乐观和过度悲观的都大有人在，这恰恰是最优秀的投资人要突破的瓶颈。

有些人觉得中国什么都好，中国人口基数大，市场庞大，只要每一个中国人都愿意购买或使用一个公司的产品或服务，它的估值或股票立刻就能升到天上去。也有一些人会问："中国经济能一直持续增长吗？世界上没有一个经济体可以做到这点啊。"一有什么风吹草动，他们就认为中国的下坡路终于开始了。还有一些人说："我们对中国发生的一切都不清楚，我们不相信中国提供的数字，里面有很多水分。"

能仔细研究中国并客观中立地评价中国，以及在投资中国公司上获得盈利的这一小部分人，其中就包括本·特拉克。在他们身上，我发现了一些非常难能可贵的品质，这也是为什么我在2014年去本·特拉克的基金公司工作4个月的原因。

很少有好的对冲基金会愿意开放，供别人去学习。但本·特拉克不同，他乐意回答我的任何问题。另外，他能认清中国市场的真实现状，又能很客观仔细地去研究每家公司，考察每家公司的真实表现，而不是人云亦云。在中国市场环境良好的条件下，大部分公司都会成功，但优秀的投资人要能分辨出哪些公司只是一时成功，而哪些公司能面对激烈的环境做到长期屹立不倒。

确实，中国有很多机会，市场成长很快，但竞争也相当激烈。从单个公司角度来说，每家公司自身都面临巨大的压力，不是每家公司都赚钱，甚至有些去美国上市的中国公司，只是包装出一个"中国故事"来吸引外国投资。所以，阿里巴巴的故事只是属于阿里巴巴的，因为它自身竞争力特别强，几乎是垄断经营的模式，所以做到这个故事对它并不难。但对其他公司来说，就不一定是这样的故事了。即使中国市场很大，但他们是否也能分一杯羹呢？答案是很有疑问的。这个时候，优秀的投资人就要像巴菲特所说的那样——质疑了解，坚持自信。

第3节　投资就是一场战役

本·特拉克是我非常要好的朋友。我的公司曾经为他之前工作的公司提供过服务，在他创业之后，我们还免费给他提供了许多服务。他会和我们分享他的很多投资理念、经验和心得。对投资人来说，这是他们的成功秘诀，很少有人愿意轻易与他人分享，但本·特拉克却非常大方，每次都知无不言。

与本·特拉克朝夕相处的那 4 个月里，我在他身上更加具体地看到巴菲特所说的"优秀投资人应该坚持自信和质疑了解"这两个特点。

当时，我们调研了一家做半导体存储器的公司。这家公司近几个季度的业绩都非常好，股价也在快速上涨。他们声称自己的技术已经完全可以抵抗行业周期了，因为社会上很多行业都需要他们的产品，而且他们也列出了相应的名单。这家公司在行业中所占的市场份额大约在 10%–20%。如果行业整体需求下跌，一些竞争对手可能会受到影响，此时这家公司因为拥有技术优势，还有机会并购别人。综合分析下来，他们的股价在一定时间里维持良性增长应该不成问题。

这是一个投资机遇，于是我们花了很多时间和精力，去研究这家公司的财务报表，同时多方咨询以获得综合的信息。在那一个月的时间里，我每天至少花 8 个小时研究这家公司。首先，我回看这家公司的所有财报，最远的追溯到 10 年前。其次，我找到这家公司生态链上的各方面人士，比如以前的职员和现在的客户、合作伙伴及供应商，然后和这些人进行交流，多方位地了解这家公司的发展历史和现状。为了更好地了解他们，我甚至还找到了他们的竞争对手，其实从某种程度上，对手之间的关注和了解程度是非常高的，兵法说"知己知彼，百战不殆"就是这个道理。

事实上，半导体存储行业是非常有周期性的。大多数制造业公司都需要建造一座很大的工厂来生产产品，成本相当高。市场环境好的时候，产品供不应求，商家就会投入成本增加流水线，新建或扩建工厂。从基础设施的扩充到投入生产，中间有一个时间差，这个时间差对于企业来说相当关键。一旦在此期间，产品需求量下跌，价格也会一路下跌，建造工厂的前期投入就需要更长的时间才能收回。

到下一个阶段，市场需求可能再次回升，工厂的开工率有所提高，销售也进入比较良好的状态。制造业里大部分的企业情况都是这样来回波动的。

针对这样的产业特征和这家公司的具体情况，本·特拉克和我进行了细致的讨论，推断这家公司股票未来一段时间的走势情况。

对冲基金对目标公司都有一个"投资理论"，首先就是对这个公司进行多方位的评估。所谓的"理论"，并不是一个万能公式，而是一种判断依据，是对这个公司下的一个定义。如果有人问你，你觉得这家公司有没有价值？你可能回答有，或者没有，又或者不知道。

当你说这家公司是很有价值的。理由是什么？如果你觉得这家公司的股票值100美元，但市场上只有50美元，你要告诉别人你为什么觉得他值100美元，为什么市场上又只给他50美元，这个理由就是"理论"。这不是一个公式，而是一个综合的评估，需要通过长时间的观察和调研才能得出。

很多人都认为市场的价格最能够反映一家公司的情况。如果市场上有一个消息，让你觉得公司价值比现在的市场价格高，你就会买进；如果你觉得现在的市场价格高了，这家公司不值这个价，你就会卖出。如果你现在没有股票，要么买，要么不买；如果你已经持有股票，要么卖，要么继续持有。因此，在一定程度上，市场的买卖价格会反映出这家公司的实际情况。

但是我们知道，这不是一个完全的事实。长期来看，市场能够反映出绝大部分真实情况。但在短期内，由于人们的情绪是很主观的，掌握的信息也不对称，就会有很多的不确定。例如人们可能会过分乐观，或者过分悲观，都会对市场产生错误的预估，大规模的误判对市场的影响就更大了。

在做好一系列调查研究和分析推理后，我们如果有一个深思熟虑的"理论"，即使短期内和市场不匹配，但是如果和实情吻合，那么只要我们坚持下去，就能获得投资成功。

我们谨慎分析研究了半导体存储行业和这家公司后，并没有发现这家公司相对其他公司的特殊优势和本质差异。他们也一样会受到该行业的市场波动影响，即便拥有技术优势，也是其他公司容易模仿和追赶的。最后，我们判断这家公司的股票在短时间内，必然会下跌。

明确周期趋势后的关键点就是触发因素，我们要找出引起行业或公司发生转向的，或者说导致公司股票走势产生拐点的导火线。只要能预估拐点什么时候到来，导火线是什么，那我们就可以在拐点来临之前预先操作来获取投资利益。

真正好的投资人就好比一个侦探。我们会打听这家公司最大的几个客户来自哪些行业，会充分了解这些客户的采购需求，以及从这家公司采购的原因。比如，家用电器行业是这家公司最大的客户板块，从公司的财务报告来看，这方面的生意确实一向不错。

然而，当我向一些家用电器公司了解之后发现，家用电器尤其是电视在两三年里很难再有新的技术出现。以往成长频率为18个月的电视产品，在技术没有发生新变化的情况下，迭代周期可能就会拉长，更新就会放缓。这就好比苹果手机，每年出一款，但如果明年出的新款和今年差不多，那销售量肯定不会太高；相反，如果新款和旧款的差别很大，那就可以推测新款产品的销售量很高。

所以根据这一点，我们就认为：差不多再过几个月，电视行业的需求应该就会下滑。我们可以把导火线的触发时间点定在那个时候，届时可以做空这家公司的股票。

然后，我们还要制定一个价格区间。做空的时候，你总希望入手的股价越高越好。所以，我们要做一个很详细的模拟，华尔街的基金公司都会做这样的模拟。一切就绪之后，就是等导火线在那个时段引爆引燃了。

简单回顾一下：

- 通过研究行业和公司，确定了投资理论，认为这家公司尽管技术超前，还是会受行业周期的影响，于是有做空的机会；
- 通过诸多询问，摸清楚了周期规律，导火线引燃时间也能确定了，在导火线引燃之前要开始做空；
- 通过各种模拟，制定一个价格操作区间，之后就要严格执行。尽管大家知道当股价最高时做空才是最好的，但没有人知道什么是最高点，所以到达那个区间就可以操作了。

由此可见，在对冲基金里，有一套系统的方式能将巴菲特的理论付诸实现。这对我来说是一次很有意义的学习。

然而，很多事情都不会一帆风顺。在我们做空这个股票的头两三个月，股票仍旧上涨，所以我们是不断亏损的，大概有几百万美元的浮亏。这个时候难免会有压力，难免会有自我怀疑，我又和本·特拉克马上探讨："我们当时的假设对吗？"商量下来，我们觉得自己的假设应该还是对的。于是，我们坚持下来，后来导火线还是引燃了，我们净赚了几百万美元。

普通的投资者可能每天都在看股市，但只是看表面数字的涨跌，赚了就开心，赔了就沮丧。而像本·特拉克这样的优秀投资人，在不明白一件事情前，从不草率做决定，坚持打破砂锅问到底，一旦作了决定后就完全相信自己。如果你也想成为这样的投资人，一定不要忘记巴菲特所说的那两点："我投我彻底了解的东西；别人疯狂的时候我谨慎，别人沮丧的时候我热情。"

巴菲特从不去预测短期的股价，只相信自己对被投企业的深刻理解，更相信这个企业长久的内在价值一定会展现出来。所以，他还说过这么一句话："假如你不能持有一只股票十年，那你就一分钟也不要持有它。"这句话可能在表达上有点夸张，但背后却蕴含着他几十年所感悟到的投资理念，也是一种人生哲理——

你要投就投你彻底了解和完全认可的东西，否则你就别投了；也只有在如此了解的情况下，你才能非常清醒地做出投资判断，而不被市场大环境轻易左右。

人生也是这样，如果什么都是浅尝辄止，左顾右盼，只看眼前利益的话，你就有一种赌徒心理，一旦遇到风吹草动，就很容易丧失信心，最后满盘皆输。对待财富，对待人生，我们在短期内可能做不到最出色的，但如果我们不断了解再了解，持之以恒地提高自己的认知，我们完全有机会获得最长久的成功。很多人会说等自己有了多少多少钱，就有时间或者有机会提升自己，其实顺序颠倒了。什么才是对财富的正确认识？那就是有最好的理财师帮助我们做财富策划，认识自己和我们的投资对象，同时具备风投思维和价值投资思维。我们应该先拥有创造和维护财富的正确思维，然后创造财富才是顺理成章的事情。

第 4 部分
未完待续的"英雄征途"

第 1 节　冬季冰人课程

从一开始，我就非常认可"健康是革命的本钱"这个道理。有了健康的身体和充沛的能量作为基础之后，我就能够很好地感知和掌控我的情绪，然后在思维上了解并且突破自己，进而能够在人与人的关系中把握窍门，提升影响力，最后在事业和财富方面我也可以和时代同步发展，成就更完满的人生征途。健康、情绪、思维、关系、事业和财富，这六方面既是我的学习方向，也是我的成长维度，而且是彼此关联又相互促进的。

正如本书开始讲到的那样：我从世界最强"冰人"维姆·霍夫那里学到的并不仅仅是吐纳的方式，更不只局限在增强对寒冷的抵抗能力，还学习到对困难如何坦然接受，再到观察和突破。而更重要的是，我找到了对内心恐惧的最好征服方式，这可能对我的一生来说都将受益无穷。这样的学习和成长对我各个方面的提高都很有帮助，于是在 2017 年的圣诞节前夕，我又报名参加了维姆·霍夫的冬季"冰人"课程。这一次，我要向东欧冰雪之巅进军，在冰天雪地里泡冰泉了！

在此之前，我曾参加了巴塞罗那的夏季"冰人"课程，收获颇丰；除了学会呼吸吐纳的练习方法，提高了对寒冷的耐受力之外，我还学会了如何坦然面对困难，从思维上真正突破对身体的限制。

在冬季课程来临之前，维姆·霍夫曾发给我一张冬季课程的照片。老实说，看着这个场景，我心里多少有些犹豫。在东欧某处的雪山下，一群人只穿短裤和雪靴，排着队向山顶徒步行进。我非常不确定自己是否也能和他们一样，为此我问他："这些人这么走了多久？"他告诉我："一个来回大约需要 6 个多小时。"我当时的反应是：那怎么可能坚持下去？

当然，我相信我自己最终也可以做到。经过夏季的训练，我对维姆·霍夫的训练方式产生了很大的信心，毕竟参与者里绝大多数都不是运动员，而只是和我一样的普通人。既然他们可以做到，那我想我也一样可以。我也知道自己必须去参加冬季课程，这样才能更进一步地向寒冷学习。

就这样，到了约定的时间我便踏上了旅程。我先从美国加州乘飞机 12 小时后抵达捷克的布拉格，然后在那里搭巴士去波兰。4 个多小时的车程后，我便到达了课程所在的波兰小镇 Przesieka。

12 月的波兰已经到了一年中最冷的季节，从车窗向外张望，一路的风景都是纯白色的，茫茫一片，冰天雪地。抵达小镇的时候，天上正不断飘着雪花。我一边搓着手呵着气，一边想："我真讨厌这里，也讨厌这没完没了的雪！"

当我意识到自己有这个想法的时候，心里多少有些吃惊。我对雪的厌恶究竟从何而来呢？努力回想一下，我便找到了最初的源头。小时候，每到秋冬季节，母亲总是叮嘱我要多穿一些。她常常说，衣服穿得少就会冷，受了冷自然会生病。于是久而久之，我便把"冷"和"病"联系在一起。

冷是一种感受，一种状态，甚至可以说只是一个概念。但它是看不见摸不着的。雪就不一样了，它从天上飘落下来，在地上覆盖了一层又一层，洁白但摸上去冰冷。从某种程度上来说，人的身体接触到雪以后的真实感受是把"冷"具象化了，所以我也就把"雪"和"冷"画上了等号。而"冷"和"病"又是关联在一起的，于是，我一看到雪也就不自觉地联想到生病。

既然找到了源头，我当然不希望再受到它的影响。所以我心里想着，一定要寻求一个机会去改变它。而且我知道，现在我是有能力和方法去改变它的。

这次参加冬季课程的学员将近60位。东方面孔除了我以外就只有一位来自新加坡的女性了，她是和她的英国丈夫一起来的，当时身体抱恙，只是到场但并没有真正参加课程。所以我又无可争议地成了"少数派"。

在课程的第一天，我们被分成两组。一组是以夫妻为单位的男女混合的团队。剩下的19位男性则是另一组，就也是我所在的团队。我们19人被安排住在维姆·霍夫的旧宅里，这里总共只有4个房间和2个卫生间，也就是平均5个人分配到一间房，好在这是冬季，任外面风雪交加，屋内倒也其乐融融。

我们聚在客厅里聊天，说着各自参加课程的原因。我发现大家的故事各不相同，非常有趣。有一位学员来自威尼斯，是一名音乐教师。他说，从事音乐事业的人总是会承受很大的心理压力。比如年轻的时候，因为没有经验，在面对观众的时候心里会有压力，生怕发挥失常，搞砸了演出；等到年纪大了，又会对常年演奏的曲目感到厌烦，却不得一遍又一遍地演奏，因而产生了另一种焦虑。所以他就想学习维姆·霍夫的方法，尝试克服或缓解这些压力。

另一个特殊的故事来自一对父子，老先生70多岁了，由自己的长子陪同而来。他的次子患上了一种罕见的疾病——多发性硬化症（Multiple Sclerosis）。这是一种慢性、炎症性、脱髓鞘的中枢神经系统疾病。随着病情的发展会产生诸如肌肉无力、认知和平衡障碍以及忧郁等症状。所以他就希望通过学习"冰人"课程，间接体验小儿子的感受，以便更好地去帮助他。

还有一个故事也非常有趣，有三位来自比利时的中年人，他们在大学时就是非常好的朋友，20多年来，他们各自成了家，孩子也都挺大了，关系还是非常好，其中两位听说了维姆·霍夫，觉得非常有挑战性，所以想来参加"冰人"课程，第三个人对此完全不知情,直到出发前一天,他的两个朋友才问他:"我们要去度假,你要不要一起来?"他便一口答应了,等上了飞机才知道,这次度假原来是要去冰天雪地里光着膀子爬山。说到这里,大家都哈哈大笑起来。

两个多小时后,几乎每个人都分享了参加此次课程的原因。这里面只有我一个是因为怕冷,想要克服这个恐惧才来的。大多数人都是想要挑战自己,或者是要把学到的东西运用到其他领域。

我当时还问了一个问题:"我一直对雪有恐惧,所以很好奇其他人看到雪是什么感觉。"有人说,雪让人心里有一种平和、安宁的感觉;有人说,雪代表着纯洁;也有人说,雪看起来非常漂亮,让人可以感受到大自然的神奇。我听了这么多不同的回答之后,心想是不是也可以借用他们的感受,来改变我对于雪的坏印象。

于是,当大家聚在火炉边接着聊天的时候,我就站在巨大的落地窗前,看着外面飘着的雪花。我试图通过图片的方式,来帮助自己改变脑海里的"脚本"。

当时,我的脑海里构筑起了这样一个场景:在一片洁白的雪地里,一个可爱的孩子高兴地奔跑和玩耍着,时不时还会在雪地里打个滚。我把这个画面逐渐放大,再放大,同时把之前妈妈叮嘱我要多穿衣服的画面想象成黑白色,然后不断缩小成为一个黑点。当我把这个脚本替换成新版本后,也就和恐惧说再见了。

第2节 走向未来的第一步是离开舒适区

和夏季课程一样,冬季课程也是5天。前两天仍然是吐纳练习和冰池训练。第一天是在结冰的水池里,我们每次需要待上至少两分钟。第二天则是徒步去了一处冰泉,在里面泡了大约5分钟。有了上次的经验,这对我来说已经算是最初级的考验了。

接下来的两天就是爬山了。第三天是适应性训练，我们每个人只穿登山靴和短裤来回徒步将近两个小时。到了第四天，就是一气呵成完成六小时的山路攀登。

在开始之前，维姆·霍夫提醒我们要专注呼吸，不要说话，因为说话是非常消耗大脑能量的，而且分心讲话的时候，因为意念不集中了，氧气和能量就不能很好地输送到全身。

在整个攀登的过程中，天下着雪，加上刮风，温度达到-30℃，我努力保持着呼吸和步伐之间的节奏一致性。跨出一步，吸一口气，再走一步，呼出一口气，在一呼一吸的专注之间，不知不觉中大脑就归于平静。在平静中，大脑可以充分地调动我们的能量运行于身体各处，在这过程中，我并不会感到特别冷。

这座雪山的最高处是一个滑雪场，一般人都会坐缆车上去，而我们攀登的这条路线就在缆车下面，平时可没什么人会选择这么步行上山。那里的雪积得很深，所以我们除了穿上雪地行走专用的靴子，还要在靴子底下套一个带有钉子的防滑鞋底。每迈出一步，就是一个深深的脚印。

雪山攀登分成三段。第一段是最轻松的，我们大概走了一个半小时。那段路两边都有树，坡也不是很陡。树上挂满了蓬松的积雪，像是蛋糕上面的糖霜。当时，我还饶有兴致地和路上遇见的那些滑雪爱好者一起合影。前一个半小时里，我顺着呼吸的节奏一步一步稳稳地向前走。我的大脑相当平静，能够感受到自己在控制着自己的身体，我并没有感到寒冷，反而觉得很温暖，一股热流就在身上蔓延。我甚至非常享受这个过程。我逐渐明白了维姆·霍夫的话。

走到第二段的时候，雪突然变大，刮起了大风。虽然路很平坦，但是风大，让整个行进过程变得十分艰难。那一个小时被称为"最可怕的一小时"。之前有一次活动就是因为风雪太大，看不清周围的环境，一不当心就可能失足跌倒，所以大家不得不停止前行，被迫原路返回。我也明显感觉到了寒冷，风吹在身上，稍一分心就会觉得冰冷刺骨。我不得不集中注意力，维持身体的温度。

第三段山路非常陡，几乎是垂直上升，有些地方还需要拉着绳子向上攀登。这最后的半个小时里，因为爬山的强度很大，我们的呼吸都变得粗重起来，能够清晰地听到自己呼吸的声音。那个时候，我们队伍里那位 70 多岁的老先生就有点力不从心了。他不是因为太冷，而是因为年纪大了，平时又没有很好的锻炼，力气不够了，所以我们有时候会扶他一把。他也很坚强，休息一会儿之后会坚持自己走，还对帮助他的人说："谢谢，我之后可以自己走。"这对其他人来说也是一种很好的鼓励。

当我们攀上顶峰后，我并没有觉得"终于到了，我可以休息了"，而是觉得自己还可以继续走下去。我的确到了一个点，但我并没把这个点作为终点，它仅仅是一个休息点。

这个时候，维姆·霍夫让大家从包里拿出衣服穿上。之前光着膀子的时候，身体的能量集中在最需要保护的重要地方。穿上衣服之后，那些之前没有能量的地方，比如存在于身体远端的手指脚趾里的血液，就开始循环流动了，这时，身体为了驱寒，就会自发地抖动。我们一行人在山顶穿好衣服，一边发抖，一边看着别人发抖，特别有趣。

之后，我们喝了一些热茶，休息了一会儿，后来有些人吃了一些食物补充能量。这个时候，大家开始聊天。每个人的开头总是说："哇，我真不敢相信，我竟然做到了。"虽然大家都是满怀信心而来，但在冰天雪地里爬山三个小时的确是一个非常艰巨的任务，在完成之前，大家始终不确定这是不是真的可以做到。我也一样，我觉得人的潜力真的太大了，过去有太多的东西是没有经历和探索过的。

我发现自己对于寒冷本身，也存在着很多误解。过去，我不清楚人处在冷的环境下，身体是如何做出反应的。我因为怕冷，觉得冷这个东西太可怕了，所以我就想尽量避免它。但是经过前几天递进式的训练和这一天前面三小时的山路攀登，我发现，冷本身是可以用科学的方式去观察和体验，并进行合理调整的。

既然在面对寒冷的时候，我有了这样的心态，以后也能够在其他各种令人恐惧的事物上具备相同的心态。要知道，我们大多数人往往因为恐惧而选择逃避。如果遇到种种难关，我们的第一反应不是面对，而是回避，假装困难不存在，那么即使很多人都口口声声喊着要直面问题，但能说到做到的又有几个？

这次我主动挑战寒冷，是对过去逃避行为的一种修正，也是在向寒冷学习。寒冷其实有很多值得学习的内容，如果我耐心学习，能有很多收获。当我把"恐惧""寒冷"和"痛苦"加以区别，我认清了它们的本质，也就可以区别对待。

当然，在严寒中攀登的体验是因人而异的，我和那位70多岁的老先生也在山顶有所交流。这个时候，他的状态还是很不错的。他也说，人的潜力实在太大了，他发现自己可以很专注地呼吸，集中思想，和我们这些年轻人一样坚持走完全程。

其实对他而言，一路上最大的阻力不是寒冷，而是爬山过程中巨大的运动量。由于他年纪比较大，加上平时运动得也不多，遇到一段非常陡峭、几乎是垂直向上的山路时，他攀爬起来就比较吃力。一路上许多地方积雪很深，脚踩下去后就会陷进雪里，拔出来再往前走是很费力的。还有些地方结了冰，表面很滑，需要小心翼翼地通过。这些对老先生来说是比较大的挑战，与此相比，寒冷反倒不是首要的困难了。

老先生是为了他患病的小儿子来参加活动的，并且还把大儿子带来，一起感受可否通过自己的意念影响免疫系统。他们想不到自己最后真的做到了，相信亲人也能够用上。

然后，我们一行人就准备下山了。看着周围的人，我感到很欣慰。四五天之前，大家都还是陌生人，但走过这一路，就有了并肩作战的经历和感情，我们之间仿佛有了相识多年的感觉。这让我想起了"男人计划"的最后一天，一群人在汗屋里光着膀子流汗，之后走出来在一起喝茶聊天的场景。这两个场景其实很相似。我们共同完成了一件事，自然而然地就形成了一个团体。

第六章 塑造创富思维比创造财富更重要

很多事情我们是可以独立完成的，但是在一个团队里，我们会有更大的动力。一个人可以偷懒，但是当你看到别人很用功的时候，你也会学着那个样子去做，别人看着你的时候也是在学你，这里还有一种互相支持在里面，而不是竞争关系。

下山的路也很长，但是经历过上山时的种种挑战而攀到了顶峰，那么未来不管有多少困难，我相信自己都是可以克服的。这一个顶峰，是三个小时的终点，更是下一段征途的起点。我相信，之后还有很长的路要走，甚至有看不到尽头的路要走，但最重要的是走下去。

在那一刻，我感触很深，我觉得自己会一直记得那种心情——平静安宁，充满自信。我可以用这种心态做任何事情，即便是遇到最怕的东西，我也可以平静地面对，一步步体验它。在这个过程中，我将会对它有更多的认识，学习到更多。我也会用这种科学的方式不断学习，用平静的心态面对生活，集中我的注意力做好当下的每一件事。我觉得应该没有什么是我做不到的。

一直以来，是我们自己限制了我们自己，当我们认为事情做不到了，就真的不去尝试了，那的确也就做不到了。虽然每个人的极限有差异，但我们离自身的极限都还很远，我们基本都处在一个很低的水平上，因为在这个区域里感到最舒适。

也许很多人会认为，这些事黄征宇能够做得到，是因为他有着过人的经历。我可以肯定地回答说，没有，我和大家一样。无论你是谁，一个大学生、一个老人，或者一位女士，每个人都是可以做到的，那些标签并不能成为你成功的阻碍，也不能成为你放弃尝试的理由。70多岁的老先生和我们这些相对年轻的人一起完成了看似不可能完成的任务，这就是一个有力的证明。离开舒适区，我们会付出更多，但也会收获更多。

我写这本书的目的，是希望能够给大家一些参考，帮助大家找到适合自己的方法，在各个方面突破自己的舒适区。我们在自己的舒适区里，并不见得就非常满意。如果有人问你有没有压力，很少有人会回答说没有。这个时代其实是充斥着焦虑的。因为焦虑，所以大家想方设法要进步。而真正的进步是需要付出极大努力的，正所谓一分耕耘一分收获。一旦谈到了付出，就意味着需要离开舒适区，这个时候我们往往不愿面对自己，不愿强迫自己。

一方面，在舒适区里的确是舒服的；另一方面却代表着害怕改变，害怕面对。就像我怕冷，我可以很坦诚地说出来，但是很多人不会说，可能因为他们有选择，就选择待在舒适的地方。对啊，有选择的话，为什么我还要去吃苦呢？不愿面对恐惧，把自己的极限隐藏起来，把舒适区当成一种更好的选择，这些就是现代人的常态。但同样的，这也是现代人焦虑的来源。

如果我们想有更长远的追求，想要获得进步，我们首先需要认识到自己的舒适区及其边界，然后才能打破它，扩大我们的活动范围，逼近我们自己的极限。我相信，读这本书的人，大多数都有着现代人的焦虑。我希望大家可以认识到，问题都是可以被解决的，直面问题的旅程并不全是痛苦、挫折和磨难，只是一种纯粹的体验，更是一种收获。走向巅峰的征途一定还有更多突破自我的愉悦，征途并不会在巅峰戛然而止，未来会自我们脚下向无限的远方不断延伸。

后记

我小时候很喜欢读的一本书是中国四大名著里的《西游记》。我相信现在的中国人大都知道《西游记》，即便没读过书，也看过电视剧或者动画片。

在我的印象里，《西游记》里的角色虽然大部分都是虚构的神仙鬼怪，但是都被描绘得非常生动，有些时候还很搞笑。我看的时候很投入，有时候就会想：孙悟空这么骄傲好胜，明明因为这个性格吃了那么多亏，为什么还不肯改？猪八戒好吃懒做，明明本领很高，可以保护师傅，但为什么还是一看到妖怪就逃跑，看到好吃的东西和漂亮的女妖精就动心？唐僧也很奇怪，怎么老是分不清谁是妖怪谁是好人，老是觉得孙悟空在惹是生非？

我对《西游记》最大的一个疑惑是：孙悟空翻一个跟头就是十万八千里，明明几下子就可以到达西天，取到真经了，为什么还要走那么多路，遇到各种妖怪，经历重重磨难？现在我终于明白了，这其实是他们人生的必经之路，也是让自己成长的"英雄征途"。

这一路，历经九九八十一难，我们会发现：孙悟空变得成熟了，不再二话不说就抄起家伙打架；猪八戒虽然还是好吃懒做，但也能够有一定的担当，辅佐唐僧顺利抵达西天；唐僧也终于能够信任身边的同伴，提高了自己的分辨能力。试想当初，如果孙悟空背着唐僧，一个跟头跑到了西天，他肯定还是那么傲慢鲁莽；

猪八戒也还是三心二意，习惯半途而废；唐僧则依然是非不分，对人缺乏信任。

我们每个人也是如此，每一个困难、每一次失败都是我们成长和进步的基石。不管哪一个人，身上多少有着孙悟空、猪八戒或唐僧的缺点，只不过我们没有那么容易意识到而已。只有在经历这一段长长的"英雄征途"之后，我们才有可能更好地认识自己，改变自己。

我发现在《西游记》里，故事越是发展到后面，即使是齐天大圣孙悟空，碰到妖怪也越是束手无策，不得不向菩萨神仙求助，借了他们的法宝或请他们亲自出面才能降服妖怪。我就认识到，我们的个人能力就算很强，在这个社会上仍旧是非常渺小的。我们需要吸收他人的力量，需要那些过来人的经验，需要被科学和历史检验过的好方法，帮助自己克服人生旅途上遭遇的各种困难和挑战。

我这些年所做的就是这样，寻找世界上最好的理论家、科学家和实践家，向他们讨教各个领域最为科学有效的方法，帮助自己提升自我。他们的方法就像神仙菩萨手里的各式法宝，可以帮助我们渡过我们自己的"八十一难"，取得我们人生的"真经"。

《西游记》里有很多情节，我小时候不理解，当时觉得很滑稽，现在再去读就有了完全不一样的体验。那些滑稽的内容变得深刻了，其实不是书的内容发生了改变，而是我的阅历增加了，能够理解的东西多了。

我还想说的一点是：通向成功的路是一步一步走出来的，去西天取经也不是一天就速成的。我们要走向成功，就要付诸行动，而且得长期坚持。一个长期的行动一定需要一个计划或者习惯，而习惯的养成和计划的执行，都需要每天坚持不懈地积累。

如果你问我，现在还会焦虑吗？我会回答你，会的。现在还会心情不好吗？当然也会的。现在还会生病吗？毫无疑问，会的。但是，我学习了这么多方法和理论之后，我是有改头换面的改变的：我还会焦虑，但无论从次数上，还是对于

后记

焦虑的反应,都和过去不一样了。我比以往更早更准确地感受到自己的焦虑,然后我就会思考,我为了什么事感到焦虑,这件事的前因后果是什么样的,我能够主动做些什么来改善这种焦虑,例如心态怎么调整,怎样可以营造更加积极的情绪来替代焦虑。

就像我书中多次写到的托尼·罗宾斯,他提出了很多有效的理论和方法。当别人问起他:"你讲了这么多方法,你自己过得怎么样?"他回答说:"有时候我自己也会心情不好,但是我自己有一个15秒的原则——不论心情有多糟糕,在15秒时间里,我就可以控制自己,并且调整好情绪。"可是,有很多人会为了一件事情而焦虑很长时间,一个小时、一天、一个月,甚至是一辈子。现在,经过学习、实践和坚持,我也有了自己的15秒原则,大部分的情绪都能在15秒内被我认识到并得到调整。

之前,我听到别人说:"黄征宇还蛮聪明的。"我当时引以为豪,觉得聪明就代表了我拥有很多知识。但是,经过这些年的学习,我才明白:知识是重要的,但不是全部,我们更要有智慧。一个人是否拥有智慧,不取决于其掌握知识的数量,而取决于对知识的分析运用能力以及对自己的判断和控制能力。

我很开心可以在这趟旅程中不断提升自己的智慧。我已经找到了很多好的方法,通过运用这些方法,我对这个世界的认识有了很大的进步。我也希望把我所学到的东西,尽可能多地分享给大家,让这些世界顶尖的方法,可以帮助到更多暂时没有时间和精力像我一样去学习的人。我坚信,如果有机会并且坚持终身学习,每个人的人生旅程都会不断接近完满。

祝愿所有读者都能在自己的人生征途中圆满、成功!

致谢

这几年,我走遍世界各地,行程超过10万千米,在学习和实践上投入的费用超过50万美元,阅读了上百本经典著作,参加过20多项世界知名的经典课程,与数十位大师、名家零距离学习讨教,每天不断练习和摸索实践。

我把这些所见所得都写进了《终身学习:哈佛毕业后的六堂课》这本书中,想告诉大家:我们完全可以把人生所遇到的问题,都看成是神话里的英雄所必须解决也终能解决的"恶龙",把自己的人生视作一次次很有意义的征途,这样我们的人生故事就会完全不一样。

在本书的策划、撰写、出版和宣传推广期间,我有幸得到了来自各方的种种帮助。正是因为大家给予的这些帮助,我才得以顺利走上写作征途。在此,我要向那些关心、帮助和支持我的人及机构,表达诚挚的谢意!

首先,我要感谢我亲爱的妈妈,感谢她给予我的一切。我也感谢大姨、四姨,当我在中国时,她们给予我像妈妈一样的关怀和照顾。

然后,我特别想要感谢Benny(彭嘉荣)。Benny作为宇沃资本上海CEO,平时的工作已经十分忙碌,但他却不辞辛苦,参与了这本书从无到有的过程。我由衷地感谢Benny贯穿始终的工作热情和全心全意的付出。

接下来,我要感谢的是Christine(孙莉)。我至今仍能清晰地记得每一次和她在内容策划会上交流的情景。她总是非常细致认真地记录下每一段文字，又不时追问我关于文字背后更多的想法和感受，帮助我挖掘内容，理清脉络，使我能够更充分地表达出我想要表达的内容。非常感谢她的全情投入和耐心帮助。

同时，我也要感谢宇沃资本团队的全体成员，尤其是 Alex（盛之焕）、Jack（张豪杰）、Summer（杨之婷）等人。正是因为大家团结一心，我才有机会呈现出更好的作品。

我非常感谢为这本书写推荐语的几位好友：樊登读书会创始人樊登、嘉御基金创始人兼董事长卫哲、胡润百富榜创始人胡润（Rupert Hoogewerf）、中国美术家协会副主席吴为山、中国下一代教育基金会副理事长沈建国、世界最强冰人及多项"抗寒"吉尼斯世界纪录保持者维姆·霍夫（Wim Hof）、享誉全球的身体语言大师及前美国联邦调查局反间谍情报小组专家乔·纳瓦罗（Joe Navarro）。感谢这些朋友能在百忙之中抽空，仔细阅读我的书稿，给予我很有针对性的反馈。从他们那里，我收获了对这本书不同角度的认知和评价。他们的肯定和鼓励将是我继续创作和分享更多优质内容的强大动力。

我特别想感谢好朋友姜海涛。他是我在中国出版界认识的第一位朋友，帮助我打开了认识这个行业的大门。海涛拥有丰富的出版经验，非常热心、专业和细致，让我一开始就找准了方向。《征途美国》和《终身学习：哈佛毕业后的六堂课》两本书的顺利出版和他的鼎力帮助是分不开的。

我还要感谢中国大百科全书出版社社长刘国辉、书记刘晓东、总编辑助理兼少年儿童百科全书分社社长刘金双、社长助理兼市场营销部主任陈义望、总编室主任胡春玲、教育分社社长陈光、普及分社社长连淑霞、普及分社总编辑李文、本书策划编辑刘嘉、本书责任校对梁嬿曦、资深出版人慕云五、资深出版人陶鹏等。他们不仅拥有深厚的从业经验，把握住整个出版流程的大局和关键；也在策划定位、内容编辑、发行推广上给了我许多好建议；更重要的是每一个人都拥有细致认真、严谨负责、精益求精的工作态度，这令我印象尤其深刻。

这两年我连续出版了《征途美国》和《终身学习：哈佛毕业后的六堂课》两本书。在此期间，我既结识了很多新朋友，也和很多老朋友有了更深入的互动。大家对我的关心和指点让我非常感动，在此向下列各位一并致谢：北京大学国际关系学院副院长吴强教授、清华大学经济管理学院营销学博士生导师郑毓煌教授、营创学院首席执行官苏丹、中国人民大学信息资源管理学院党委副书记徐拥军、复旦大学美国研究中心主任吴心伯教授、上海东方电台著名主持人及首届全国金话筒奖得主方舟、上海东方传媒集团有限公司广播新闻中心首席主持人秦畅、著名作家及演讲家林华、中央电视台栏目主编阴丽萍、中国国际电视台著名主持人田薇、凤凰卫视《一虎一席谈》制片人任永力、凤凰卫视著名主持人胡一虎、启德教育集团首席执行官黄娴、启德教育留学事业部副总经理郭蓓、启德教育留学事业部副总经理金冉、Tutor Group 集团创始人及首席执行官杨正大博士、创新工场创始人兼首席执行官李开复、罗斯福中国投资基金总裁谢丞东、胡润百富总裁兼集团出版人吕能幸、东渡企业管理公司执行总裁姜大伟、基强联行董事局主席陈基强、上海倦鸟思林品牌管理有限公司董事长高峰、喜马拉雅副总裁李海波、喜马拉雅历史人文频道总监叶骅、喜马拉雅商业财经频道运营总监陆伟飞、喜马拉雅资深制作人周程程、拙见创始人兼总策划田延友、第一财经传媒副总编辑张志清、第一财经综合新闻中心副主任杨小刚、上海电视台第一财经频道著名主持人黄伟、上海东方传媒集团有限公司融媒体中心国际新闻部主编金佳睿、澎湃新闻时事新闻中心副总监陈良飞、罗辑思维副总裁曾捷、罗辑思维副总裁孙筱颖、简书版权中心副总裁刘庆余、众筹网出版娱乐合伙人姜帆、腾讯网视频节目制片人兼高级编辑吕文博、钟书阁副总经理贾晓净、爱读邦创始人蒋美丽、问校友创始人兼首席执行官孙玉红、小站教育创始人兼首席执行官王浩平、英孚教育英语培训中心中国区首席运营官 Annabelle Vultee、长江商学院资本班二期的同学们……要感谢的人还有很多，但是篇幅有限，未能一一列出，请大家见谅。

正因为有这么多人的热心帮助与鼎力支持，我这本书才得以顺利问世，更令我有机会通过这本书，向那些希望得到全方位进步和人生突破的读者，分享我的观点、想法和故事。我再次向大家致以诚挚的谢意！

我的人生征途还在继续，我的成长之课还在继续；更重要的是，大家也都要在自己的征途上，面对成长所必然碰到的"恶龙"。所以，我非常希望搭建一个和所有的读者长期沟通的桥梁，跟大家的互动能够一直持续下去。文后是我的微信公众号"黄征宇"（ID：Huang_Zheng_Yu），扫描二维码即可关注。

在你读完这本书后有任何的感受、评论或笔记，都可以通过这个公众号与我联系。另外，我平时有时间就会结合个人经历，针对读者可能感兴趣或关心的话题，写一些原创文章并发布。

感谢你的阅读，期待你的分享。